作者简介

王立群 女，1963年生于黑龙江。博士，北京林业大学教授，博士生导师，2008-2009年中美富布赖特研究学者。研究方向：林业经济预测与评价、资源环境与发展、发展经济学。主持完成国家社会科学基金、教育部人文社会科学研究规划基金、北京市社会科学基金、中国发展研究基金会等多项课题研究；作为主要参加人完成国家计委、国家林业局、国际合作课题、校级课题十余项，其中，完成的国家计委课题获国家计委1992年度科技进步三等奖，国际合作课题获1996年林业部科技进步三等奖。独著或参编专著与教材十余部，其中参编专著《农业预警概论》获1996年北京市哲学社会科学优秀成果二等奖。独立或合作公开发表学术论文100余篇。

教育部人文社会科学研究规划基金项目"京津风沙源治理工程生态影响价值计量及后续政策研究"（11YJA630127）

京津风沙源治理工程
生态影响价值计量及
后续政策研究

王立群等◎著

人民日报学术文库

人民日报
出版社

图书在版编目（CIP）数据

京津风沙源治理工程生态影响价值计量及后续政策研究／王立群等著．—北京：人民日报出版社，2017.9
ISBN 978－7－5115－4982－2

Ⅰ.①京… Ⅱ.①王… Ⅲ.①沙漠治理—环境生态评价—研究—华北地区 Ⅳ.①P942.207.3②X321.23

中国版本图书馆 CIP 数据核字（2017）第 238332 号

书　　名：	京津风沙源治理工程生态影响价值计量及后续政策研究
著　　者：	王立群　等

出 版 人：	董　伟
责任编辑：	万方正
封面设计：	中联学林

出版发行：	人民日报出版社
社　　址：	北京金台西路 2 号
邮政编码：	100733
发行热线：	（010）65369509　65369846　65363528　65369512
邮购热线：	（010）65369530　65363527
编辑热线：	（010）65369533
网　　址：	www.peopledailypress.com
经　　销：	新华书店
印　　刷：	三河市华东印刷有限公司

开　　本：	710mm×1000mm　1/16
字　　数：	305 千字
印　　张：	17
印　　次：	2018 年 1 月第 1 版　　2018 年 1 月第 1 次印刷

书　　号：	ISBN 978－7－5115－4982－2
定　　价：	68.00 元

前　言

京津风沙源治理工程是为了遏制北京及周边地区土地沙化趋势，改善京津及周边地区生态环境，履行《联合国防治荒漠化公约》而于 2002 年在内蒙古、山西、河北、北京和天津的 75 个县（旗）范围内全面启动的具有重大战略意义的生态恢复工程。这项投资巨大的生态工程，在实施十余年后究竟产生了怎样的生态影响，价值几何？另外，与十余年前相比，治理区和全国的经济社会环境都发生了很大变化，如何制定后续政策，保证工程实施成果得到切实巩固，是社会各界非常关注的问题。

研究团队受教育部人文社会科学研究规划基金资助，在对京津风沙源治理工程重点地区 4 个省（自治区、直辖市）的 5 个县（区）——北京昌平区、河北康保县和张北县、内蒙古自治区商都县、山西大同县实地调查的基础上，有重点、有侧重地对京津风沙源治理工程的生态影响进行了评估，并从相关利益方尤其是从退耕农户角度对相关政策进行了评价和研究，研究成果可为后续生态补偿和其他政策制定提供借鉴，为二期工程的规划与实施提供参考依据，具有重要的现实意义。

本书正是研究团队对京津风沙源治理生态工程生态影响评估和后续政策研究的成果。主要内容包括四部分：1. 京津风沙源治理工程生态影响价值计量及相关政策研究进展；2. 评估方法选择、典型案例县和具体评估内容的确定；3. 针对不同案例县的京津风沙源治理工程生态影响价值计量分析；4. 京津风沙源治理工程后续相关政策评价研究；5. 依据生态影响评估和政策评价结果，提出相应政策建议。本书的主要参著者和调查人员有：王立群、乔娜、康瑞斌、陈泽金、郭轲、晏小雪、张璇、王秋菊、张超群、夏晨、幸绣程。

衷心感谢教育部人文社会科学研究规划基金对本研究的大力支持！

另外，研究团队在完成研究的过程中，特别是在实地调查阶段，得到了河北省康保县和张北县、北京市昌平区、河北省易县、内蒙古自治区商都县、山西省大同县等县（区）林业局领导及专家们的热情支持，得到了当地农户的大力配合，在此一并向他们致以最诚挚的谢意！

同时，也十分感谢研究中所引用文献的各位作者！

研究和专著中的错误与不足在所难免，衷心希望广大同仁批评指正，不吝赐教！更希望能与专家学者一起，将这一领域的问题继续深入研究下去，为我国科学有效地进行生态恢复、治理和保护，促进我国生态环境与社会经济协调发展提供依据和参考。

著者

2017 年 6 月 8 日

目　录
CONTENTS

引　言

京津风沙源治理生态工程的实施，源于我国日益严重的土地沙化和荒漠化问题。20世纪90年代以来，我国经济取得了突飞猛进的增长，当我们一方面沉浸在物质财富日益增长的愉悦中时，另一方面却不得不承受日益恶化的生态环境：森林面积不断减少；生物多样性锐减；大气污染、水环境污染问题时有发生；水土流失和土地沙化、荒漠化程度逐年严重。水土流失、土地沙化和荒漠化的直接后果之一是频繁发生的沙尘暴现象。近50年来，我国发生沙尘暴的次数不断增加，尤其是在2000年，沙尘暴频繁肆虐，直接危害了我国的西北和华北地区，并影响到我国南方和整个东亚地区。沙尘暴的频繁发生，不仅造成了直接的经济损失，严重危害了人民群众的身体健康和切身利益，也影响了社会经济的可持续发展，成为备受社会各界关注的一个重要生态环境问题，引起了党中央和国务院的高度重视。

为了有效地解决这一问题，改善京津及周边地区生态环境，履行《联合国防治荒漠化公约》，2000年6月，中央政府决定启动京津风沙源治理工程，建设范围包括北京、天津、河北、山西、内蒙古五省（自治区、直辖市）的75个县（旗、市、区）。工程实施范围西起内蒙古的达茂旗，东至河北的平泉县，南起山西的代县，北至内蒙古的东乌珠穆沁旗，东西横跨近700公里，南北纵跨近600公里，工程总面积45.8万平方公里，建设期限原定为10年（2001—2010），后经国务院批准，一期工程延期到2012年。

工程规划通过采取营造林、退耕还林草等生物措施和小流域综合治理、舍饲禁牧、生态移民等工程措施，提高植被盖度，治理沙化土地，从根本上遏制沙尘暴天气，改善京津及周边地区的生态环境，促进该地区经济社会协调发展。在工程实施的前10年，国家累计安排资金412亿元，其中，中央基本建设资金176亿元，财政补助资金236亿元；累计完成退耕还林及营造林9002万亩、草地治理13012万亩、小流域综合治理11823平方公里、生态移民176660人，以及相应的种苗基地、舍饲暖棚、饲料机械、节水灌溉和水源工程等配套设施建设。

京津风沙源治理工程是一项国家投资重点实施的具有重大战略意义的生态恢复工程。生态环境改善是京津风沙源治理工程的一个重要目标，现在，一期工程已经结束，作为一项投资巨大的林业生态工程，工程在实施十余年后产生了怎样的生态影响，价值几何？是社会各界非常关注的问题。因此，在一期工程结束之际，全面客观地识别其产生的生态环境影响并进行价值评估，既有利于更好地反映工程的生态产出状况和恢复效果、项目实施的公共资金投资效率，也可为后续生态补偿和其他政策制定提供借鉴，为二期工程的规划与实施提供参考依据，具有重要的现实意义。

另外，京津风沙源治理工程的实施不仅对改善首都及周边地区生态环境有着不可替代的作用，同时，对促进农业生产结构的调整，稳定农牧业生产，保障工程实施地区经济社会协调发展，也将起到积极的推动作用。但工程的实施涉及众多相关利益者，尤其是与10年前相比，治理区和全国的社会经济环境都发生了很大变化，如何保障相关利益者尤其是农民的利益，是工程实施成果能否得到切实巩固、工程生态效益长期发挥的的关键所在，因此，在一期工程结束、二期工程开始实施之际，以生态影响评估和现有政策评价结果为依据，进行后续相关政策研究，对提高农民保护生态建设成果积极性、巩固工程治理效果具有非常重要的现实意义和应用价值。

一期京津风沙源治理生态工程涉及干旱草原沙化治理区、浑善达克沙化治理区、农牧交错地带沙化土地治理区和燕山丘陵山地水源保护区等四个治理区区域类型，生态和气候类型不同，工程治理措施多样，给生态影响评估和政策评价带来了较大难度。为尽可能准确地反映出工程所产生的生态影响，以及工程政策实施中存在的问题，本研究采用以案例分析为主的评估研究方法。总体研究的目标和思路是：在工程实施地区根据自然、社会经济发展条件、工程任务大小和特点等方面选择有典型性和代表性的案例县，根据工程治理内容、重点和措施不同，在实地调研识别工程生态影响的基础上，通过理论分析经验提出生态影响评估指标体系，再利用专家咨询法确定评估指标体系，并试图采用各种适宜的评估方法重点评估案例工程实施地区工程实施所产生的生态影响；同时，从相关利益者尤其是农户角度评价现有政策的实施效果，发现和总结工程政策实施中存在的主要问题，并提出相应的后续政策建议。

本书主要内容包括：在总结京津风沙源治理生态工程生态影响评估和相关政策研究最新进展，确定工程生态影响评估方法和相关政策评价方法，以及选择典型案例县的基础上，针对不同案例县的实际情况和工程实施情况，分别从不同视角重点进行了北京昌平区的工程生态影响价值评估、山西大同县的工程生态系统服务价值评估、内蒙古商都县的工程生态影响价值评估以及河北康保县的退耕还林效益评估；进行了山西大同县的退耕农户保持成果意愿、内蒙古商都县的退耕农户保持成果意愿及后续产业参与意愿、河北张北县和易县的退耕补偿意愿研究；从相关利益者视角进行了山西大同县和内蒙古商都县主要工程政策的综合性评价研究。依据生态影响评估和政策评价结果，总结揭示京津风沙源治理生态工程政策实施中存在的主要问题，提出了相应的后续政策建议。

第一章 京津风沙源治理工程生态影响价值计量及相关政策研究进展及评述

京津风沙源治理生态工程实施区域地域辽阔，生态和气候条件各异，区域类型复杂，治理模式多样。为了更系统、全面、准确地评估京津风沙源治理工程所产生的生态影响，本研究首先对现有的京津风沙源治理工程生态影响评估研究文献进行了总结、综述。政策方面，京津风沙源治理生态工程相关治理措施中，退耕还林不仅是重要的治理措施，而且涉及广大退耕农户的实际利益，因此，本研究重点综述了退耕农户退耕成果保持意愿、参与后续产业发展意愿和退耕农户受偿意愿相关研究的最新进展。

第一节 京津风沙源治理工程生态影响及评估研究进展

作为一项投资巨大的林业生态工程，京津风沙源治理工程实施后，究竟产生了什么样的生态影响，治理效果如何，是自 2000 年试点以来，深受国家和社会各界广泛关注的问题。10 年来，不断有学者对此进行调查与评估研究。对已有京津风沙源治理工程生态影响评估研究进行总结，将为后续生态影响评估研究奠定基础。

一、京津风沙源治理工程生态影响评估

京津风沙源治理工程是一项以植被保护、植树种草、退耕还林还草、小流域及草地治理、生态移民等生物措施和工程措施为手段，以促进生态恢复和生态环境改善为主要目标的林业生态恢复项目。工程从哪些方面、以及在多大程度上改善了生态环境或导致了哪些新的生态环境问题的产生？这是工程生态影响评估研究要回答的问题。

1. 京津风沙源治理工程的生态影响识别及评估角度

长期以来，在分析人类开发建设活动可能导致的对生态系统影响的研究中，研究者经常使用"生态影响"这个概念。通常情况下，生态影响是指外力（一般指"人"为作用）作用于生态系统，导致其发生结构和功能变化的过程。具体来看，从影响主体角度上讲，生态影响是指人类非污染活动引起生态系统发生变化的现象；从影响对象角度上讲，是指生态系统受到外来作用所发生的响应和变化。环境影响评价技术导则——生态影响（HJ 19 - 2011）中，把生态影响定义为经济社会活动对生态系统及其生物因子、非生物因子所产生的任何有害的或有益的作用。这说明人类活动作用于生态系统，既可能产生正面影响，也可能产生负面影响。除此之外，人类活动的生态影响还可分为直接影响、间接影响和累积影响。

京津风沙源治理工程作为一个生态恢复项目，其生态影响就是工程实施后导致生态系统发生结构和功能变化的过程，或工程实施后能够改善（或导致）的一系列生态环境的变化问题。

京津风沙源治理工程从哪些方面影响了生态环境的变化，就是工程生态影响的识别问题，也是工程生态影响评估的基础。由于风沙源治理工程主要以恢复林草植被为主要手段，因此，工程产生生态影响的主要传导机制是土地利用的变化促使生态系统的功能发生变化，进而可能会对生物（野生动植物及植被）、土壤、水、气候产生影响。有学者就通过对环京津风沙源治理工程对北京城市气候可能造成的影响进行了初步模拟研究，认为由于风沙治理主要以营造林和退耕还林为主，工程实施后土地利用有了很大变化，部分农田、荒地转化为树林或草地，而土地利用的变化改变了地表反照率、粗糙度、土壤含水量、地面蒸散等下垫面参数，从而改变地—气系统的热力—动力学特征，影响温度、湿度等气候要素，对气候环境造成影响（高云霄等，2003）。

目前，绝大多数文献都是根据森林生态服务功能或森林生态效益评估方法提出了工程生态影响的评估角度和指标体系。国家林业局 2008 年发布的《京津风沙源治理工程社会经济效益监测与评价指标》标准中，要求监测的沙化土地面积、沙化耕地面积、土壤侵蚀面积、有林地面积、森林总蓄积量、扬沙次数和日数等指标，就是从植被恢复状况、水土流失与荒漠化改善状况来识别和反映工程治理的生态影响。吴旭实（2009）认为，应从水土保持（水土流失面积、土壤流失量、土壤侵蚀强度、土壤侵蚀模数变化、径流量、降水量）、改良土壤（改良土壤土壤类型、土壤有机质含量变动、土壤厚度变动、沙化土地面积变动、沙丘移动速度）、防风固沙（沙尘天气日数、空气总悬浮颗粒物含量、固沙面积、沙尘减低率）方面来监测生态效益。

京津风沙源治理工程是为有利于人类生存发展而进行的生态恢复项目，目前绝大多数研究认为工程实施后主要产生了积极的影响，已有文献也主要是对其产生的生态效益进行的研究。

2. 京津风沙源治理工程的生态影响效果评估

京津风沙源治理工程的生态影响效果评估是对工程实施后造成生态影响结果的数量化评估。现在工程生态影响评估研究呈现出的特点是：一是由于工程实施时间相对不长，可能产生的诸多生态影响在短期内难以显现，再加上生态影响价值评估较为困难等原因，现在多数京津风沙源治理工程的生态影响评估都是利用监测或实地定位观测数据对工程实施后的生态影响效果进行评估，主要选取植被覆盖面积和生态环境问题控制程度等指标，从数量方面（如反映森林资源变动的林业用地面积、有林地面积和森林覆盖率的增加，反映土地质量的水土流失面积和沙化土地面积减少，以及反映沙尘天气的扬沙日数和次数减少）来评估工程实施的生态影响。二是京津风沙源治理工程是一项生态恢复和治理项目，改善生态环境是工程实施的核心目标，因此现在多数京津风沙源治理工程的生态影响评估都是对工程生态效益的评估。生态效益是指工程实施对人类的生产、生活条件和环境条件产生的有益影响和有利效果，这就意味着，现有研究多数都是对工程正向生态影响的效果评估。

利用国家林业重点工程社会经济效益测报中心对工程实施区 21 个样本县（旗）的监测数据，王亚明（2010）分析了京津风沙源工程对改善生态环境的效果和重要作用。对比研究表明，工程实施后，样本县（旗）沙化土地面积、沙化耕地面积 2008 年与 2000 年相比，分别下降了 31.83% 和 34.05%；土壤侵蚀面积 2008 年比 2007 年减少了 0.05%；2008 年与 2000 年相比，有林地面积增长了 28.94%，森林总蓄积量增长 43.45%；2008 年发生的扬沙次数和日数比 2007 年分别下降 11.28% 和 18.03%，沙尘天气明显减少，与 2007 年相比，下降了 37.73% 和 25.18%。钱贵霞等（2007）以锡林郭勒盟为对象，利用有关部门通过卫星遥感、地面人工测评得到的监测数据，对项目区内的牧草高度、盖度、生物多样性、沙尘、扬沙和沙尘暴天气进行了分析，对比研究表明，工程实施后，项目区内的牧草高度、盖度和青干草产量都有了明显提高，草地植被明显好转，生物多样性增强，沙地边缘扩大趋势得到了有效的遏制，沙地内部生态恢复效果明显，沙尘、扬沙和沙尘暴天气明显减少。石莎等（2009）利用传统生态学方法对整个"京津风沙源治理工程"区的植物多样性进行了调查研究，并利用像元二分法对工程第 1 阶段实施前后的植被盖度进行对比。结果显示：整个京津风沙源区植被平均覆盖度上升，植被盖度低的土地面积逐渐减少，盖度高的土地面积逐渐增加，区内土地具有良好的植被恢复潜力与趋势。

王晓东等（2010）利用对北京市京津风沙源治理工程营造林地的监测数据，依据森林生态系统服务评估规范和土壤蓄水能力，从涵养水源、保育土壤两个方面对工程营造林地水土保持效益进行了评估，研究结果表明：工程营造林对减少地表径流和消减泥沙的作用明显。2004—2007年工程营造林地累计固土量为64814.71t，累计固定肥力约10085.2t；封山育林和人工造林是水源涵养的主体（累计贡献率为69.3%），人工造林和配套荒山造林单位面积涵养水源量最高。

3. 京津风沙源治理工程生态影响（效益）价值估算

将工程生态影响（效益）以价值形式表示出来，这是工程生态影响评估最理想的结果，也是一种重要的生态影响评估方法。如果说生态影响效果评估是从量的角度对生态影响的评估，那么工程生态影响（效益）的价值估算就是从成本收益方面评估工程生态影响的基础，能更好地反映工程实施的效率。

刘拓（2005）根据生态资源所具有的价值性，建立了土地沙漠化防治的综合效益评价指标体系，其中，生态效益评价指标体系包括林草植被，土地改良，沙尘暴，防风固沙、净化大气，防护农田，涵养水源、保持水土六大方面22个子指标。并以京津风沙源治理工程河北省沽源县为例，量化增加的可利用土地价值、保肥效益、森林释放氧气的效益、草地生态效益、森林固碳效益、农田防护林防护效益，得出沽源县京津风沙源治理工程的年均生态效益为110048.91万元，投入产出比为1:6.59。

利用森林生态系统服务价值评估指标体系，胡俊等（2012）建立了包括涵养水源、保育土壤、固碳释氧、净化大气环境4个类别8个具体评价因子的评价指标体系，在此基础上，利用样地调查法和定点监测法获得的数据，依据相关计算公式和价值计量方法，计算出北京市风沙源工程实施后涵养水源、保育土壤、固碳释氧、净化大气环境等4项功能的价值，生态效益总价值达18.83亿元。

郭磊等（2006）在正蓝旗京津风沙源治理工程综合效益评价研究中建立的评估指标体系涵盖了改良土壤、水土保持、水源涵养、改善环境、改善小气候、林草植被、生物生产力等7个方面，并通过选取具体指标建立了生态效益评估指标体系。根据上述评价指标体系和实地监测数据，他们计算出了增加的可利用土地的价值、森林固碳放氧效益、水源涵养效益、草地生态效益、固土保肥效益以及综合年均生态效益。

燕楠（2010）使用 AHP 法按目标层、变量层、要素层建立反映京津风沙源治理工程区生态系统总体状态、工程实施带来生态变化的原因和动力、具体要素指标的评价指标体系，并按照京津风沙源治理工程的直接生态效应和间接生态效应建立指标体系框架，评估水土保持效益、水源涵养效益、固碳释氧效益、改良土壤效益、改善环境效益、维持生态系统稳定性，并对上述指标价值做出评估，得出的结论是：北京生态环境明显好转、调节水量增加、林地土壤肥力及入渗性与荒草地对比提高，固氧量增加，生态效益总值达 19.16 亿元。

除此之外，也有学者对个别治理区实施林业项目、草地项目的生态系统服务价值进行了评估（于忆东，2009；高新中等，2010；赵丽等，2010）。王新艳（2005）则使用两阶段二分式虚拟市场评价法，研究了北京市居民对京津风沙源治理工程的支付意愿，评估了京津风沙源治理工程所带来的北京市空气质量改善的环境价值。

4. 京津风沙源治理工程工程生态影响模型评估

京津风沙源区生态环境变化是多种自然和社会经济因素共同作用的结果，如何准确分离出工程所产生的生态影响以及净影响，这是工程生态影响评估最重要的一个问题，也是一个难以解决的问题。随着时间的推移和研究的不断深入，一些学者也进行了有益的研究探索。覃云斌等（2012）以京津风沙源治理工程区 26 个气象站 1957—2007 年观测资料为基础，结合 GIMMS—NDVI、SPOT VGT 等遥感植被数据，采用时间序列分析法和栅格数据空间分析法研究了近 50a 京津风沙源治理工程区沙尘暴时空变化及其与气象因子、植被恢复的关系。研究表明：京津风沙源治理工程实施前后，植被 NDVI 上升了 9.9%，而沙尘暴下降了 58.1%，京津风沙源治理工程对缓解沙尘暴发挥了重要作用。

二、国外相关研究进展

世界上很多国家都实施过生态恢复项目，相类似的项目中比较有影响的是美国的土地休耕计划。由于项目实施的根本目标是生态环境的改善，因此，政府、研究机构和学者对项目实施产生的生态环境影响尤其给予了高度关注，并进行了长期跟踪研究。

检索 1987—2010 年相关文献发现，由于最初美国土地休耕计划的环境目标是减少土壤侵蚀，所以在项目实施之初的几年里，研究者重点关注土壤侵蚀的治理效果，并进行评估。随后，该项目的生态环境目标扩展，除土壤侵蚀外，还包括湿地栖息地、保护实践等。针对这种情况，研究者开始研究建立 CRP 生态影响评价指标体系，认为采用这些指标体系有助于土地休耕计划提高和扩大项目除土壤侵蚀之外的环境效益，满足其他环境需求（Marc O. Ribaudo，2001）。随着时间的推移，该项目实施产生的生态环境影响日益显现，一些研究便开始利用地理信息系统和实地调查数据，分析讨论 CRP 对土壤、土壤有机质和水质、野生动物栖息地和生物多样性、空气质量（Evan J. Ringquist. et al，1995）的潜在影响，控制农业面源水污染的作用（Christopher L. Lant，1991），以及固碳效果等（Peter J. Parks，1995；Andrew J. Plantinga，2003）。随着研究的不断深入和项目实施时间的增加，研究者开始逐渐关注项目实施所产生的生态环境收益，一些研究利用计量经济模型、非市场评价技术数量化土地休耕计划产生的生态环境影响，并在此基础上进行成本效益分析（Peter Feather et al，1999；Ronald A. Fleming，2004；LeRoy Hansen，2007；Roger Claassen et al，2008）。也有研究从农户角度进行了环境评价（Tomislav Vukina，2008）。

三、对已有研究的总结与展望

生态环境改善是京津风沙源治理工程的核心目标，因而工程产生的生态影响将是政府和学者长期关注的问题。对工程产生生态影响的长期跟踪评估研究，不仅可为相关生态工程的绩效评估和我国长期生态恢复建设提供依据和经验借鉴，也可丰富相关领域的理论和方法研究，具有重要的理论与实践意义。

已有研究利用各种技术方法和实地调查数据，对不同工程实施区工程带来的生态影响进行了评估与研究，这些都为未来进一步的评估研究奠定了理论和方法基础。但是，生态影响评估是一个十分复杂的问题，客观上，受工程实施时间，以及工程生态影响范围广、影响内容多，影响作用复杂等因素的制约，现有研究还有一些不足之处，具体表现在：

首先，与工程的社会经济影响评估研究相比，生态影响方面的评估研究还相对较少；而且在有限的生态影响评估研究中，定量评估相对于定性评估而言，也相对较少。

其次，现有研究在工程生态影响识别与确定过程中，多是从理论出发，主要是依据现有森林生态系统所具备的生态防护功能来识别并确定评估角度，对于恢复和重建的生态系统而言，其适用性如何？

再次，工程实施区生态环境的变化既受诸如气候变化、各种环境因素等自然因素的影响，也受各种人为活动和政策层面因素的影响，现有研究还不能准确分离出工程产生的生态影响和净影响。

最后，现有研究较多关注的是工程实施后的生态效益，但却较少关注工程实施是否会带来负面影响，以及还会产生哪些潜在影响。

未来研究应该重视以下几个方面：

1. 应继续并进一步加强工程实施后的生态影响评估研究。京津风沙源治理工程是一项投资巨大的生态恢复项目，长期关注和跟踪评估其可能产生的各种生态影响十分必要，可为我国长期的生态恢复和生态文明建设提供科学的依据。

2. 应继续并进一步加强工程实施后区域性的生态影响评估研究。我国京津风沙源工程覆盖内蒙古、山西、河北、北京和天津地区，这些地区面临的生态环境问题不尽相同，工程的治理目标和所采取的治理措施侧重点也不尽相同，因而产生的生态影响也不会完全相同，加强区域性生态影响评估研究，将对进一步完善工程生态影响评估体系起到重要作用。

3. 应继续并进一步加强工程生态影响评估方法研究。在未来工程的长期生态影响跟踪评估研究中，应加强研究能准确识别和分离工程生态影响的方法，以及反映工程各种生态影响的评估指标体系，满足全面评估工程生态影响的要求。

4. 应继续并进一步加强工程实施后生态影响价值计量研究。控制水土流失、防治荒漠化、促进生态环境改善是工程实施的核心目标，作为一项财政投资额较大的林业生态工程，其实施效果和投资效率是全社会备受关注的问题，随着工程实施时间的不断增加，生态影响将会不断显现，及时开展工程生态影响的价值计量研究，从而进行工程的成本效益分析十分必要。

第二节　退耕还林补偿及农户受偿和退耕成果保持意愿研究进展

一、国外生态补偿理论及实践研究

关于生态补偿问题的理论研究，可以追溯到 20 世纪初英国经济学家阿瑟·庇古教授的《福利经济学》一书，该书分析了社会成本和私人成本的差距，并提出应当根据排污造成的损失向排污者征税，以弥补私人成本和社会成本的差距，提高社会福利水平。庇古认为，外部性的产生是由市场失灵引起的，可以通过政府干预来解决。之后，科斯等新制度经济学家从新的角度出发，扩展了对外部性的认识，并且提出了解决外部性的新途径。科斯认为，政府干预并不是治理市场失灵的唯一方法，若产权得以界定和保护，可以用市场手段来解决外部性的问题。除此以外，公共产品理论、环境资源资本论、可持续发展理论等也成为生态补偿研究的理论基础。

20 世纪末，随着森林生态效益理论的逐步完善，专家学者们开始关注和研究具体的补偿机制。国外在生态补偿的模式上最主要的仍然是政府购买的模式，但是市场机制也能够在生态补偿中发挥重要的作用。美国的森林趋势组织（Forest Trends）和英国伦敦的国际环境与发展研究所（IIED）就环境服务市场与补偿机制对世界范围内的一些案例进行了研究以及诊断，为理论探讨和市场开发作依据。许多学者对森林生态系统服务交易市场进行了总结和研究。例如，Landell - Mills 等（2001）的研究表明，世界上有 287 个已经存在或即将对森林生态服务效益进行补偿的案例，这些案例主要涉及森林碳汇服务、森林生态旅游服务、生物多样性保护服务以及流域保护服务等环境服务类型，并广泛分布于亚洲、美洲、非洲、欧洲等地区；Perrot - Maitre 等（2001）系统地研究了世界各地典型的森林水文服务市场的相关案例；Johnson 等（2001）对森林水文服务的激励机制和市场开发方面的问题进行了分析；Gouyou（2003）回顾了热带森林生态服务市场，并且认为市场机制能够有效地实现森林生态效益的内部化；Reyes（2002）、Francisco（2003）、Suyanto（2004）分别对哥斯达黎加、菲律宾、印度尼西亚的森林生态服务补偿机制进行了总结和分析。此外，还有一些学者也分别从不同的角度提供了生态补偿模式的思路和建议。Brian C. Murray 等（2001）的研究认为，生态服务产品的私人生产有更高的生产效率，提出对森林管理纳入商业计划；Timothy L. McDaniels 等（2005）建议资源所在地的原住民通过谈判方式决定如何赔偿其损失；Gregory M. Parkhurst 等（2002）提出通过志愿奖金激励机制达到保护生物多样性的目的，建议政府和农户进行谈判，将资金集中补偿，农户可以自由选择休耕的地块，以此来降低农户的不满，并且，他们认为政府部门在跨边界合作的激励机制中的作用是至关重要的。

补偿标准是生态补偿的一个核心问题，是建立生态补偿机制的重要环节，也是农民参与生态补偿项目最重要的决策因素之一。Costanza 等（1997）发表了一篇名为"全球生态系统服务价值与自然资本"的文章，评估了全球的森林生态系统服务价值，在世界范围内掀起了一股生态系统服务价值研究的热潮。Costanza 等学者认为，生态补偿标准的最大值应该是生态服务价值的增加量。Engel 等（2008）的研究认为，如果是自愿参加的，环境服务的卖方不可能会接受比他们的供给成本更低的付费。Pagiola 等（2007）认为，目前认可度较高的理论补偿标准是，将实施森林保护而导致的净损失作为补偿的最小值，将管理者原有土地利用方式产生的环境成本作为补偿的最大值。在应用性研究中，Zbinden 等（2005）认为，哥斯达黎加的埃雷迪市可以根据土地的机会成本制定补偿标准，来征收水资源环境调节费；Pagiola 等（2007）在对尼加拉瓜的研究中，把农户损失作为计算生态补偿的基础；Wünscher 等（2008）在对哥斯达黎加的研究中，认为可以用牧草地的净收益作为农户的机会成本，并以此作为制定补偿标准的参考依据。许多专家学者也充分注意到了制定合理可行的补偿标准还需要关注利益相关者的意愿。例如，Moran 等（2007）分析了苏格兰居民的生态补偿支付意愿，研究中采用了选择实验法和层次分析法，结果表明，为了环境和社会福利目标，居民愿意以收入税的形式参与生态付费，有较强的支付意愿；Hoffman（2008）论证了相关利益主体协商方式在确定合理补偿标准中的有效性，研究中借助了美国 Catskill/Delaware 流域采用竞标机制以及农户自愿原则来确定补偿标准的研究案例；Bienabe 等（2006）用逻辑斯谛回归模型分析了哥斯达黎加居民以及外国游客对生态服务的付费意愿水平。有些学者还对生态补偿预算的时空配置进行了研究，如 Karin Johst 等（2002）对白鹤保护区进行研究，提出不同时间和不同草地对应的补偿金额。

在生态补偿的国际实践中，与我国退耕还林工程最为相似的大型生态补偿项目当属美国的"土地休耕计划"（CRP）。CRP 是根据美国在 1985 年通过的食品安全法案而设立的，从 1986 年开始实施，是一项全国性的农业环保项目。该项目采取农民自愿参与的原则，由政府给予补贴，由农民来实施 10—15 年的休耕还林、还草等措施，目的是控制土壤侵蚀、改善水质以及改善野生动植物的生存环境等。在补偿政策方面，参与 CRP 的农户能够获得土地租金补贴以及保护措施实施成本的部分补贴。1986—1990 年，补贴主要采用统一固定付费的方式，部分农户从中获得的收益远大于其在农地现金租赁市场上能够获得的收益；1990 年以后，政府改用竞标方式分配保护合约，这种方式使农民的投标额与其维护成本和机会成本大致相当；此外，CRP 的年付费水平根据地区而有所不同。

国外一些学者也从农户行为意愿角度研究退耕规模和补助水平等内容。例如，Plantinga 等（2001）根据不同政策激励、补助条件对应的农民愿意退耕的最大面积模拟出供给曲线，并预测未来不同补助水平下可能的退耕地面积和补助标准；Cooper 等（1998）针对农民的是否愿意继续退耕开展调查，分析了农民愿意继续退耕的比率和对补助的需求水平。此外，也有学者开发出研究农民参与 CRP 是否值得的决策软件，这一软件可以帮助农民分析是参与 CRP 划算，还是将耕地用作其他用途划算，最终选出利益较大的一种。

在欧洲，一些发达国家在实现工业化进程中，出现了快速城市化现象，以至于农产品的生产过剩，农业的相对收益开始下降，从而出现弃耕现象。在这种背景下，有些发达国家出现了无计划的自发的退耕还林。1956—1983 年，欧共体国家有 1100 万公顷的农地用于退耕还林，2000 年，退耕还林面积已达到

1200—1600 万公顷。其中英国计划退耕还林 3.6 万公顷，并且充分把握退耕还林的契机来不断地扩大林地，在英国凡是愿意长期退耕还林的农户，可以与政府签署农林协议书，由政府付给农民每年每公顷 125 英镑以下的补贴，补贴期限是 30 年。

二、国内退耕还林生态补偿相关研究

国内对生态补偿的研究大约开始于 20 世纪 80 年代，现在还处在探索阶段，但也已经取得了比较丰富的研究成果。研究所涉及的生态补偿类型主要有生态系统服务补偿、流域补偿、重要生态功能区补偿、旅游地生态补偿、区域生态补偿以及资源开发补偿等。其中最受关注的是生态系统服务补偿中的森林生态补偿，这也是开展比较早的生态补偿研究。我国的森林生态补偿实践主要体现在建立用于公益林营造、抚育、保护和管理的森林生态效益补偿基金，以及退耕还林工程、天然林保护工程等生态工程的具体措施。在我国最有影响力的生态补偿政策是退耕还林补偿。为了保证退耕还林的顺利实施，有效巩固退耕还林成果，近年来，专家学者们进行了大量的研究，这些研究涉及了退耕还林补偿问题的各个方面。现将相关研究归纳如下：

1. 补偿主体和补偿对象

部分学者认为，政府理应是退耕还林补偿的主体。例如，孔凡斌（2007）指出，中央政府代表国家行使最高行政权力，理应承担支付生态产品成本的责任，应是退耕还林补偿主体；谭晓梅（2008）和王闰平等（2006）认为，建立以政府投资为主体的长效生态补偿机制，有利于巩固退耕还林成果；杨明洪（2002）认为，中央政府、退耕区省级政府以及受益区省级政府都应该是退耕还林的补偿主体；李东玫（2008）指出，地方政府，尤其是省级政府，也应当成为退耕补偿的承载主体，因为地方政府在其所管辖区域内做好生态建设也是其应有的职责；冉瑞平（2007）认为，退耕区的地方政府在实施退耕还林过程中承担了工程运作的大量经费，实际上已经是补偿主体之一；洪尚群（2000）则认为，最适合作为补偿主体的是地市级政府。

也有一部分学者认为，应扩大补偿主体的范围。例如，张俊飚（2002）建议将更多补偿主体纳入退耕补偿机制，以形成多元化的补偿主体，轻现有补偿主体的负担，从而促进补偿机制的运转；陈晶等（2008）认为，建立补偿资金分摊制、扩大补偿主体，是生态补偿的前提；陈华等（2007）认为，退耕还林的受益区也应该承担一定的补偿义务，合理划分受益地区和国家的补偿责任，能够为退耕地区提供更强的补偿能力。冉瑞平（2007）指出，退耕还林的受益

主体理论上来说都应该成为补偿主体，所以除了中央政府和退耕区地方政府以外，项目区域内外的受益居民以及地方政府都应该成为补偿主体，此外他还建议设置生态税，提出采取横向财政支付方式进行生态补偿。

对于退耕还林的补偿对象，主要存在两种观点。部分学者认为，补偿对象应该是退耕的农户。例如，孔凡斌（2007）指出，农户拥有退耕地上的林木所有权，并且承担法定的林分经营管护义务，在其经营管护林分的过程中产生了为社会享用的生态产品，因此补偿对象应该是农户；李东玫等（2008）认为，农户作为退耕还林生态产品的主要供给方，应当是退耕还林的主要补偿对象。也有部分学者认为，应该扩大补偿对象的范围。例如，张俊飚（2002）认为，补偿对象是退耕农户以及组织与管理退耕活动的地方政府，现在对于退耕农户的补偿比较到位，而对于乡（镇）、县政府的补偿比较缺乏；王成（2005）认为，补偿对象应该包括在生态破坏中的受损者、对生态保护做出贡献者以及减少生态破坏者；陈晶等（2008）认为，凡是退耕还林的参与者都应该成为补偿对象；冉瑞平（2007）也认为，凡是参与退耕还林的农户、个人、组织或机构都应该得到补偿。

2. 补偿方式

虽然学者们提出的补偿方式因研究视角不同而有所差异，但是采取多样化的相互协调的补偿方式已经成为学者们的共识。

蒋海（2003）认为，退耕还林补偿第一要保证长期财政补贴政策，第二要实现林业投资环境的改善，对农户形成林业投资激励，第三是实行产业化经营和股份合作制。支玲等（2004）认为，退耕还林补偿可以采取直接补偿（包括国家补偿、社会补偿）和间接补偿（产业补偿），两者结合，才是长久之策。李文刚等（2005）建议增加退耕还林间接补偿，如建立生态补偿基金等；还可以仿效国外，建立退耕还林地托管银行。孟全省（2005）认为，应该积极发展退耕还林的后续产业。豆志杰等（2005）认为，可将退耕补偿方式根据补偿内容分为现金补偿、实物补偿、生态移民补偿和产权补偿；按补偿主体不同分为国家补偿和区域间补偿。陈祖海等（2009）建议转变补偿方式，在直接补偿基础上，转变为以可持续能力补偿为主，可持续能力补偿主要包括扶持后续产业、智力补偿、生态移民。

3. 补偿标准及年限

建立科学合理的补偿标准是制定退耕还林生态补偿机制中的关键环节，也是专家学者们关于退耕还林所研究的主要问题之一。从退耕还林开始实施到现在，国内学者们针对退耕还林补偿标准的问题进行了大量的研究。现将主要观点总结如下：

一是认为应该把退耕还林产生的生态效益经济价值作为补偿依据。例如，黄河等（2004）认为，在我国西部地区，农业的生态价值远大于经济价值，现有的以经济价值作为补偿标准的补偿政策存在一些问题，并提出应该以生态价值作为退耕还林的补偿标准；毛显强等（2002）认为，生态补偿类型分为对生态系统服务功能价值的补偿和对产权主体机会成本的补偿，生态系统服务功能价值一般要比产权主体的机会成本大得多，因此，补偿额度不应低于其预期财务收益，这种思想其实是把生态系统服务功能价值认为是补偿标准的上限，而把经济损失认为是补偿标准的下限；秦伟等（2008）评估了吴起县退耕造林的生态服务价值，并且在其中引入了支付意愿系数以及市场逼近系数，最终得到该县退耕还林的生态补偿价值为5633万元；张蓬涛等（2011）对张家口市和承德市的17个县计算了基于生态价值的补偿标准，认为该地区每年应得到的退耕补偿约3273元/公顷，应提高当前的补贴标准。

二是根据退耕还林农户的机会成本损失进行补偿。现在我国退耕还林的补偿标准大致就是根据退耕还林对农户导致的直接经济损失来制定的。黄富祥等（2002）认为，制定补偿标准应该保证农户的基本口粮需求，并且保证农户的经济收入不会发生显著的下降；秦艳红等（2006）提出根据退耕还林造成的农户机会成本损失来制定补偿的标准，结合黄土高原地区实际情况，将补偿分成基本补偿、产业结构调整补偿以及生态效益外溢补偿这三个阶段；孔凡斌（2007）也赞同参考机会成本来制定退耕还林区域补偿标准，并且提出将补偿按工程进度分为两个阶段，一是工程建设期的经济补偿，二是后续效益收获期的生态效益补偿；秦艳红等（2011）采用机会成本法对吴起县的退耕补偿标准进行了测算，结果表明补偿标准定为900元/亩较为合适。

三是从经济学角度分析补偿标准的最佳数额。例如，张军连等（2003）应用了有关经济学理论，分析了补贴政策的效率、监督机制和激励机制，并且绘制边际成本和边际收益曲线，根据均衡点来制定补贴标准；曾玉林等（2003）也通过经济学分析，提出退耕补贴标准的确定应该遵循的原则是：先确定退耕还林在若干年内的总体规模，然后规划到各个区域，再通过分析各个区域农户退耕还林的边际收益和边际成本，根据 $I = AB = MPC（Q）- MPB（Q）$，制定不同区域的补贴标准。

四是通过产权角度来研究退耕补偿标准。例如，王磊（2009）基于退耕还林中的不完全产权，从理论上分析了不同林种的补偿标准，并提出将农户出售部分退耕地产权的利润和产权出售之后仍然需要投入的成本作为补偿标准的制定基础，还要考虑一定的盈利空间；刘震等（2008）认为，退耕还林的经济补偿可看作农村土地所有权价格，具体表现为农村征用土地的补偿费，经过分析和计算，得到黄土高原地区农户退耕还林的补偿标准为：第一年补偿4260元/公顷，从第二年开始补偿3135元/公顷。

五是从碳汇角度出发计算补偿标准。例如，曹超学等（2009）从碳汇视角，对云南的129个退耕还林县进行了等级划分，并且建议按照等级不同来设定不同的补偿额度；于金娜等（2012）基于碳汇效益的视角，建立碳汇效益函数，并使用土地期望收益模型，计算退耕还林补偿标准，文章以黄土高原常见退耕树种刺槐为例，计算得出退耕补贴标准应为3985.93元/公顷；任静等（2013）基于碳汇交易视角评述了现有的生态效益补偿模式，认为未来应该加强研究可操作性强的碳汇计量和监测技术，为确定退耕还林碳汇生态效益补偿标准提供更科学的依据。

近几年来，有学者开始从农户受偿意愿的角度来研究退耕还林的补偿标准问题，但从目前来看，这方面的研究成果还比较少，现将主要研究归纳如下。李海鹏（2009）运用参与性农户评估方法和条件价值评估法，对我国西南少数民族聚居地区进行实地调查，分析了当地退耕户对退耕还林工程的认知度和受偿意愿，认为每亩200元应当是能令多数退耕户感到满意的补偿标准；王艳霞等（2011）研究了冀北地区生态保护受偿意愿及补偿分担，得到冀北地区农户的受偿意愿为2740.5元/（公顷·年）；李荣耀（2013）运用单向递增的多界二分选择询价法对陕北吴起县实地调研数据进行分析，用福利计量方法得出农户的受偿意愿，验证了符合帕累托改进的林地管护补贴标准应高于管护林地的成本支出；冯琳（2013）运用参与式农户评估方法，对三峡生态屏障区内农户退耕还林的受偿意愿进行了调查，得到该地区农户平均受偿意愿是1014元/（亩·年），并且发现农户受偿意愿具有比较明显的区域差异性和社会异质性；韩洪云等（2014）通过模拟保护拍卖，估算了重庆万州基于农户接受意愿的退耕还林补偿水平，结果显示，农户平均接受意愿为5087.55元/公顷·年，补贴标准至少为4500元/公顷·年才能达到样本区2010年51.26%的退耕还林农户比例。

此外，还有部分学者对退耕还林分区域差别化补偿标准进行了定量研究。例如，满明俊等（2007）选取了地区发展水平、退耕还林面积、农业比重以及耕地资源的稀缺程度等方面的指标，以陕西省81个退耕县为样本进行了聚类分析，并对各类进行了比较分析，提出了根据分类进行差别化补偿；宋莎（2010）选取云南省129个样本县，分析了影响退耕还林补偿标准的主要因素并以此构建指标体系，使用地理信息系统和聚类分析的方法进行数据处理，将样本县分成8类，提出分区补偿的建议。

对于退耕还林补偿年限，主要存在4种观点。一是不论还什么林种都应该适当地延长补偿年限。二是由退耕还林后产业结构调整取得显著成效需要的时间决定补偿的期限，该时间具有不可预期性。刘震等（2008）用收入增长法计算出黄土高原地区的退耕还林补偿年限应为18年；黄文清等（2008）通过建立灰色预测模型并进行分析，得出西部地区延长补助期应为10年左右。三是根据生态系统恢复所需时间来制定补偿期限。四是补贴到期后应该逐步纳入生态效益补偿范围，或者实行政府购买。

三、补贴停止后农户退耕成果保持意愿相关研究

柯水发等（2008）指出，农户参与退耕还林的行为选择过程，多数情况下就是综合因素制约下的成本与收益之间进行权衡比较的过程，只有当预期总收益大于预期总成本时，农户才会参与退耕工程。

国内学者也对补偿停止后退耕农户的成果保持意愿进行了研究。张静（2010）利用 Logistic 模型分析了新一轮补助下影响农户退耕还林成果保持意愿的影响因素，得出农户生活环境特征变量对保持退耕成果影响显著，而农户的个人特征则无显著影响；王术华等（2010）同样利用 Logistic 模型分析得出，家庭总收入和对退耕政策满意度是影响农户复耕意愿的显著影响因素；金世华（2011）也利用二元 Logistic 模型分析得出，单纯补贴已无法构成对退耕农户的持续激励，劳动力转移是农户维持生计的必然选择；李桦等（2011）运用多元有序 Logit 模型分析得出，在新一轮补助下只有少数农户不愿意保持退耕成果，其中户主文化程度、年龄等5个方面12个变量对退耕成果保持意愿影响显著。

四、已有研究评述

自退耕还林工程开始实施以来，退耕还林的补偿问题就成为专家学者们研究的热点问题。已有研究涉及了退耕还林补偿问题的各个方面，包括补偿主体、补偿对象、补偿标准、补偿年限以及补偿方式等。由于研究所依据的理论、研究的角度以及研究的具体对象的不同，使得专家学者们对退耕补偿问题研究的结论也有所不同，但在一些基本问题上已经达成共识。例如，应形成多元化的补偿主体、应明确补偿对象、应制定区域差别化的补偿标准、补偿方式应多样化等等。其中，退耕还林生态补偿标准的确定是研究的一个难点。现在，学者们在研究退耕还林补偿标准时大多采用两种方法，一是根据生态服务功能价值

来确定，二是采用机会成本补偿模式，而从受偿者意愿角度出发来研究补偿标准的相对较少。

已有的文献极大地丰富了退耕还林生态补偿的研究成果，但也仍然存在一些问题，需要在今后的研究中加以重视：

1. "一刀切"的补偿标准忽略了区域差异性和社会异质性，影响了退耕补偿的公平性和农民参与的积极性，进而影响了补偿资金投入的有效性。虽然有很多学者提出分区域差别化补偿的思想，但大部分只是进行了定性分析，分区补偿标准的定量研究较少，政策建议的可操作性还有待进一步加强。

2. 对退耕补偿标准的确定方法的研究不够成熟和完善，并且使用不同的方法得出的结论差别较大。使用经济学方法确定补偿标准的最佳数额存在着一些现实的困难，因为经济补偿受到社会、经济、自然等很多方面的影响，其中也包含了很多难以度量的因素，如人文因素等；以生态效益价值来确定补偿标准在实现过程中也存在较大的困难，生态效益的经济价值难以准确计算，并且以这种方法计算出来的补偿标准一般都远远超过了国家财政支付能力，可行性较差；相比来说，使用机会成本法确定补偿标准更具可行性，但目前的研究较为分散，并且对退耕农户机会成本的理解也不尽相同，结合各个地区实际情况的合理补偿标准的定量测算还有待进一步的研究和完善。

3. 要制定科学合理的退耕还林补偿标准，需要考虑和重视补偿者的支付意愿和支付能力，以及生态服务提供者的接受意愿。国外在生态补偿的研究和实践中对利益相关者的意愿较为重视，而从国内的研究来看，并没有对此给予充分的关注，因此，为了实现补偿标准的公平性和合理性，未来还需要进一步加强对纳入利益相关者意愿的补偿标准的研究。

4. 现在对退耕还林补偿的研究主要是针对第一轮补偿政策和第二轮（即补贴延长期）补偿政策的研究，在很多地区，第二轮补助即将到期，但是对于两轮补助到期之后的后续政策研究较少，在补助到期之后，如何能维护退耕农户的利益，有效巩固退耕还林成果，现在应该引起足够的关注。

第三节　退耕还林后续产业发展与退耕农户参与意愿研究进展

一、国外相关研究综述

世界上进行退耕还林（草）的国家主要有美国、欧洲的英国、法国、德国等发达国家。在 20 世纪 30 年代的美国，由于经济的快速发展带来了农产品过剩和生态环境严重恶化的双重压力，进行了一系列类似于我国"退耕还林工程"的压缩耕地面积的计划。欧洲的英国、法国、德国等则多为自愿弃耕，并无明显的政府行为的干预（李世东，2002）。但因社会、历史背景、国情、科技、社会发展状况等不同而使各国退耕还林还草的目的、基础及政策等差异较大。与我国退耕还林工程需要协调好生态与经济发展的关系不同的是，国外的退耕还林是建立在经济高度发达的基础上，追求的是林业的纯生态效益。因而国外的相关研究主要集中在退耕还林工程本身，基本不涉及后续相关产业的发展。

另外，国外学者 Bennett（2008）在研究中国的退耕还林时指出，中国退耕还林后续产业能否发展起来，关键问题是能否在制度上进行创新，能否找到结合农村产业结构调整的特色优势产业，如果还是照搬过去的做法，可能达不到预期目标。

二、国内相关研究综述

从退耕还林工程伊始，国内就有很多学者对后续产业发展问题予以关注，对于退耕还林后续产业的发展思路，各位学者、专家的意见较为一致，但由于退耕还林工程覆盖的区域十分广阔，且实施地区在地理位置、自然气候、人文条件、经济发展等方面都存在差异，因此大多数学者都是研究某一地区的退耕还林后续产业的具体发展情况，探讨的问题主要集中在退耕还林后续产业发展思路、发展模式、产生影响等三个方面，也有少数学者从农户角度研究了后续产业发展过程中农户的参与情况，并根据研究的结果阐述解决问题的对策、给出相应的政策建议。

1. 对退耕还林后续产业发展思路的研究

在对退耕还林后续产业发展思路的研究中，部分学者立足全国的退耕还林工程，阐述了退耕还林后续产业发展的基本思路。一种观点是为了解决退耕还林区的长远发展问题，综合其他产业发展的经验，提出一些发展思路或原则，如退耕地区发展后续产业必须坚持：因地制宜、与农业产业结构调整相结合、与改善农业生产条件相结合、与农民增收相结合以及长短兼顾、以短养长等原则（孟全省，2005；蒋桂红，2003；龙世谱，2004）。另一种观点是通过分析前期退耕还林工程实施过程中存在的问题得出发展后续产业对巩固退耕还林成果的重要性，从政府应该如何实施的角度提出后续产业的发展思路：通过进一步完善退耕还林及后续产业相关政策，确立和探索后续产业发展的思路和模式；扶持龙头企业，加快科技创新和产业化经营推进农业产业化；加强对农户的职业技术培训，充分调动广大农民参与的积极性从而增强后续产业发展活力（罗锢，2005；赖作莲，2007）。

另外，更多的文献则是以某一地区的具体实践情况为例，通过定性分析反映该地区退耕还林后续产业存在的问题，从而提出发展的思路和对策。大部分地区的后续产业发展处于起步阶段，成效初现但不明显，存在着政策性、结构性、技术性和农户自身等多种因素的制约（赖作莲，2007）。如工程前期认识不足，缺乏统筹规划，由于缺乏资金支持等原因，地方政府、农户政策依赖性较强（帅克，2006；季元祖，2006；陈珂等，2007；张奎，2011）；地区产业基础薄弱，产业结构不合理（郭慧敏等，2007；高春等，2008；张晓磊等，2009；廖冬云，2013；季猛等，2013）；资金投入不足，科技支撑薄弱（文冰等，2007；王珠娜等，2009）。这些问题都制约着后续产业发展效率和效果。为此，学者们提出了许多解决问题的对策和发展思路：如李应中（2004）强调，将后续产业发展应与特色农业产品开发结合起来，急需解决的是多成分、多渠道争取资金支持问题；在对河北省京津风沙源治理工程和后续产业培育现状进行了深入剖析之后，温立洲等（2007）提出的退耕还林后续产业发展的基本思路是大力发展种植业、突出生态旅游业、提升改造畜牧业、推进产业化经营；张静（2008）通过对四川退耕还林典型地区后续产业发展现状的调查，归纳总结了现在四川省后续产业的主要发展模式，并对其目前项目实施带来的经济效益、产业优势和劣势进行了分析，提出了农户要以市场为导向，依托当地优势资源，寻找适合自身发展的模式进一步发展后续产业；季猛等（2013）基于成都市退耕还林工程后续产业发展现状及存在问题，分析得出提高退耕农户长远生计能力的发展思路：进一步开展产业论证、加大退耕补助力度、加强科学技术示范及指导、培育龙头企业、加强成果转化力度。

2. 对退耕还林后续产业发展模式的研究

退耕还林工程自2002年全面实施以来，至今已有12年。在此期间，各地区在退耕的同时，积极探索后续产业发展的有效模式，全国各地涌现出了各具特色的后续产业，如：天津蓟县的薄皮核桃、河北平泉县食用菌和张北县的生态旅游、山西省的柠条和紫花苜蓿、陕西延安畜牧养殖和苹果、甘肃武威牧草和花卉、广西百色的竹和蚕、内蒙古赤峰市的优质山杏和沙棘、乌兰察布市的畜牧业。研究者也认为后续产业发展模式的选择非常重要，如米文宝等（2005）以宁夏南部山区为研究对象，阐述了后续产业在当地发展不足，认为在后续产业方面的问题主要表现在模式的选择上。还有的学者根据我国现有的后续产业发展情况将我国后续产业的发展模式大致分为以下五种模式：生态农业、林业产业化、林草间作—畜牧业—畜牧产品加工、林药间作—药材—制药、生态旅游（孟全省，2005；张秉禄，2009）。在生态农业发展模式方面，主要发展的是林粮间作，这与林草、林药间作形成了多元的林下种植、养殖模式；李国华（2010）详细地介绍了伊犁州林粮、林药、林草间作、林下养殖、特色旅游等开发模式，并提出了这些模式良好运行的保障措施和政策建议；还有很多学者对发展秦艽、蚕桑业、野生花卉繁育作了较为详细的研究（张建红等，2012；郝艳静等，2008；禹雪莲等，2013）。在林业产业化发展模式方面，峡江县根据本地自然条件优势，因地制宜，大力推广以杨梅＋黄桅子为主的营造林模式，初步形成了杨梅观光采果和加工两大产业链（罗洪等，2009；陈刚等，2009）；青海省化隆县则通过改良原有沙棘培育方法成功建设沙棘林基地，为西部贫困地区的社会经济发展提供了广阔的空间（董宝明，2008）。

后续产业的发展模式既包括实施产业的开发模式也包括实施主体的经营模式。与后续产业开发模式的研究相比，对经营模式的研究相对欠缺。学者们的研究主要集中在"个体承包""公司＋农户""联合经营等方式"。如罗镅（2005）认为，应该在坚持"个体承包"的基础上，积极创新，多种经营方式并存，如公司加农户、业主承包、股份合作、联合经营等方式。陈胜远（2003）通过对固原市杏产业经营方式的调查发现，"龙头＋基地＋农户"和"市场＋基地＋农户"是两种较为有效的经营模式。张静（2008）较为详细地介绍并评价了四川省退耕还林后续产业的多种经营模式，如邛崃的"公司＋基地＋农户"的经营模式、蒲江的"专业合作组织＋农户"的经营模式、腾达镇"租赁合作与股份经营"模式等，在分析各种经营模式的优劣势的基础上，得出因地适宜后续产业经营模式确实对增加农户收入、转移农村剩余劳动力起到了很好的推动作用，但其效果又都受到资金、技术以及经营组织效率的影响。总结前人研究成果，可以发现发展后续产业必须根据各地的实际情况，因地制宜地开发和推广适宜的开发模式和经营模式，只有这样才能使农户长远利益得到保障，退耕还林的成果得到巩固。

3. 对退耕还林后续产业产生影响的研究

由于现在获得后续产业发展的有效统计资料难度较大，因此，对退耕还林后续产业发展进行深入研究和评价的文章还较少。大多数学者都是通过对某一地区的调查，利用实地调查数据和访谈资料研究后续产业发展产生的影响。如帅克（2006）介绍了四川省后续产业的发展状况，通过指标分析说明，在此期间壮大了一大批生态产业，促进了地方经济发展，创造了大量的就业机会，缓解了当地的就业压力。郑卫民（2006）主要从农业产业结构角度研究了后续产业对产业结构的影响，结果表明，后续产业的发展不仅促进了农户增收，还加快了农业产业结构调整。陈珂等（2007）利用多元回归模型分析了后续产业的发展与农户收入结构的关系，结果表明，由于后续产业发展刚刚起步，对农户收入结构产生的影响还不明显；孙策等（2007）通过分析沿河湾镇问卷和实地抽样调查数据和资料，得出发展水果、蔬菜输出等后续产业，不仅能改善本地区生态环境，还能使农民增收、促进农业产业结构调整；赵丽娟（2008、2011）运用指数分析和计量经济模型定量分析了退耕还林后续产业的发展对农民收入及当地经济的影响，结果表明，发展退耕还林后续产业已成为农民主要的收入来源，并对退耕农户的收入总量和结构产生了较大的影响，同时退耕还林后续产业也促进了当地农村劳动力的就业。

4. 对退耕还林后续产业农户参与情况的研究

相对于后续产业发展思路、发展模式、产生影响等方面的研究，学者们对退耕还林后续产业农户参与方面的研究相对较少，陈珂等（2011）以辽宁省为例，基于发展预期和二分类 Logistic 模型，得出农户参与后续产业预期不高，农户的决策行为表现为有限理性，农户的参与意愿受地块特征、户主受教育程度等因素的影响。赵峰娟（2011）在研究洛南县核桃产业时发现，农户后续的经营性资金投入成为产业发展的关键，农户的核桃收入占家庭总收入的比重是影响农户经营性投入的最关键因素；穆倩（2012）利用多元回归分析的方法得出，农户创新作为后续产业发展的显著影响因素对推动后续产业发展起到了正向激励的作用。郭慧敏等（2012）利用二分类 Logistic 模型分析得出家庭劳动力数量、耕地距公路最近的距离、户主年龄、对发展后续产业的收益预期对农户参与意愿有显著的影响。

三、已有研究评述

国外学者的研究主要集中在生态恢复项目本身，基本不涉及后续相关产业。在研究农户参与情况时，国外主要的研究方向是利用模型描述和测度农户的参与意愿。另外，国外学者在对中国退耕还林的研究中指出，制度创新是退耕还林工程能否达到预期目标的关键。

国内现有的研究从各个角度介绍了后续产业的发展思路和发展模式，在分析发展现状的基础上指出了发展过程中存在的问题，并结合当地的实际给出了一些对策和建议。其中大多数学者借助于某个地区的案例分析了该地区退耕还林后续产业的发展现状和存在问题。还有部分学者对退耕还林后续产业产生的生态和经济影响进行了评价，还有少数学者从农户角度研究了农户在后续产业发展中的意愿与行为。已有研究为开展后续研究奠定了重要的基础。

纵观以往学者对退耕还林后续产业的研究，可以发现已有研究还存在以下几点不足之处：（1）现有研究对于后续产业的发展思路、发展模式研究较多，而对后续产业产生的影响，农户的参与情况研究较少。（2）现有研究大多是从定性角度描述退耕还林后续产业发展现状，进行定量分析的文献较少。（3）现有研究大多是从政府或地区发展的角度进行研究，从农户角度研究的较少，实际上农户是发展后续产业的基础单元，只有使农户增收，改善农户的生产生活方式才能达到农村产业结构调整及生态恢复的长期目标。

因此，从农户角度出发，运用定性和定量方法研究退耕农户发展后续产业的意愿及其影响因素，对进一步了解农户发展后续产业需要的支持和利益诉求，为未来后续政策制定和完善提供科学依据和支撑具有重要的现实意义。

第二章　研究框架与方法

京津风沙源治理生态工程实施区在行政区划上涉及北京、天津、河北、内蒙古和山西5省（市、区），在区域类型上包括干旱区、半干旱区以及半干旱向半湿润过渡区，在治理措施上既包括退耕还林等生物措施，又包括生态移民等工程措施。多地域、多地貌以及多种治理措施的复杂性给研究带来了困难。根据前述相关研究进展和研究计划，为了尽可能准确、客观地反映京津风沙源治理生态工程的生态影响，以及从相关利益者尤其是从农户视角反映其对工程相关政策的态度、看法和利益诉求，本研究主要采用案例分析为主的研究方法。总体研究思路是：通过理论分析和实地调研，选择典型案例县，确定具体研究内容和方法；在此基础上，在综合分析和实地调研基础上，利用专家访谈和其他各种技术方法，明确京津风沙源治理区经过10年治理所产生的各种生态影响，并采用相关非市场评价技术将其数量化价值化；通过基于相关利益者视角对工程中包括生态补偿政策在内的现行政策进行评价分析，揭示京津风沙源治理生态工程实施中存在的主要问题，提出未来完善工程后续政策的建议。

第一节　研究目标与内容

一、研究目标

京津风沙源治理工程的建设目标是遏制北京及周边地区土地沙化问题，改善京津及周边地区生态环境，促进其可持续发展。其中，生态环境改善是京津风沙源治理工程的一个重要核心目标，工程的生态产出效果是衡量工程成功与否的重要标准，而各类后续政策是巩固治理区生态恢复效果的重要保障。因此，本研究的主要目标是：

1. 在综合分析和实地调研基础上，利用各种方法，明确京津风沙源治理案例区经过 10 年治理所产生的各种生态影响，并采用相关非市场评价技术将其数量化价值化；

2. 基于相关利益者对工程主要政策的评价和对未来政策的要求，提出有效保护工程治理成果的后续政策建议，为完善工程后续政策制定以及二期工程规划与实施提供实证支持与可靠的参考依据。

二、研究内容

1. 京津风沙源治理工程不同治理区生态影响的鉴别与分析

京津风沙源治理工程的生态影响，表现为工程各种措施实施后能够改善（避免）或导致的一系列生态环境问题。工程从哪些方面，以及在多大程度上改善了生态环境？这是生态影响评估研究首要要回答的问题。

和同期启动的其他林业生态工程一样，京津风沙源治理工程有明确的建设目标、政策措施、技术规程和进展规划，整个工程治理区明确划分为北部干旱草原沙化治理区、浑善达克沙化治理区、农牧交错地带沙化土地治理区和燕山丘陵山地水源保护区。由于京津风沙源治理工程是一个多种治理措施相结合的生态治理和恢复项目，所处地区不同，治理的目标和措施不尽相同。为此，本研究将以不同治理区具体案例县为研究对象，在实地调查基础上，采用各种方法对治理区案例县采取各种具体治理措施后产生的生态影响进行甄别、描述和综合分析。

2. 京津风沙源治理工程不同治理区生态影响的价值计量

将治理工程产生的生态影响以价值形式表示出来，这是工程生态影响评估最理想的结果。它既是反映工程治理效果和投入产出效率的重要内容，更可为完善后续政策和进行二期规划与实施提供可靠依据。为此，本研究将根据研究地具体的生态影响情况，在综合分析和实地调查基础上，明确分离出具体案例县工程实施后所带来的各种生态影响；借鉴国内外有关生态影响数量化的相关研究成果，在比较分析基础上，确定各种相适应的生态影响价值计量方法，结合国家和地方宏观监测数据和实测数据，对京津风沙源治理区案例县工程产生的生态影响数量化，进而进行成本收益分析。

3. 京津风沙源治理工程后续政策研究

一期工程结束后，应该如何继续巩固工程治理的成果？对于涉及广大农户的退耕还林措施，还应采取怎样的补偿政策支持？本部分拟在全面梳理各类主要政策及变化基础上，采用参与式政策评估方法，从各类主要政策执行过程和各级政府、建设主体、尤其是农户等各相关利益主体角度，了解其对目前工程实施各主要相关政策的看法、态度，评价现有各项政策的效率，分析存在的问题；同时利用各种计量模型分析农户对重要政策变化的响应行为，了解各相关利益主体对未来包括生态补偿政策在内的各项政策的要求，并结合生态影响评估结果和京津风沙源治理区实际情况，进一步提出完善现在和未来后续政策的建议。

第二节　案例县选择与具体研究内容的确定

一、案例县选择

由于京津风沙源治理生态工程实施地域地貌的多样性、实施模式的复杂性和社会经济及生产方式的差异性，为较全面客观地反映工程实施所产生的生态影响和各相关利益主体对主要工程政策的态度、看法及利益诉求，本研究在综合考虑各种因素情况下，根据立项计划，选取4—5个既能反映工程治理区地域地貌特点，又能较全面地体现工程主要治理措施效果的典型案例点，来反映工程的生态影响与政策实施中存在的问题。

案例县的选择主要基于以下几个方面的综合考虑：生态区位、生态破坏的程度、行政区划、地域特征、经济发展程度、具体的治理措施和工程任务量等，经过反复筛选，并征求各方面意见，最终确定北京市昌平区、山西省大同县、内蒙古商都县、河北省康保县为工程生态影响评估典型案例县；山西省大同县、内蒙古商都县为后续政策研究典型案例县；为进行退耕还林生态补偿方面相关内容的对比研究，选择京津风沙源区的张北县和非京津风沙源区的河北省易县作为案例调查县。

北京市昌平区位于北京城区北部，生态区位重要，是一道防治风沙侵袭的重要屏障，同时，境内的一些山区、半山区生态薄弱，水土流失和土地沙化严重，风沙危害较大。该区位于工程区划中的燕山丘陵山地水源保护区，京津风沙源治理工程从2000年开始，主要的治理措施为林业措施，特别是退耕还林，但任务量相对较少，2004年退耕还林任务基本结束。由于地处山区与平原交替地带，属于坡耕地退耕，治理模式主要以经济生态林建设为主。昌平区经济发展水平相对较高，农业总产值占总产值的比例较低。

河北省康保县地处内蒙古高原边缘，属于工程区划中的农牧交错地带沙化土地治理区，国家级贫困县，生态区位重要，是京津风沙源治理工程重点县，工程任务量较大，从2000年一直持续至2012年。另外，该县地处坝上生态脆弱带，由于自然条件差，治理难度和成效巩固难度大。

内蒙古商都县属北部干旱草原沙化治理区及浑善达克沙地治理区，风蚀沙化、水土流失严重，草场植被退化沙化加剧。县域经济以农牧业为主，为国家级贫困县。

山西大同县地处山西省东北部，属京津风沙源治理工程中的农牧交错地带沙化土地治理区，是我国北方风沙危害严重和生态环境脆弱的地带之一，水土流失严重。大同县京津风沙治理一期工程从2000年起开始实施，工程任务量较大。

上述四县（区）的自然条件、生态区位、社会经济条件、治理模式和工程实施任务量均较具有典型和代表性，能较全面地反映京津风沙源工程实施所产生的生态影响及政策实施中存在的问题。

河北张北县位于河北省西北部、内蒙古高原的南缘，地处高寒半干旱农牧交错带，属河北省六大沙区的坝上沙区，2000年开始实施退耕还林，主要退耕还林树种为沙棘、榆树、柠条等。

河北易县地处太行山北端东麓，是一个七山一水二分田的山区林业大县，2002年开始实施退耕还林，主要退耕还林树种为杨树、柿树、核桃、板栗等。

二、具体研究内容的确定

生态影响评估方面，由于所选案例县分属京津风沙源不同治理区，本研究拟根据各案例区实际情况及工程实施情况，按生态影响识别→生态影响指标体系构建→生态影响价值评估步骤并试图采用多种方法，评估北京市昌平区、山西省大同县、内蒙古商都县、河北省康保县京津风沙源治理工程实施所产生的生态影响。

后续政策研究方面，由于京津风沙源治理工程是一项综合性的治理工程，主要治理措施既包括人工造林、退耕还林等生物措施，也包括生态移民、小流域综合治理等工程措施。不同的治理措施具有不同的特点，一些治理措施从实施程序、治理主体和政策内容方面看，比较简单，如人工造林和小流域综合治理；而另一些治理措施，如退耕还林和生态移民，尤其是退耕还林措施，涉及农户众多，影响范围广，其政策措施不仅关系到农户的根本利益，也关系到工程实施成果能否得到有效的巩固。因此，本研究在基于相关利益者对工程相关主要政策评价的基础上，确定以退耕还林政策为研究重点，针对退耕还林政策的特点和关键政策内容，重点从农户角度分析农户退耕成果保持意愿、后续政策参与状况和参与意愿、以及退耕还林生态补偿意愿，为工程后续政策制定提供依据。各案例县基本情况和主要评估与研究内容分别见表2-2和表2-1。

表2-1　各案例县主要评估与研究内容

Tab. 2-1　The research contents in case counties

案例县	评估与研究内容
北京昌平区	生态影响
山西大同县	生态影响、相关利益者对工程主要政策的评价、农户退耕成果保持意愿
内蒙古商都县	生态影响、相关利益者对工程主要政策的评价、农户退耕成果保持意愿和参与后续产业发展意愿
河北康保县	生态影响、相关利益者对工程相关政策的评价
河北张北县	退耕还林生态补偿
河北易县	退耕还林生态补偿

表 2－2 案例县 2012—2014 年基本情况（按调查时间）

Tab. 2－2 The basic conditions in case counties

基本情况	计量单位	北京市昌平区	河北省康保县	河北省张北县	内蒙古商都县	山西省大同县
工程区划	—	燕山丘陵山地水源保护区	农牧交错地带沙化土地治理区	农牧交错地带沙化土地治理区	北部干旱草原沙化治理区及浑善达克沙地治理区	农牧交错地带沙化土地治理区
工程进展(一期)	—	完成	完成	完成	完成	完成
经济发达状况	—	非国家级贫困县	国家级贫困县	国家级贫困县	国家级贫困县	非国家级贫困县
总面积	平方公里	1352	3365	4185	4353	1503
耕地面积	万亩	46.1	145	166.5	150	64.43
总人口	万人	60	28.1	37.1	34.3	18.93
农业人口及比例	万人/%	26.3/43.83	23/81.85	32.8/88.41	28.1/81.92	13.9/86.88
年平均降雨量	mm	467.73(2001—2010)	350	350	300	389
气候类型	—	温带大陆性半干旱季风气候	温带大陆性季风气候	中温带大陆性季风气候	中温带大陆性季风气候	温带大陆性季风气候
人均国民生产总值	元	29967	11690(2011)	21093(2013)	16917	12381(2013)

注：表中数据来自五县（区）县志与 2012—2013 年国民经济和社会发展统计公报。

第三节　生态影响评估总体研究思路与框架

一、生态影响评估原则

为了能够如实、全面客观地反映京津风沙源治理工程的生态影响，在生态影响评估中，主要遵循的原则有：

1. 科学性原则

京津风沙源治理工程生态影响评估首先要遵循科学性原则，从生态影响的识别到评估指标的确定再到评估方法的选择，都应采用科学的方法进行，尽量排除主观因素，判断依据可靠合理。

2. 客观性原则

京津风沙源治理工程生态影响评估的目的是，评估工程实施所取得的生态效果，发现工程实施中存在的问题，为制定后续政策和提高公共投资效率提供科学、客观的依据。因此，评估时要如实分析和反映工程的生态影响，力求使评估反映客观实际。

二、生态影响评估步骤与方法

20 世纪末，为了恢复和保护我国的生态环境，促进社会经济的可持续发展，我国实施了包括京津风沙源治理工程在内的六大林业生态工程。但由于工程开展的时间相对较短，还没有建立起一套完整、统一的评估体系、方法和评估标准；况且由于林业生态工程的特殊性和复杂性，难以采用一般项目工程的评估方法进行。为此，本研究基于京津风沙源生态治理工程的特点和研究立项计划，工程产生的生态影响评估程序步骤包括：识别和筛选生态影响、确定和构建生态影响评估指标体系、利用相关评估方法量化和货币化生态影响。

1. 生态影响识别和筛选

生态影响的识别是生态影响评估的重要步骤。本研究主要通过实地调查、农户评价等方法识别出工程实施所产生的生态影响。

通过识别和筛选，一方面可以明确工程产生的影响，另一方面可以把一些因子或影响从下一步的经济评价考虑中剔除，筛选过程可以证明为什么有些影响不能货币化，这时可能需要定性评价；最后，筛选有助于集中评价最重要的影响，并能将这些影响与类似的项目进行比对。

2. 构建生态影响评估指标体系

不同案例县京津风沙源治理生态工程生态影响评估指标体系设计的总体思路是：在生态影响识别的基础上，试图以不同理论为依据和指导，在始终遵循指标体系建立原则的基础上，通过借鉴已有相关研究成果，结合预调查，首先建立先验评估指标体系；在此基础上，征求专家和基层工作人员的意见，根据反馈信息，结合进一步实地调查，对评估指标进行增删调整，最终建立各调查案例区县工程生态影响评估的指标体系。指标筛选和建立的程序图如下：

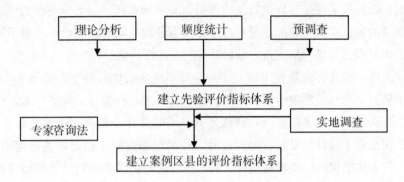

具体各案例点的最终评估指标体系分别见各案例研究部分。

3. 生态影响的量化和货币化

量化影响，即用一个合理的物理量化单位来表述每一种影响的大小。在许多情况下，不可能将受体的所有影响予以量化。为了尽可能地扩大量化范围，可以将定性信息与定量信息相结合。

生态影响的货币化就是将每种影响的物理量单位转换为货币单位，为了获得生态影响的货币化价值，通常需要采用多种评价方法来对其进行估算。实践中用于生态影响评估的方法较多，归纳起来，比较常用的方法主要包括：基本评估方法，成果参照法和费用效益法。其中基本评估方法包括直接市场法、替代市场法、假想（创建）市场法。

（1）直接市场法

直接市场法是根据生产率的变动情况来评估生态环境变动所带来的影响。利用生产要素的市场价格反映环境质量，如果市场价格不能准确反映，则通过影子价格进行调整环境损害产生的环境成本或环境改善所带来的效益。该方法需要对评估的生态系统及其可以市场化的商品之间的联系有足够的了解，同时该方法的使用一定程度上依赖对于可市场化服务的需求，意味着市场对生态系统的货币价值存在相当大的影响，但是较其他方法，有比较强的说服力（闫平，

2011）。其评估方法较多，包括：生产率变动法或生产函数法剂量—反应法、机会成本法、防护费用或预防支出法、重置或恢复费用法、有效成本法，以及疾病成本法和人力资本法等（王新艳，2005）。

市场价值法又称生产率法。是一种应用范围比较广的方法，常用于估算那些有市场价格的生态系统物质产品和服务。基本原理是：将生态系统作为生产中的一个要素，其变化将导致生产率和生产成本的变化，进而影响价格和产出水平的变化，或者将导致产量或预期收益的损失。在实际评价中，它可分为三个步骤：先计算某种生态环境功能功能的物质量的变化，如生物资源的增加量，涵养水源的量，二氧化碳固定量；再研究生态环境功能的市场价格或影子价格，如活立木可根据市场价格定价；最后计算其总经济价值。

重置成本法又称恢复费用法，该方法是用恢复破坏后的生态环境所需要的费用来估算生态环境影响价值。一般，重置成本法是按现行市场条件来评估的。影子工程法是重置成本法的一种特殊形式。当需要评价某项生态系统环境功能价值，而又难于直接计量时，可通过另一项情况相近的工程的相关费用来进行评价。该方法的优点是能将难以计算的生态功能价值转换为可计算的经济价值，但是该方也有其不足之处，如替代工程的非唯一性，以及生态系统的许多功能是无法用技术手段来代替的。

费用支出法是用人们对某种生态环境功能的支出费来表示其经济价值。如，对于景观功能的价值计量，可以依据观赏者支出的费用来计量，包括门票费、交通费、住宿费等。缺点是通常计量时受许多社会因素的影响，不能真正反映生态环境功能的价值。

防护费用又称预防支出法，是依据人们为了防止环境质量下降、生态环境功能减少所准备支出的费用作为判断环境破坏、生态环境功能降低的最小成本，是从消费者的角度来度量的。该方法通常以实际承担的预防成本计量该生态环境功能的经济价值。也可以通过问卷调查了解消费者的支付意愿来计量。缺点是评估结果只是生态环境功能的利用价值，没有评估非利用价值，是最低经济价值。

（2）替代市场法

替代市场法是对于没有市场价值的环境物品，找到某种有市场价格的替代物来间接衡量。其评估方法主要有内涵房地产价值法、旅行费用法、工资差额法、防护支出法等。一般来说，使用替代市场评价法的关键在于确定可哪些可以交易的市场物品能够替代环境物品。对于没有市场价格的环境物品，即便替代物不能完全反应环境物品的价格，还是可以为各种环境物品的价值作出一个估计。

（3）假想（创建）市场法

假想（创建）市场法法是在没有真实的市场交易的环境产品和服务，也无法通过间接的观察市场行为来赋予环境资源价值时，人为地构建假想市场来衡量生态系统服务和环境资源的价值，试图通过提问的方式向人们询问如何给生态环境变化定价的。其代表性的方法是意愿调查评估法（CVM）和选择实验法（CE）。其缺点就是，没有对实际的市场进行观察，也没有要求消费者使用现金支付来检验其有效需求。

（4）成果参照法

成果参照法是一种间接的价值评估方法，它采用一种或多种基本经济评价方法的研究成果来估计类似环境影响的经济价值。其定义就是把一定范围内可信的货币价值赋予受项目影响的非市场销售的物品和服务（曾贤刚，2003）。其理论依据是"替代原则"，就是不需要与目标影响完全相同的影响作为替代物，而是需要与目标影响具有同等的效用，即参照物与评估对象在服务功能上以及面临的市场条件具有可比性，且参照物评估实践与目标影响的评估基准日间隔不能过长。

（5）费用—效益分析法

费用—效益分析法是对建设项目所带来效益损害作估价，即核算建设项目对环境资源的损害造成的损失以及改善环境带来的效益。任何项目建设活动都会发生费用和效益问题，将费用和效益以货币为计量形式，进行费用—效益分析，以做出经济评价。

总之，通常针对不同的生态系统物质产品和服务，以及研究时间和经费的差异，需要选择不同的方法进行价值评估。通常依据有以下几点：首先依据信息的可获得性，对于有市场价格的生态系统物质产品和服务，可以直接采用市场价格法进行计算，计算结果也比较准确，争议较少。但是，对于市场信息比较少或者市场不完善的生态系统物质产品和服务，一般采用替代市场法。如果这些生态系统物质产品和服务不在市场上交换，没有真实的市场交易，可以采用假想（创建）市场法评估法，如意愿调查法评估法、选择实验法等方法。其次，依据研究经费和时间的多少。当资金和时间有限时，可以采用成果参照法，借鉴他人的研究成果，或者选择具有可比性的数据进行粗略的估计。当资金和时间比较充足时，就可以采用其他价值评估方法，如替代市场法中的内涵房地产价值法、旅行费用法；以及假想（创建）市场法评估法中的意愿调查法评估法和选择实验法等方法（李磊，2004）。由于每一种生态环境功能通常可以有几种评估方法，因此，使得评估结果很大程度上依赖对方法的选择。所以，要尽量选择使用频率比较高的方法，价格参数借鉴高使用频率的标准、行业标准或权威机构的研究成果。

4. 估算因素分析

生态环境影响的货币价值只是真实价值的接近值，其中包括有省略、偏差、不确定性因素。其中省略是确定有关影响的哪些信息在生态环境影响评价中被忽略了，哪些信息在经济评价中被省略了。偏差指的是能够引起效益或费用的定量估算值高于或低于其实际值的情况，对偏差进行调整有利于估算的准确性。如果偏差不能精确化，那么至少应就偏差对分析的影响方式或偏差的大致方向进行阐述。不确定性是指在一定程度上，因为涉及生态系统变化的估算和预测，使得评估必然包含不确定性。所有关键性的省略、偏差和不确定性，如果生态环境影响评价的结论，应以"＋""－"号表示，使人们能够理解这些影响将如何改变所估算的效益和费用（曾贤刚，2003）。

另外，生态环境影响价值评估就是采用环境影响经济评价的方法对产生的生态环境影响进行货币化计量的过程。进行生态环境影响价值评估的关键在于选取合适的方法。由于评价方法的选取是个主观的过程，而对于被评估的影响而言，其价值是客观的且是未知的，使得评价的结果与影响的客观价值之间总是存在一定的误差，而不可能完全准确。从这个角度来看，生态环境影响价值评估就是探求被评估影响实际价值的过程，是主观评价与客观计算的统一（曾贤刚，2003）。由于生态环境影响复杂性，准确地评估生态环境影响的价值至今仍是一件十分困难的事。

5. 费用效益分析

根据环境影响经济评价的结果，结合工程各年度的投资额，使用费用效益分析法，分析工程的成本和效益情况。

第四节　后续政策研究总体思路与框架

京津风沙源治理工程是一项复杂的系统工程，涉及到国家利益、地方利益和广大农民的切身利益，涉及到农林牧水等多个行业利益，因此，首先从相关利益者角度评估和反映工程各主要政策实施效果。

改善京津地区的生态环境是京津风沙源治理工程的核心目标之一，但增加农民收入、促进农村经济发展也是工程的重要目标，而且由于退耕还林是重要的治理措施之一，因此，在从相关利益者角度评估和反映工程各主要政策实施效果的基础上，本研究重点对退耕还林措施中的关键性政策，从微观农户角度去深入了解和反映农民的意见要求，包括对相关政策的支持及参与程度、以及相关政策的实施对农民生产生活的影响程度等，在此基础上提出后续政策建议。

针对上述研究内容，本研究在比较分析的基础上，主要选用对象评定法、机会成本分析、相关统计分析和计量经济分析相结合的方法进行相关政策实施效果的分析与评价。

对象评定法是指由政策对象通过亲身感受和了解对政策及其效果予以评定的方法。由于政策对象是政策的实施者，又往往是政策活动的主体，他们对政策的成败得失有切身的感受，因而最有发言权。在京津风沙源治理生态工程实施中，农户是退耕还林措施的重要的参与和实施主体，农户利益的变化直接关系到工程成果的巩固和工程的顺利推进，因此，调查问卷中设计了农户主观评价调查项，也采用对象评定法来反映农户的满意度。

退耕还林补偿政策直接关系到退耕农户的利益，也关系到退耕还林成果是否能够得到有效巩固。本研究拟通过对河北省张北县和易县退耕农户进行实地调查，分析农户对以往退耕还林补贴政策的评价和农户的后续受偿意愿，并利用计量经济模型进一步探究农户后续受偿意愿的影响因素。在此基础上，利用机会成本分析法分析农户受偿意愿的合理性。

促进退耕农户发展后续产业被认为是增加农民收入、有效巩固退耕成果的重要途径。本研究拟通过对商都县退耕农户进行实地调查，在分析商都县退耕还林后续产业发展现状、农户参与情况和农户发展后续产业意愿的基础上，利用有序 Logit 模型进一步探讨影响退耕农户参与意愿的主要因素，并根据研究结论提出促进商都县后续产业发展的初步建议。

农户是退耕还林的重要参与者，也在一定程度上决定着退耕成果的可持续性。本研究拟通过对大同县退耕农户进行实地调查，利用 Probit 和 Logit 模型，分析探讨补贴停止后农户退耕成果的保持意愿及影响因素，为后续退耕补贴政策制定提供参考依据。

第三章 京津风沙源治理工程生态影响
价值计量个案分析

第一节 北京市昌平区京津风沙源治理工程生态环境
影响价值评估

一、昌平区概况及京津风沙源治理工程实施情况

1. 自然地理情况

昌平区地理坐标是东经 115°50′17″—116°29′49″、北纬 40°2′18″—40°23′13″，位于北京市的西北部，处于首都的上风上水地区，是首都生态环境的重要屏障。昌平区属于暖温带大陆性季风性气候，四季分明。昌平区山地偏多，平原较少，全区平原占 40.8%，山地占 59.4%。

昌平区国土资源年鉴（2009）显示，全区农业用地为 91110.74 公顷，占全区总面积 67.86%；农业用地中，林地面积为 65657.84 公顷，草地面积为 1368.5 公顷，耕地面积为 12956.86 公顷，分别占农业用地总面积的 72.06%、1.5%、14.22%。建设用地 41043.34 公顷，占全区总面积 30.57%，其中水利设施用地 4420.5，占建设用地总面积的 10.77%。其余为未利用地，面积 2100.82 公顷，占全区土地总面积的 1.56%。

2. 京津风沙源治理工程实施情况

昌平区京津风沙源工程从 2000 年开始，主要包括林业措施、农业措施、水利措施以及移民工程这四个项目。工程从 2000 年到 2010 年共投资 38125 万元，其中林业措施所占比例最大，超过 50%，最小的为移民工程，仅为 3.65%，次之是农业措施。各工程具体投资额如表 3－1－1 所示。

表 3 – 1 – 1　昌平区京津风沙源工程各项措施投资费用

Table 3 – 1 – 1　The investment costs of the various
measures of the projectof Changping District

类别	工程投资费 （万元）	所占比例 （％）
林业	24826	65. 12
农业	3553	9. 32
水利	8356	21. 92
移民	1390	3. 65
汇总	38125	100. 00

2000—2010 年，昌平区大力实施京津风沙源治理一期工程，完成各项造林 1.79 万公顷，封山育林 3.32 万公顷、农业措施完成草地种植 13.34 万亩，暖棚建设 3.32 万平方公里，饲料机械设备 116 台；水利措施完成水源和节水工程 831 处，小流域综合治理 220 平方公里；移民 1390 人。

2.1 林业措施

林业措施包括八个部分，分别为爆破造林、人工造林、退耕还林、封山育林、飞播造林、种苗基地、农田林网、采种基地。其中人工造林包括荒山造林、补植补造、灌木林改造、低质低效林改造。2000—2010 年，工程累计完成造林面积 47419.99 公顷，其中爆破造林 1880 公顷，人工造林 7873.33 公顷，退耕还林 3333.33 公顷，封山育林 33200 公顷，飞播造林 2133.33 公顷；此外，工程完成农田林网 533.33 公顷，采种基地 46 公顷，种苗基地 60 公顷，各年份造林情况如图 3 – 1 – 1 所示。

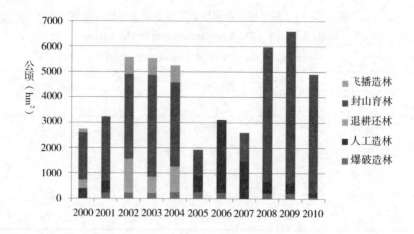

图 3 – 1 – 1　工程各年份造林面积

Fig. 3 – 1 – 1　The afforestation area of the project

根据调查显示，工程区退耕还林保存率为 95% 以上；爆破造林成活率 90%，保存率 85% 以上，其他造林地成活率为 85%，保存率为 80%。据此得出，截至 2010 年，工程造林保存面积为 45170 公顷，各年份的造林保存面积如表 3 – 1 – 2 所示。

表 3 – 1 – 2　昌平区 2000—2010 年京津风沙源工程累计造林面积与保存面积

Table 3 – 1 – 2　Theaccumulated afforestation area and storage area of the project

年份	工程累计造林面积（hm²）	累计保存面积（hm²）
2000	2733. 33	2610
2001	5966. 67	5715
2002	11533. 33	11046.67
2003	17066. 67	16383. 33
2004	22320. 00	21415. 33
2005	24240. 00	23164
2006	27340. 00	25655. 33
2007	29940. 00	27962
2008	35920. 00	33823. 33
2009	42520. 00	40313. 33
2010	47420. 00	45170

工程采取针阔叶苗木按比例混合种植的方法。爆破造林、人工造林、飞播造林地主要种植的树种有黄栌、火炬、油松、侧柏、白蜡、元宝枫、臭椿等，其中，优势树种为油松和侧柏，所占比例为60%—70%，其余为阔叶树，占到30%—40%；灌木为天然荆条。退耕还林地则主要种植樱桃、李子、海棠等经济林树种和柿子、板栗、山楂、枣树等生态林树种。

2.2 农业措施

农业措施主要建设思路是以增加草地，增加工程区农地、沙地覆盖度为目的，主要以人工种草、保护天然草地为手段。措施主要包括人工种草、基本草场、围栏封育、草种基地、暖棚建设和饲料机械。截至2010年，工程完成人工种草4993.3公顷，基本草场400公顷，围栏封育3466.67公顷，草种基地33.33公顷，暖棚建设33200平方公里，饲料机械116处。各年份实施情况如表3-1-3所示：

表3-1-3 昌平区各年份农业措施实施情况

Table 3-1-3 Theimplementation of agriculturalmeasures for eachyearof
Changping District

年份	人工种草（公顷）	基本草场（公顷）	围栏封育（公顷）	草种基地（公顷）	暖棚建设（平方公里）	饲料机械（处）
2000	0	0	0	0	0	0
2001	0	0	0	0	0	0
2002	1393.33	0	0	0	0	0
2003	1333.33	0	0	0	0	0
2004	1000	0	0	0	0	0
2005	0	0	0	0	0	0
2006	333.33	0	0	0	0	0
2007	333.33	0	1000	33.33	3200	26
2008	333.33	0	1333.33	0	10000	50
2009	266.67	0	333.33	0	10000	40
2010	0	400	800	0	10000	0
合计	4993.33	400	3466.67	33.33	33200	116

2.3 水利措施

小流域综合治理是京津风沙源综合治理的其中一项工程。工程自2001年开始实施，包括水源工程、小流域治理和节水工程。截至2010年，工程完成小流域综合治理220平方公里，完成水源和节水工程共841处，各年份实施情况如表3-1-4所示：

表3-1-4 昌平区各年份小流域综合治理情况

Table 3-1-4 The situation of small watershed management of Changping District

年份	小流域综合治理面积（平方公里）	水源工程（处）	节水工程（处）
2001	5	214	0
2002	15	135	0
2003	15	150	0
2004	20	132	0
2005	40	100	100
2006	45	0	0
2007	0	0	0
2008	0	0	0
2009	50	0	0
2010	30	0	0
合计	220	731	100

2.4 生态移民

生态移民工程主要采取生态移民以及配套基础设施建设，同时将搬迁与产业发展、生态建设结合起来。截至2010年，工程完成生态移民1390人。

二、昌平区京津风沙源工程生态环境影响确定与评估指标体系建立

1. 工程生态环境影响识别与筛选

生态环境影响变化包括生态系统内在本质（生态结构）变化和外在表征（状态和环境功能）的变化。京津风沙源治理工程通过林业、农业、水利等措施，进行植树造林、种草、流域治理，使得区域的林地、草地和水利设施用地发生变化，影响着区域的土地利用方式，则对生态环境的影响表现为随着土地利用方式的改变而部分或完全改变生态系统的结构。任何一个生态系统结构方

式都具有相应的生态环境功能，生态系统结构的改变必然会导致生态环境功能的改变（毛永文，2007）。

通过改变工程区的生态结构进而对生态环境产生重要影响，但这种影响既可能包括有利影响，也可能包括不利影响；既可能产生人们意识到的影响，也可能产生人们认识不到的影响。

京津风沙源工程具有复杂性和广泛性的特征，导致了工程治理生态环境影响内容随着研究区域分布范围的变化而变化，因此，探讨京津风沙源工程产生的生态环境影响需要在参照相关研究的基础上，结合当地实际情况，实地调查分析，了解工程产生的具体影响。

2012 年，项目组成员进行了多次实地调查，与昌平区林业站、水保站工作人员进行了专家咨询和关键人物访谈，围绕主题向被采访者进行开放式提问，重点了解京津风沙源工程实施情况以及工程产生的生态环境影响。

访谈者总体感受是风小了，土沙减少了，空气质量得到改善，水质也得到了提高；同时，区域的植被资源增加，林地、草地面积增加，沙化土地面积减少，土地沙化的趋势得到了初步遏制，减少了大气污染物的来源。

具体分工程来看，林业措施通过植树造林，增加了林地面积和森林资源。一方面，种植的乔木，经过 10 年，平均胸径达到了 5—6 厘米，林木蓄积量增加，同时区域种植的经济林产品的产量也逐年增加；另一方面，区域的生态环境也得到了极大地改善，增加的植被发挥着保持水土、改良土壤、涵养水源、净化环境、固碳释氧、防护等功能，随着乔、灌木的生长，各项生态环境功能逐渐增强。但是，工程的实施也需要消耗一定量的水资源。首先，在造林管护期，需要对新造林地进行浇水；其次，林木过了稳定期之后，为维持其生命系统也需要消耗一定量水分。农业措施以人工种草为主，通过人工种草，一方面增加了植被的覆盖度，减少地面尘土飞扬，保持净化环境；另一方面，草地植被的根系可以增强土壤的通透性，使地面水分最大限度的蓄积在土壤里达到涵养水源的作用、保持水土的作用。水利措施，以小流域治理为主。通过封禁、梯田、水保林、节水灌溉、防护坝等 21 项措施，一方面减少了土壤流失，保护了水资源；另一方面，提高了区域防灾减灾的能力。通过实施生态移民工程，一方面通过实施搬迁工程，有效遏制了毁林开荒现象的发生，减少了人为对环境的破坏和对水源涵养地的污染，有效地保护了生态环境。另一方面，改善了当地的景观环境，为山区发展休闲产业这一优势产业奠定了基础，也打造出了一批山区的优美新村，如：狼儿峪村、北照台村实施生态移民工程后被评为市级"民俗旅游村"。

综上所述，工程实施主要产生的影响包括土地利用改变、植被增加、水资源消耗、生产生物资源、保持水土、改良土壤、涵养水源、净化环境、固碳释氧、防风固沙、防灾减灾、减少污染、减少环境破坏、增加美学景观等。

依据上述分析，设定专家咨询表，邀请昌平区相关部门的技术工作人员对影响内容进行筛选，并对影响的性质进行标注。综合访谈内容与专家的意见，考虑技术和数据的限制，本研究最终生态影响评估内容，见图 3 - 1 - 2。

2. 工程生态环境影响评估指标体系建立与评估方法选择

2.1 指标体系建立的原则

（1）实用性原则。实用性包括两个方面。一是评价的方法简单实用，易于操作。指标的选择要少而精，既要抓住主要矛盾，也要尽可能全面客观。二是要考虑到实际数据的获取情况，否则会由于缺乏数据，评价难以实现。

（2）针对性原则。即针对具体的工程措施和受影响的生态环境特点，建立指标体系客观反映工程所产生的生态环境影响。

（3）综合性原则。京津风沙源工程的生态环境影响是多方面的，因此，必须建立多指标评价体系，客观地反映工程所产生的各种影响。

（4）科学性原则。是指以科学的方法建立评价指标体系，同时各个指标能够比较准确的反映评价对象的本质，且指标含义明确、能够进行价值计量。

2.2 建立指标体系

遵循上述指标体系建立原则，结合前述筛选出来的评估内容和相关理论研究成果，本研究最终用于对昌平区京津风沙源治理工程产生的生态环境影响进行价值评估的指标体系，见图 3 - 1 - 2。

具体来看，京津风沙源工程对昌平区生态环境影响主要表现为两方面，一方面为直接影响，即对生态系统结构的影响，主要表现为昌平区土地利用结构变化、植被资源变化、水资源变化；另一方面为间接影响，包括工程对生态系统环境功能产生的影响和产生的生态环境问题，主要表现为生产生物资源、减少水土流失、水源保护（涵养水源、净化水质）、改良土壤、净化环境、防风固沙、改善小气候、固碳释氧等方面。从影响性质来看，正影响为增加植被资源、减少水土流失、涵养水源、净化水质、改良土壤、净化环境、防风固沙、改善小气候、固碳释氧等；负影响为林草植被对水资源的消耗，水资源减少。由此，可以得出，工程的实施对生态环境的影响既有有利的影响，也有不利的影响。

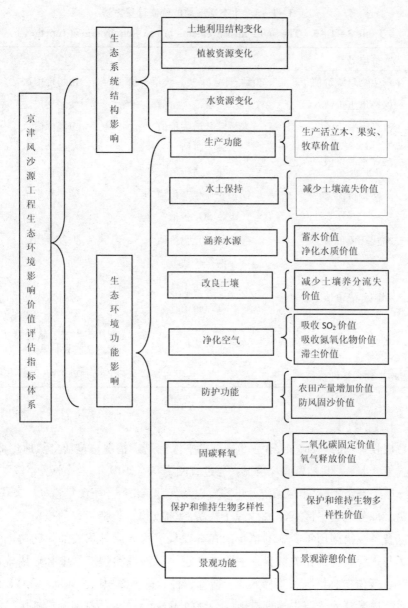

图 3 - 1 - 2 昌平区京津风沙工程生态环境影响价值评估指标体系

Fig. 3 - 1 - 2 The evaluation index system of eco - environmental impact of the project

2.3 评估方法选择

结合昌平区实际情况，通过参阅大量文献，总结出工程各项生态环境影响价值评估方法，如表 3 - 1 - 5 所示：

表 3 - 1 - 5　生态环境功能价值计量方法

Table 3 - 1 - 5　The value measurements of eco - environment function

价值名称	评价指标	计算方法
生产生物资源价值	生产活立木、果实、牧草价值	市场价值法
保持水土价值	减少土壤流失价值	费用支出法
改良土壤价值	减少养分流失价值	市场价值法
涵养水源价值	蓄水价值	影子工程法
	净化水质价值	市场价值法
防护价值	防护农业生产价值	防护费用法
净化环境价值	吸收 SO_2 价值	恢复费用法
	吸收氮氧化物价值	
	滞尘价值	
固碳释氧价值	固碳价值	造林成本法
	释氧价值	
景观功能价值	景观游憩价值	费用支出法、旅行费用法、意愿调查评估法等
维持生物多样性价值	根据香浓—威纳指数判别①	

2.4 数据收集

数据收集包括三部分，第一部分是昌平区的基本情况，包括自然地理概况、水文气象、水系、自然资源等情况。通过查阅 2000—2010 年《昌平区年鉴》《昌平区统计年鉴》《北京市区域统计年鉴》以及《北京市国土资源年鉴等》来获得。

第二部分是昌平区京津风沙源工程资料的收集，包括工程的投资额、具体措施以及各项措施历年实施的情况。在林业局、水务局等相关部门的协助下收集到了与工程有关的相关材料，主要包括京津风沙源治理工程中林业措施实施情况（各年份造林情况、造林方式、造林树种、造林面积以及成活率等）、水利措施实施情况（水土流失治理措施、治理面积等），农业措施实施措施情况（人工种草、基本草场、围栏封育等）、生态移民情况等。

第三部分是收集昌平区京津风沙源工程的监测、实验数据。通过查阅相关文献、书籍，以及收集北京市、昌平区当地的工程监测实验数据，确定昌平区

---

① 香浓—威纳指数，如果该指数大于 1，认为每公顷生物多样性的价值为 8000 元，若小于 1，则每公顷生物多样性的价值为 4000 元。

工程生态环境影响价值评价的物理量和价值量的参数。

三、昌平区京津风沙源工程生态环境影响分析

本部分参照上文所构建的指标体系，分别从生态系统结构和功能两部分探讨京津风沙源工程所产生的生态影响，并对影响进行分析。

1. 生态系统结构的影响

1.1 土地利用结构变化

工程实施以来，昌平区土地利用结构发生明显变化，林地、草地面积增加，耕地面积、未利用地面积减少。耕地面积从 2001 年的 16611.2 公顷减少到 2009 年的 12956.85 公顷，减少了 22%；未利用地面积也较 2000 年减少了 63.44%；林业用地面积从 2001 年的 64260.4 公顷增加到 2009 年的 65567.84 公顷，增长了 2.17%；草地面积增长最快，增加了 1365.4 公顷，水利设施用地次之，增加了 2891.4 公顷（见表 3 - 1 - 6）。

表 3 - 1 - 6 土地利用变化情况表
Table 3 - 1 - 6 The change of land use

地类		2001 年 面积（hm²）	2009 年 面积（hm²）	变动情况 （%）
农用地	耕地	16611.2	12956.86	-22.00
	园地	9470.5	13127.54	38.62
	林地	64260.4	65657.84	2.17
	草地	3.1	1368.5	44045.16
	小计	93862.4	91110.74	-2.93
建设用地	其中水利 设施用地	1529.1	4420.5	189.09
	小计	34745.8	41043.34	18.12
未利用地	小计	5745.8	2100.82	-63.44
合计		134354	134254.9	1.19

注：数据来源于《北京市国土资源年鉴》。

此外，工程实施以来，昌平区土地沙化的趋势得到初步遏制，沙化土地面积持续减少。根据北京市第四次荒漠化和沙化土地监测报告显示，2009 年，昌平沙土地面积为 7626 公顷，同 2004 年相比，减少 584 公顷，下降了 7.11%

（见表3－1－7）。

表3－1－7　昌平区1949—2009年沙化土地面积
Table 3－1－7　Desertified land areaof Changping District

年份	1949	1960	1970	1990	1994	1999	2004	2009
沙化土地面积（hm²）	2599	3262	3638	6335	6837	7457	8210	7626

注：数据来自《北京市第四次荒漠化和沙化土地监测报告》。

1.2 植被资源变化

工程实施以来，区域的植被盖度有所增加。祁燕使用 RS 与 GIS 软件，计算出昌平区1999年的植被盖度为68%，2004年的植被盖度为70%；丁娅萍使用1999、2004 和 2008 三个时期的 Landsat TM 遥感影像，也得出昌平区植被覆盖度不断增加的结论。具体来看，首先，昌平区"十一五"森林资源二类清查结果显示，区域的森林资源近10年持续增长，林木绿化率和森林覆盖率也有所提高。2010年全区林木绿化率为61.2%，比2000年的49.1%增加了12.1个百分点，森林覆盖率达到38.85%，较2000年增加了13.06个百分点；同时，同2000 年相比，2010 年昌平区的林地面积、有林地面积分别增长 9.86%、50.34%；活立木蓄积量由 2000 年的 1052451 立方米增加到 1381037.98 立方米，增加了31.22%（见表3－1－8和3－1－9）。

其次，草地面积也不断增加，较 2001 年增加了 1365.4 公顷。工程实施以前，草地维护和建设没有引起充分的重视，由于人畜扰动、干旱等因素使草地退化严重，覆盖度降低。工程实施以来，通过工程措施对山区坡地进行围栏封育后，人畜扰动明显减少，灌草覆盖度比围栏前增加10%以上。

表3－1－8　2000—2010年昌平区主要年份林木绿化率与森林覆盖率
Table 3－1－8　The forest green rate and forest coverage of Changping District

年份	林木绿化率（%）	森林覆盖率（%）
2000	49.10%	25.79
2004	57.82	30.48
2005	57.82	40.9
2006	58.97	30.48
2007	59.07	30.59
2008	60.1	31.29

年份	林木绿化率（%）	森林覆盖率（%）
2009	60.6	38.35
2010	61.2	38.85

表 3 - 1 - 9　昌平区森林资源变化情况

Table 3 - 1 - 9　Thechanges of forest resources of Changping District

年份	林地面积 （hm²）	有林地 面积（hm²）	灌木林地 面积（hm²）	疏林地 面积（hm²）	其他林地 面积（hm²）	活立木蓄 积量（m³）
2010	84841	52192.33	29051.95	271.12	3326.01	1381037.98
2000	77227	34717	29202.8	328.9	12977.8	1052451

注：数据来源于昌平区森林资源二类调查数据。

1.3 水资源变化

由于近年遭遇连续干旱，降雨补给量持续减少，昌平区的用水基本依赖地下水，使得地下水位持续下降，可利用水资源总量逐渐减少。

随着京津风沙源工程的实施，植被不断增加，对水资源的需求也相应增加。根据昌平区水资源需求分析报告显示，虽然生态用水所占比例最小，但是从2006—2010 年呈现不断增长的趋势[4]。生态耗水对水资源的需求不断加大。

一些学者也对植被的生态耗水情况进行了分析，黄枝英（2012）对北京山区典型植被林木需水量的研究结果显示：2007—2011 年，油松和侧柏林水量平衡除大多数年份均处于亏缺状态，最大的亏损分别达到为91.71 毫米、85.07 毫米，所以这些年份的降雨不能满足林分的生长需要。当降水不能满足其生理蒸腾和林地蒸发的要求时，必须消耗前一年土壤储存的水分（张燕，2010）。陈丽华采用 Penman 综合法得出北京山区森林植被平均年生态用水量 370.53 毫米。张东（2010）采用桑斯维特公式（Thornthwaite）以北京市怀柔区为研究区域，测算了刺槐、杨树、油松、侧柏、苹果等林木的耗水情况，计算出森林植被平均年耗水 358.86 毫米。

由于各种因素的限制，对于昌平区京津风沙源工程实施增加的生态耗水是很难估计的。一方面，林分耗水受许多因素的影响，如光照、温度、季节等，另一方面，大多学者对中龄林或成熟林进行估计，对于幼龄林的耗水情况研究的非常少。但是已有研究也表明随着林龄的增加，水资源消耗也会逐渐增加。

对于昌平这个缺水的地区，这个问题是不容忽视的。因此，应适当提高耗水小、耐旱植物的比例，同时实施工程时考虑植被对水资源的消耗，使得资源利用与工程实施相协调，以增强区域的可持续发展能力。

2. 生态系统环境功能影响

一般来说，仅从生态结构上的变化无法定量地说明生态系统的盛衰或变优变劣。但是，由于生态系统结构方式与生态环境功能相对应的关系，因此，可以通过生态建设项目实施前后生态系统环境服务功能的变化来衡量生态环境的盛衰与优劣（毛永文，2007）。

2.1 生产生物资源

生态系统的生产生物资源功能是指通过提供直接产品维持人的生活生产活动、为人类带来直接利益的因子。生态系统提供的产品主要包括木材、薪材，水果及干果、茶、草产品、药材、肉类、毛皮等。

京津风沙源工程主要的生物措施包括种草植树，其中造林地种植的树种主要为油松和侧柏，经济林主要种植的是苹果、板栗、核桃；草地种植的是紫花苜蓿，产品主要为牧草。因此，主要生产的生物资源为活立木，各种干、鲜果品、牧草等。

2.2 保持水土

2.2.1 工程实施前水土流失治理情况

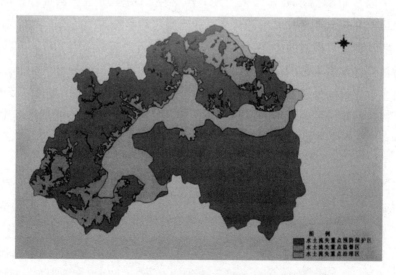

图 3 - 1 - 3　昌平区水土流失重点防治"三区"划分图

Fig. 3 - 1 - 3　Focus on prevention and control "three areas" of soil erosionof

Changping District

治理前，昌平区自然生态环境比较脆弱。昌平区山区面积占总面积的 62%，全区水土流失面积 249.32 平方公里，占山区面积的 30%，年侵蚀量 155.1 万吨，侵蚀模数 333t/km^2·a，远大于容许值 200t/km^2·a。

根据 2000 年遥感调查显示，昌平区水土流失重点预防保护区面积为 850 平方公里，占总面积的 62.87%；重点监督区面积 253 平方公里，占总面积的 18.71%；重点治理区面积 249 平方公里，占总面积的 18.42%。

2.2.2　水土流失治理情况

（1）土壤流失面积

昌平区土壤流失类型主要为水蚀、风蚀及洪水泥石流灾害等。根据北京市 2000 年土壤遥感调查结果显示，全区共有水土流失面积 250 平方公里，占全区总面积的 18.4%。全区中轻度水土流失面积为 205 平方公里，占流失总面积的 82.3%，中度水土流失面积为 45 平方公里，占流失面积 17.7%。2009 年土壤遥感调查结果显示，水土流失面积较 2000 年增加了 7.25%，具体来看，轻度侵蚀面积增加了 50.85 平方公里，强度侵蚀面积增加了 0.49 平方公里，但是中度侵蚀面积急剧减少，减少了 96.04%。总体上，土壤侵蚀强度有由中度像轻度的发展趋势，生态环境得到了改善。

表 3 – 1 – 10　土壤侵蚀情况

Table 3 – 1 – 10　Soil erosion

侵蚀 年份	微度侵蚀 （km^2）	土壤侵蚀			
		轻度侵蚀 （km^2）	中度侵蚀 （km^2）	强度侵蚀 （km^2）	侵蚀面积 （km^2）
2000	1093.5	205	45	0	250
2009	1077.22	265.85	1.78	0.49	268.12

注：数据来源于北京市水保总站，由于数据未正式发表，可能有误差，仅供研究参考。

（2）土壤侵蚀

土壤侵蚀量是指土壤在外力作用下发生位移的物质量。侵蚀量的大小是判定水土流失情况的重要指标。工程形成乔灌草植被体系，拦截降雨，阻滞径流，起到减少土壤侵蚀量的作用。

通过整理 2004—2010 年北京市水土流失监测报告、昌平区水土保持公报的数据可得昌平区各年份土壤流失量。2004—2010 年，昌平区土壤流失量基本保持稳定状态，年均土壤流失量为 4.74 万吨，较 2001 的 11.5 万吨减少了 58.78 （杨志新，2004），如图 3 - 1 - 4 所示：

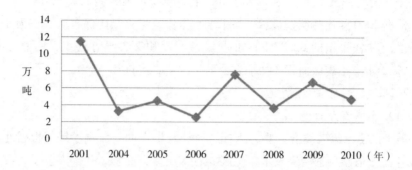

图 3 - 1 - 4 昌平区主要年份土壤流失量

Fig. 3 - 1 - 4 Soil loss of Changping District of main years

由图 3 - 1 - 4 可得 2001—2010 年昌平区单位面积土壤流失量，见表 3 - 1 - 11 所示：

表 3 - 1 - 11 2001—2010 年昌平区单位面积土壤浸蚀量

Table 3 - 1 - 11 Per unit areaofsoil erosion of Changping District from2001 to 2010

年份	2001	2004	2005	2006	2007	2008	2009	2010
土壤侵（t/km²）	85.60	24.56	33.72	19.43	56.94	27.39	49.94	34.91

（3）土壤流失治理

表 3 - 1 - 12 昌平区各年份水土流失治理面积

Table 3 - 1 - 12 Controlling soil erosion area of Changping District

年份	水土流失治理面积（km²）
2001	5
2002	15
2003	15
2004	20
2005	40
2006	45

年份	水土流失治理面积（km²）
2007	0
2008	0
2009	50
2010	30
合计	220

工程 2001—2010 年共治理水土流失面积 220 平方公里，全区水土流失治理率由 42% 提高到 88%。

2.3 改良土壤

2.3.1 土壤容重和孔隙度

土壤容重就是一定的体积内自然状态土的重量。土壤的容重与土壤的理化性质有关，比如土壤的孔隙度、土壤的有机质含量的多少以及土地的耕种方式等。土壤孔隙度越大，土壤容重就越小，因此，土壤结构也就更加疏松、渗透性越好；反之亦然，容重越大，渗透性越差，与外界交换气体的能力也就越不好。

胡俊（2012）依据北京市园林绿化局防沙治沙办公室有关北京京津风沙治理工程跟踪监测的数据，对工程区造林地的土层厚度、土壤容重、土壤孔隙度进行测定，得出荒草地的土壤容重明显大于造林地，而孔隙度小于造林地，表明工程的实施，改善了土壤，增强了土壤的渗透性（见表 3 - 1 - 13）。

表 3 - 1 - 13　不同治理措施土壤物理性质

Table3 - 1 - 13　**Soil physical properties of different governance measures**

地类	土壤厚度（cm）	土壤容重（g/cm³）	孔隙度　%		
			总孔隙	毛管	非毛管
灌木林	30	1.16	46.6	33.4	13.2
油松	48.6	1.39	47.5	42.1	5.4
造林地	35	1.26	46.7	30.2	16.5
荒草破	22.5	1.56	41.1	37	4.1
平均	34	1.34	45.5	35.7	9.8

此外，不同的造林措施也会影响土壤的物理性质，王晓东（2010）对北京市京津风沙源治理工程营造林地实施监测，得出人工造林和配套荒山造林措施

相对于其他措施，林地土壤的非毛管孔隙度大一些，有关研究表明，土壤的渗透性能主要取决于非毛管孔隙，说明这两项措施更能增加土壤的渗透性。

表 3 - 1 - 14　不同造林措施土壤物理性质

Table 3 - 1 - 14　Soil physical properties of different afforestationmeasures

造林措施	土壤厚度（cm）	非毛管孔隙度（%）
退耕造林地	48.6	10.5
配套荒山造林	35	16.5
飞播造林	30	13.2
封山育林	30	13.2
人工造林	35	16.5

此外，人工草地植被的根系也在一定程度上改善了土壤的理化性质，增加了通透性。同时，基本草场（青饲玉米）栽培采用保护性耕作技术，这种技术能够改善土壤物理性状，提高土壤有机质的含量。

2.3.2 土壤 N、P、k 含量

工程的实施，有效地减少了土壤的流失，同时减少了土壤中 N、P、K 的流失。胡俊（2012）根据北京市京津风沙源治理工程监测数据，得出各种植被 N、P、K 的含量（表 3 - 1 - 15），且计算 2004—2007 北京京津风沙源工程造林区土壤固氮量为 233.33 吨，土壤固磷量为 5094.44 吨，土壤固钾量为 4757.4 吨。

表 3 - 1 - 15　不同植被土壤理化分析结果

Table 3 - 1 - 15　Physical and chemical properties of differentvegetationsoil

植被	土壤层次	全 N 含量（%）	速效 P（%）	速效 K（%）
乔木林地	A	0.571	8.23	6.51
乔木林地	B	0.216	4.26	2.66
灌、草地	A	0.31	10.06	8.02
灌、草地	B	0.254	7.65	1.9
乔灌草地	A	0.621	10.34	21.2
乔灌草地	B	0.184	6.63	3.73
平均	—	0.36	7.86	7.34

2.4 涵养水源

京津风沙源治理工程的水源涵养功能主要包括林草地涵蓄水分和净化水质的功能。随着造林年限的增加，林分结构的变化，乔灌草立体体系的构建，植被覆盖率的提高，林地内降水对地表的溅蚀和冲刷不断减弱了，且随着生物量的不断增加，增加了土壤水分入渗，对水源的保护作用不断增加（周文渊，2011）。

2.4.1 年径流量

表 3 - 1 - 16　昌平区地表径流量

Table 3 - 1 - 16　The surface runoff of Changping District

年份	地表径流量（万 m³）	径流深（mm）	径流系数
多年平均（1956—200）	16174.4	120	0.21
2008	10737.70	135.00	0.19
2009	5528.7	69.51	0.24
2010	8079.00	101.57	0.19

注：径流深（mm）=径流量/流域面积；径流系数 =径流深/降雨量。

根据昌平区水土保持公报得出近年来区域地表径流量，从表 3 - 1 - 16 可以看出地表径流量和径流系数都有逐年减少的趋势。王晓东（2010）根据对北京京津风沙源治理工程营造林地块进行综合监测的数据，得到 2004—2008 年工程区的年地表径流量逐年减少，与 2004 年相比，2008 年地表径流消减率达99.6%。表明工程营造林对减少地表径流的作用明显。

2.4.2 林地蓄水量

胡俊（2012）对北京京津风沙源工程造林地 2008 年的蓄水量研究表明，随着工程的实施，工程区林地蓄水总量在逐渐增加，与 2000 年相比，增幅达1423.07%。王晓东（2010）等人研究表明北京京津风沙源工程区不同造林措施蓄水的能力不同，就单位面积蓄水能力来看，人工造林和配套荒山造林 > 退耕地造林 > 飞播造林和封山育林。

2.4.3 水质改善

森林、草地对水质具有良好的净化和改善作用，主要表现为过滤污染物、消灭水中的细菌。森林林冠下的枯枝落叶层，对各种污染物起着过滤、净化的作用；天然降水经过森林系统，水的浑浊度、细菌含量、NH_4^+下降，达到改善水质的作用。此外，草地地表密集的茎叶和地下的须根，就像一层厚厚的网状过滤系统，不仅能够吸纳大量固体颗粒物，也能吸收和降解溶于雨水中的有毒害物质（李日龙等，2004；刘自学等，2004；高阳等，2005）

2.5 净化环境

植物独特的生理功能，使其不仅能够吸收空气中的有害物质，同时能减少大气中的尘埃，从而达到净化大气的效果。主要体现为，一方面林木通过叶片上的气孔和枝条上的皮孔吸收有害物质，另外，叶片表面的绒毛、油脂和黏性的物质、粗糙不平使其能吸附、滞留、薪着部分粉尘，降解大气中的污染物质、阻滞粉尘（余新晓，2010）。另一方面，草地也有显著的减尘作用，它不仅能吸附空气中的灰尘，还能固定地面尘土。工程实施以来，通过植树种草，区域的环境质量不断得到改善。

2.5.1 提高空气质量

表 3 – 1 – 17   2000—2010 年昌平区各气象指标变化情况

Table3 – 1 –17   The changes of meteorological indicators of Changping District

年份	可吸入颗粒物年日均值（毫克/立方米）	二级和二级以上天气（天）	二氧化硫浓度（毫克/立方米）	二氧化氮浓度（毫克/立方米）	降尘量（吨/平方公里·月）
2000	—	—	0.076	—	14.5
2003	0.129	249	0.076	0.078	7.4
2004	0.132	253	—	—	7.1
2005	0.121	270	—	—	8.9
2006	0.131	258	0.056	0.053	—
2007	0.129	261	—	—	—
2008	0.113	289	0.035	0.037	—
2009	0.0104	301	0.031	0.041	—
2010	0.11	288	0.027	0.049	10.3

注：表中"–"表示缺失数据，由于受资料限制，没有收集到相关数据。

昌平区空气质量二级和好于二级的天数指标由 2003 年的 68.2% 达到 2010 年 78.9%，比 2003 年的 68.2% 提高了 10.7 个百分点，呈现逐年提高的态势，空气质量状况提高。2010 年昌平区空气质量有了进一步好转，空气中可吸入颗粒物年均浓度由 2003 年的 0.129 毫克每立方米下降到 0.11 毫克每立方米；

2000—2010 年，昌平区 SO_2、NO_2 年均浓度、城郊区降尘量等主要指标均呈下降趋势；空气中 SO_2 含量由 2000 年的 0.076 毫克/立方米下降到 2010 年的 0.027 毫克/平方米；NO_2 含量由 2003 年的 0.078 毫克/立方米下降到 2010 年的 0.049 毫克/立方米；降尘由每月 14.5 吨/平方公里下降到 10.3 吨/平方公里。这些数据客观证明了由于工程的实施，区域植被覆盖的增加对大气环境起到的积极影响，且效果比较显著。

2.5.2 增加空气负离子浓度

负离子是一种无色、无味的物质，由于有益于健康，被称为"空气中的维生素"。一般在植物多的地方，空气负离子浓度较高，空气特别清凉。这是因为树木、花草等植被的尖端物放电，会使空气点解，产生大量的空气负离子（余新晓，2010）不同植被产生负离子的能力不同。常用以下公式计算空气负离子个数：

$$G_{负离子} = 5.256 \times 1015 \times Q_{负离子} \times A \times H/L \qquad (3-1-1)$$

$G_{负离子}$：林分年提供负离子个数，单位：个/a；

$Q_{负离子}$：林分负离子浓度，单位：个/cm^3；

H：林分高度，单位：m；

L：负离子寿命，单位：min；

A：林分面积，单位：hm^2。

经测算，北京市区空气负离子浓度平均为 407 个/cm^3，同时通过对昌平区的空气负离子浓度进行对比观测，昌平区的负离子浓度为 768.42 个/cm^3，工程区空气负离子平均浓度要明显大于市区（胡俊，2012）。由此看出，昌平区的植被使空气负离子浓度增加近一倍。

表 3-1-18 空气负离子平均浓度

Table 3-1-18 Theaverage concentration of aeroanion

范围	负离子平均浓度/（个. cm^3）
市区	407
昌平区	768.42

2.6 防护功能

昌平区的防护林有水源涵养林、水土保持林、防风固沙林、农田防护林、护岸以及护路林等。根据昌平区森林资源清查显示，2010 年防护林面积较 2000

年分别增加 16618. 83 公顷，增涨了 125. 19%。

表 3 – 1 – 19　防护林面积和蓄积量的变化情况

Table 3 – 1 – 19　Thechanges of area and stock volume of shelterbelts

林种	2010		2000	
	面积（hm²）	蓄积（m³）	面积（hm²）	蓄积（m³）
防护林	29893. 63	822573. 99	13274. 8	730854

森林，尤其是防护林，有显著的降低风速作用。气流通过林带时，由于受到林带的阻挡、摩擦作用，减弱风速，改变了风的流动方向（张永洁，2008）。据昌平区的气象资料表明，2000 春季平均风速为 2.8 米/秒，而 2010 年春季平均风速已减至 2.1 米/秒。春季扬沙和浮尘的总天数，从 2000 年的 19 天减少到 2010 年的 3 天，其中，2007 年以来连续四年都没有出现过扬沙天气。

表 3 – 1 – 20　主要年份春季平均风速

Table 3 – 1 – 20　Theaverage wind speed in the spring

年份	平均风速（米/秒）
2000	2. 8
2008	2. 3
2009	2. 4
2010	2. 1

此外，农田林网建设能改善农田小气候，改良土壤，提高肥力，增强抗灾减灾能力，促进粮食等作物增产增收。相关研究表明，农田在林网保护下，由于林带的阻挡作用，风速减小，就使林网内作物及土表蒸发减少、湿度增大，利于作物生长。此外由于林带的存在，减轻林网内高温灼伤和低温冻害，增强抗灾能力，促进作物增产增收[123]。截至 2010 年，工程完成农田林网 533. 34 公顷，受保护基本农田面积达到 90%[124]。

2.7 固碳释氧

自昌平区京津风沙源治理工程全面实施以来，区域内森林、草地等植被得到迅速的恢复，不但保护了当地的水土资源，提高了环境质量，同时，提高了碳汇能力，吸收并固定了空气中的 CO_2，且释放出大量的 O_2。

植被固碳释氧的功能主要是通过光合作用发挥的，植被利用太阳能，吸收

CO_2、储存能量并释放氧气。光合作用方程式如下所示：

$$CO_2（246g）+ H_2O（108g）\rightarrow 葡萄糖（180g）+ O_2（192g）$$
$$\downarrow$$
$$多糖（162g）$$

从上述方程式可知，植被每生长产生 1 克干物质，就需要吸收（固定）1.63 克 CO_2，并释放 1.19 克氧气。

植物吸收 CO_2 和释放 O_2 是同一过程，但是从使用价值角度看，两者是相互独立的。

2.8 保护和维持生物多样性

生物多样性的维持依靠生态系统的存在而运行（李文华等，2008）。一方面生态系统为植物、动物生物多样性提供适宜的生存环境，另一方面提供丰富的食料。如森林生态系统，森林的多层次结构特点和蓄养水分、以及林地较高的肥力，为多样性的植物提供了适宜的生存与发展条件；郁闭林形成的隐蔽和挡风遮雨环境，密集林冠和树穴树根隧道为动物栖息提供了良好场所。此外，植物多样性为动物生存提供了丰富的食料（毛永文，2007）。

京津风沙源治理工程实施后，植物种群的数量明显增加，一些干旱阳坡的自然植被从单一植被群落，变成了现在的油松、侧柏、黄栌、火炬等多树种以及荆条、酸枣等多种植物组成的复合群落，生物多样性增加。但是由于工程实施年份相对较短，系统还处在逐渐演变过程中，还未成熟，一些造林地植被结构还比较简单，维持生物多样性的功能还未完全凸显；此外，工程涉及的生态系统比较多，准确地了解各个生态系统的物种情况较为困难，当地也没有进行监测，缺乏实际数据，因此，本文对此功能不做具体价值评估。

2.9 景观与社会文化功能

生态系统提供的美丽景观和娱乐、旅游、野趣条件，以及对人类智慧的启迪，提供科学研究对象和文字、美学创作的源泉等，其实都是满足人类的精神需求，对于现代社会来说，人们对精神需求迅速增加，因而，生态环境的景观与社会文化功能就具有重要价值，且随着人类社会的发展，这种功能的体现也会越来越突出，价值会越来越大。

工程实施以来，区域的景观得到了改善。如南口镇檀峪沟爆破造林地在秋季呈现出红叶漫山、红绿相映的特色景观，吸引了大量北京市民来此观光，成为北京市新的红叶观赏点，为当地农民发展民俗旅游创造了条件（昌平年鉴，2005）。

但是，一方面，由于部分景观游客比较零散且没有门票收入，无法估算出景观游憩价值，更无法推算出工程带来的全部景观价值；另一方面，景观与社会文化功能是以人的主观意愿来衡量其价值大小，同时也与社会经济发展的水平也密切相关，计量时的影响因素比较多，因此，本文对此功能也不做具体评估。

四、昌平区京津风沙源工程生态环境影响价值评估

需要说明的是，首先，本研究在生态环境影响计量中使用的方法和常数指标，均遵循以下原则，一是"当地"原则，尽量参考昌平区或北京市范围内的试验、监测数据；二是"权威"原则，即选择使用频率较高的评估方法，价格参数借鉴高使用频率的标准、行业标准或权威机构的研究成果。其次，相关研究表明，京津风沙源工程造林后，林地生态环境功能发挥存在滞后（王晓东，2010；胡俊，2012；刘艳琴，2007）。本研究通过实地访谈了解到，林木当年种植就能初步发挥水土保持、涵养水源、固碳释氧功能，随着林木的生长，这些功能逐步增强；其他功能一般在成林之后（大约在造林5—6年之后）才可显现，本文按照滞后5年计算，即造林后第6年就可发挥净化环境功能和防护功能。草地主要发挥生产牧草、水土保持和涵养水源的功能，其中水土保持和涵养水源功能一般滞后一年显现。

1. 生产价值

生产生物资源的功能可以直接计量，采用直接市场法，因为这些资源可以在市场上直接进行交易。

京津风沙源工程生产生物资源的价值采取以下公式计算：

$$V_0 = G_0 \times P \qquad\qquad (3-1-2)$$

式中，V_0 表示生物资源的价值（元）；G_0 表示产量，P 为价格。

1.1 活立木价值

工程造林10年，主要树种为油松和侧柏，这两个树种生长都比较缓慢，林木大多处于幼龄林。调查显示，工程实施10年后，林木胸径平均约5—6厘米左右，平均高度2—3米，查阅油松、侧柏材积表，按照每亩种植70棵计算，得出每亩的蓄积量为1.9立方米。截止2010年，工程新增造林地蓄积量12.87万立方米，年均增加11700立方米。

现在，油松立木价格为164.56元$/m^3$，侧柏价格为171.91元$/m^3$，昌平工程区这两种树种所占比例比较大，因此取这两个树种的平均价格172.24元$/m^3$，得出截止2010年工程新增活立木价值为2216.73万元。假设每年增加的蓄积量大致相等，每年活立木的价值为201.52万元。

1.2 生产干果、鲜果及牧草价值

干、鲜果产品主要来自退耕还林地，种植年份分别为 2000 年、2002 年、2003 年以及 2004 年，共种植 5 万亩，其中，生态林、经济林各 2.5 万亩，分别占 50%。由于缺乏各年份经济林造林数据，仅按经济林占全部退耕还林地总面积的比例，即 50% 进行估算。调查显示，经济林一般 3 年后开始产生收益，按照全区平均每亩收入 456 元估算[128]，计算出各年份的产品价值（表 3 - 1 - 21），得出截至 2010 年，生产干、鲜果的价值为 5848.21 万元。

表 3 - 1 - 21　生产干、鲜果价值

Table 3 - 1 - 21　Thevalue of dry, fresh fruit

年份	经济林累计面积 （公顷）	价值 （万元）
2003	158.34	108.30
2004	158.34	108.30
2005	791.67	541.50
2006	1108.34	758.10
2007	1583.34	1083.00
2008	1583.34	1083.00
2009	1583.34	1083.00
2010	1583.34	1083.00
合计	—	5848.21

截至 2010 年，人工种草共实施 7 年，累计种植面积达到 4993.33 公顷，种植的草种为紫花苜蓿。相关数据显示，昌平区紫花苜蓿平均每亩产量为 766.4 公斤，平均每亩的效益为 300 元左右，得出截至 2010 年，牧草的产值为 15632.96 万元。

表 3 - 1 - 22　生产牧草价值

Table 3 - 1 - 22　Pasture value

年份	人工种草累计 面积（公顷）	产值 （万元）
2002	1393.33	627.00
2003	2726.66	1227.00

续表

年份	人工种草累计面积（公顷）	产值（万元）
2004	3726.66	1677.00
2005	3726.66	1677.00
2006	4059.99	1827.00
2007	4393.32	1976.99
2008	4726.65	2126.99
2009	4993.32	2246.99
2010	4993.32	2246.99
合计	—	15632.96

截至2010年，工程区生产生物资源的价值为23697.9万元。

2. 水土保持价值

京津风沙源工程一方面通过植树造林、种草形成的林草地，减少了侵蚀性降雨对土壤的冲蚀，增强了土壤抗侵蚀能力；另一方面，通过小流域综合治理等措施，有效的控制了水土流失，减少土壤流失。

2.1 物质量计算

为客观反映京津风沙源工程产生的水土保持价值，本文采用昌平区水土流失治理的统计数据进行计算。需要说明的是，由于缺乏昌平区2001—2004年减少土壤流失量的数据，故而采用北京市的监测数据，按照昌平区面积占北京山区总面积的比例12.9%推算；其次，由于昌平区的水土流失治理措施从2005年开始不仅有京津风沙源项目，还有生态清洁小流域治理工程项目等，因此从2005年开始，按京津风沙源项目占全区水土流失治理项目总投资的比例进行分离，依据工程资料，该比例约为61.4%。通过计算得出截至2010年，昌平区京津风沙源工程共减少土壤流失38.82万吨，年均减少土壤流失3.88万吨，各年份减少土壤流失量，见表3-1-23。

2.2 价值计算

目前计算水土保持价值的方法主要有两种，一种方法是将减少的土壤侵蚀量转换成土地面积，依据土地价值来评估减少的损失价值。缺点是由于土壤层度存在差异，估算的结果不准确，不能很好地反映固土的价值。另一种方法是将减少土壤流失量转化为其他适当土方工程，再根据相应工程的造价，即用影子工程法来计算，这种方法比较常用。具体公式为：

$$U_{固土} = C_土 \times Y_{固土} / \ell \qquad (3-1-3)$$

式中：$U_{固土}$——固土价值，单位为元/a；

$Y_{固土}$——减少土壤流失量，单位为t；

ℓ——土壤密度，单位为 t/m^3；

$C_土$——挖取和运输单位体积土方所需费用，单位为元/m^3。

昌平区土壤密度一般在2.4—2.6 t/m^3 之间，本文采用其平均值2.5 t/m^3；目前每拦截1m^3 土壤的工程投资为7.76 元，采用公式3-1-3，计算出截至2010 年昌平区京津风沙治理工程保持水土价值为120.49 万元。

表3-1-23　各年份减少土壤流失量价值
Table 3-1-23　The value of reducingsoilloss for each year

年份	减少土壤流失（万吨）	价值（万元）
2001	3.10	9.61
2002	3.90	12.09
2003	3.95	12.25
2004	4.54	14.09
2005	0.43	1.33
2006	1.96	6.10
2007	3.25	10.10
2008	10.93	33.92
2009	2.80	8.69
2010	3.97	12.31
合计	38.82	120.49

3. 改良土壤价值

京津风沙源工程的实施，不但减少了水土流失，而且可以有效减少土壤中N、P、K 和有机质的流失。

土壤改良功能的物理量，可根据减少土壤侵蚀量与土壤表层 N、P、K 含量，确定土壤流失的养分，然后折算氮磷钾肥料的量。其价值可通过增加使用化肥的费用，采用"影子价格"来估算该功能的价值。计算公式为：

$$V_V = D \times P \qquad (3-1-4)$$

V_V——土壤改良价值（万元）；

D—单位面积水土流失量（t/km^2）；

P—土壤中复合肥含量（%）；

根据水保站的资料，水土流失造成的土壤肥力下降情况可视为每吨土壤含0.02吨氮磷钾复合肥，依据上述计算出的昌平区新造林地各年份减少土壤流失量，采用公式（3-1-4），以复合肥的市场价格1630元/t计算，得出工程截至2010年造林地减少土壤肥力损失的价值为1265.53万元。

表 3-1-24　各年份减少养分流失价值

Table 3-1-24　Thevalueof reducing thethenutrient loss for eachyear

年份	减少土壤流失量（万吨）	减少养分流失价值（万元）
2001	3.10	101.06
2002	3.90	127.14
2003	3.95	128.77
2004	4.54	148.00
2005	0.43	14.02
2006	1.96	63.90
2007	3.25	105.95
2008	10.93	356.32
2009	2.80	91.28
2010	3.97	129.42
合计	38.82	1265.53

4. 涵养水源价值

4.1 林地涵养水源价值

4.1.1 物理量计算

由于工程区得到了很好的保护，工程区封山育林、飞播地的土壤层贮水量可依据灌木林地的土壤物理性质计算。利用林地土壤和荒草地土壤的物理性质差异等数据就可以计算出林地的净增加蓄水量（李金梅，2007）。

相关研究表明，土壤的渗透能力主要取决于非毛管空隙，因此，一般将林地土壤的非毛管饱和持水量作为林地涵养水源能力的指标（胡俊，2012）。公式如下：

YW = 土壤总孔隙度 × 土层厚度 × 林地面积 × 水的比重　（3-1-5）

其中，根据公式 3 - 1 - 5 和表 3 - 1 - 13 中的各类林地的平均值，得出工程造林地各年份涵养水源的物理量，如表 3 - 1 - 25 所示：

计算得到截至 2010 年，林地土壤层的蓄水量为 1122.13 万 m³。

表 3 - 1 - 25　涵养水源量
Table 3 - 1 - 25　The amount of water conservation

年份	工程飞播造林和封山育林累计面积（公顷）	其他造林地累计面积（公顷）	封山育林、飞播造林涵养水源量（万立方米）	其他造林地涵养水源量（立方米）	合计（万立方米）
2000	1973.33	636.67	8.14	4.46	12.60
2001	4506.67	1208.33	18.59	8.46	27.05
2002	8373.33	2673.33	34.54	18.71	53.25
2003	12906.67	3476.67	53.24	24.34	77.58
2004	16773.33	4642.00	69.19	32.49	101.68
2005	17773.33	5390.67	73.32	37.73	111.05
2006	17773.33	7882.00	73.32	55.17	128.49
2007	18906.67	9055.33	77.99	63.39	141.38
2008	24240.00	9583.33	99.99	67.08	167.07
2009	30240.00	10073.33	124.74	70.51	195.25
2010	34906.67	10263.33	143.99	71.84	215.83
合计	—	—	777.04	454.20	1231.24

4.1.2 价值计算

计量林地涵养水源的价值大小主要取决于涵养水源的定价标准。目前，国内外关于林地蓄水和净化水质的定价标准主要采用替代法，即达到与林地同等涵养水源功能的其他措施所需要的费用。综合有关文献主要有三种替代方法，①可以根据水库工程的蓄水成本来代替。②根据居民用水价格来确定。③根据海水淡化费用来确定（余新晓，2010）。

（1）林地蓄水价值

由于森林调节水量与水库蓄水的本质类似，目前，国内外研究大多采用"影子工程法"，即用修建水库的单位面积费用来作为土壤蓄水的价格，间接估算林地蓄水价值，其计算方法见式：

$$V_w = Y_w \times C_r \tag{3-1-6}$$

式中：V_w—林地蓄水的价值，单位为万元；

Y_w—林地蓄水量，单位为万 m^3；

G_r—水库单位库容的修建成本，单位为元/m^3。

其中根据公式 3-1-6 和表 3-1-25，利用替代价值法，森林蓄水价值相当于建造等容量水库的价值，目前北京地区平均单位库容造价为 6.299 元/m^3，估算各年份工程治理区土壤净蓄水价值，如表 3-1-26 所示，截至 2010 年产生的蓄水价值为 7755.55 万元。

（2）林地净化水质价值

通常认为森林净化水质与自来水净化原理一样，一般在评估净化水质经济价值时，价格标准可参照可取水的商品价格，即居民用水价格，据此计算出林地每年净化水质的价值（余新晓，2010）。

本研究中，森林生态系统净化水质单位费用采用北京市居民生活用水价格，公式为：

$$U_{水质} = Y_w \times K \tag{3-1-7}$$

式中：$U_{水质}$—林分年净化水质价值，单位为元/a；

K—水的净化费用，单位为元/t；

Y_w—林地涵养水源量，单位为万 m^3。

依据公式 3-1-7 和表 3-1-25，根据 2010 年北京市居民生活用水价格为 4 元/m^3，得到截至 2010 年工程新造林地资源净化水质的价值为 4924.94 万元。

表 3-1-26　各年造林地份蓄水、净化水质价值

Table 3-1-26　Thevalueof water storage and purification

年份	蓄水价值（万元）	净化水质价值（万元）	合计
2000	79.35	50.39	129.73
2001	170.38	108.19	278.57
2002	335.44	213.01	548.46
2003	488.66	310.31	798.96
2004	640.51	406.74	1047.24
2005	699.50	444.20	1143.70
2006	809.35	513.96	1323.31

年份	蓄水价值 （万元）	净化水质价值 （万元）	合计
2007	890.54	565.51	1456.05
2008	1052.39	668.29	1720.69
2009	1229.90	781.01	2010.91
2010	1359.53	863.33	2222.87
合计	7755.55	4924.94	12680.49

4.2 草地涵养水源价值

参照《草地农业生态系统通论》的研究成果，每 hm^2 温性典型草原生态系统年服务功能价值为 1467.2 元，涵养水源价值约占 0.64%（任继周，2004），则得出每公顷草地涵养水源价值为 9.39 元。人工种草主要草种为紫花苜蓿，其生长年限可达 10—20 年[131]，且相关研究表明草本植物生长迅速，一般播种后，当年或第二年即可发挥涵养水源功能（刘艳琴，2007），本文以滞后一年计算，得出截至 2010 年，人工草地涵养水源价值为 27.93 万元。

表 3 - 1 - 27　人工草地涵养水源价值
Table 3 - 1 - 27　Thevalue of artificial grass water conservation

年份	人工种草面积	效益发挥面积	价值（万元）
2000	0	0	0
2001	0	0	0
2002	1393.33	0	0
2003	1333.33	1393.33	1.31
2004	1000	2726.66	2.56
2005	0	3726.66	3.50
2006	333.33	3726.66	3.50
2007	333.33	4059.99	3.81
2008	333.33	4393.32	4.13
2009	266.67	4726.65	4.44
2010	0	4993.32	4.69
合计	4993.33	—	27.93

综上所述,截至 2010 年,林草地涵养水源价值为 12708. 42 万元。

5. 净化环境价值

植被的净化环境功能主要由森林体现,草地的作用相对来说比较小,因此本文只讨论森林的净化环境功能。

5.1 物质量计算

5.1.1 吸收 SO_2 量

参照中国环境科学院对林木吸收 SO_2 能力的研究成果,树木吸收 SO_2 的平均能力为 120.8kg/hm^2,计算出截至 2010 年昌平区京津风沙源治理工程植树造林共可吸收二氧化硫的量为 690.62 万千克。

5.1.2 吸收氮氧化量

根据韩国科学技术处测定结果,森林对氮氧化物吸收能力为 6.0kg/hm^2,则得出截至 2010 年昌平区京津风沙源治理工程植树造林共可吸收氮氧化物的量为 34.30 万千克。

5.1.3 滞尘量

北京市京津风沙源工程治理区对造林地 6 种代表性的绿化物的滞尘情况进行监测,包括白皮松、油松、侧柏、小叶白蜡、小叶黄杨以及国槐,得出目前每公顷林地的滞尘量为 1.825t/hm^2。本文据此计算出截至 2010 年昌平区京津风沙源治理工程植树造林滞尘量为 10.43 万吨。

表 3 - 1 - 28　各年份造林地吸收 SO_2、吸收氮氧化物、降尘量

Table 3 - 1 - 28　The quantity of the absorption of SO_2, nitrogen oxides, dust

年份	功能发挥面积/hm^2	吸收 SO_2 量（万千克）	吸收氮氧化物量（万千克）	滞尘量（万吨）
2006	2610	31. 53	1. 57	0. 48
2007	5715	69. 04	3. 43	1. 04
2008	11046. 67	133. 44	6. 63	2. 02
2009	16383. 33	197. 91	9. 83	2. 99
2010	21415. 33	258. 70	12. 85	3. 91
合计	—	690. 62	34. 30	10. 43

5.2 价值量计算

对于净化大气环境价值量的计量价格参数，不同的研究参照数值不同，这就导致了研究结果不统一，无法进行对比。价格参数应该采用权威机构或部门公布的制造成本、治理费用、清理费用等数据，这样才能有一个市场化、价值化的衡量标准（余新晓，2010）。

5.2.1 方法

目前，计算森林吸收 SO_2、氮氧化物、滞尘价值的主要方法如下：

（1）吸收 SO_2 价值

森林吸收 SO_2 价值采用以下公式计算：

$$U_{二氧化硫} = K_{二氧化硫} \times Q_{二氧化硫} \times A \qquad (3-1-8)$$

式中：$U_{二氧化硫}$：林分吸收 SO_2 价值，单位为元/a；

$K_{二氧化硫}$：SO_2 治理费用，单位为元/kg；

$Q_{二氧化硫}$：单位面积林分吸收 SO_2 量，单位为 kg/（$hm^2 \cdot a$）；

A：林分面积，单位为 hm^2。

（2）吸收氮氧化物

森林植被吸收氮氧化物价值的公式为

$$U_{氮氧化物} = K_{氮氧化物} \times Q_{氮氧化物} \times Q \qquad (3-1-9)$$

式中：$U_{氮氧化物}$：林分吸收氮氧化物价值，单位为元/a；

$K_{氮氧化物}$：氮氧化物治理费用，单位为元/kg；

$Q_{氮氧化物}$：单位面积林分吸收氮氧化物的量，单位为 kg/（$hm^2 \cdot a$）；

A：林分面积，单位为 hm^2。

（3）阻滞降尘

森林植被阻滞降尘价值的公式为

$$U_{滞尘} = K_{滞尘} \times Q_{滞尘} \times A \qquad (3-1-10)$$

式中：$U_{滞尘}$：林分年滞尘价值，单位为元/a；

$K_{滞尘}$：降尘清理费用，单位为元/kg；

$Q_{滞尘}$：单位面积林分滞尘量，单位 kg/（$hm^2 \cdot a$）；

A：林分面积，单位 hm^2。

5.2.2 价值计算

（1）吸收 SO_2

根据国家林业标准《森林生态系统服务功能评估规范》（LY/T1721—2008），二氧化硫的排污收费标准为 1.2 元/kg，采用替代法，根据公式 3-1-8

得出截至 2010 年昌平区京津风沙源治理工程吸收二氧化硫价值为 828.74 万元。

（2）吸收氮氧化物

根据国家林业标准《森林生态系统服务功能评估规范》（LY/T1721—2008），氮氧化物排污收费标准为 0.63 元/kg，以此标准，根据公式 3-1-9，计算出截至 2010 年昌平区京津风沙源治理工程植树造林项目吸收氮氧化物的价值为 21.61 万元。

（3）阻滞降尘

根据国家林业标准《森林生态系统服务功能评估规范》（LY/T1721—2008），阻滞降尘的成本为 150 元/t，根据公式 3-1-10，计算得出截至 2010 年昌平区京津风沙源治理工程植树造林阻滞价值为 1565.04 万元。

表 3-1-29　各年份造林地吸收 SO₂、吸收氮氧化物、降尘价值

Table 3-1-29　The value of the absorption of SO2, nitrogen oxides, dust

年份	功能发挥面积/hm²	吸收 SO_2 价值/万元	吸收氮氧化物/万元	降尘价值/万元	合计/万元
2006	2610	37.84	0.99	71.45	110.28
2007	5715	82.85	2.16	156.45	241.46
2008	11046.67	160.13	4.18	302.40	466.71
2009	16383.33	237.49	6.19	448.49	692.17
2010	21415.33	310.44	8.10	586.24	904.78
合计	—	828.74	21.61	1565.04	2415.39

截至 2010 年，工程净化环境功能价值为 2415.39 万元。

6. 防护价值

为了控制风沙危害，工程在一些重点风沙危害区营造了防风固沙林和农田林网。需要说明的是，由于前面计算了所有森林的蓄水保土、改良土壤、净化环境等价值，为避免重复计算，森林防护价值应主要考虑防护农业生产和防风固沙价值。

限于技术手段和资料的缺乏，还不能精确地测算出防护林防风固沙的价值，因此本文仅计算了防护农业生产的价值。研究表明，由于防护林的综合作用，在农田防护林林网内，一般可减缓风速 30%—40%，提高相对湿度 5%—15%。按照粮食亩产增加 10% 计算，农作物增产量为 25159.12 吨，根据北京市物价局相关数据，小麦和玉米的保护价分别为 1.26 元/kg 和 1.12 元/kg，平均为 1.19

元/kg（李金海，2007），则截至2010年森林防护农业生产功能的价值为451.88万元。

表 3 – 1 – 30　各年份造林地防护价值
Table 3 – 1 – 30　Theprotective value ofafforestation land

年份	各年份产量 （吨）	增产 （吨）	比例 （%）	价值 （万元）
2006	37817	3781.7	6.99	31.47
2007	38531	3853.1	14.13	64.81
2008	43441	4344.1	24.14	124.78
2009	33516.3	3351.63	32.06	127.87
2010	22676.9	2267.69	38.15	102.95
合计	251591.2	25159.12	—	451.88

注：比例 = 各年份功能发挥面积/（各年份功能发挥面积 + 2000年全区森林面积）。

7. 固碳释氧价值

根据高尚玉、张春来等（2012）的相关研究表明，京津风沙源工程区森林固碳是工程植被固碳的主体，草原固碳量所占比重很小。因此，本文只考虑森林固碳量。

7.1 物质量计算

对于森林固碳的物质量的估计方法有 BEF 模型法、NEE 通量观测法、NPP 实测法。其中 BEF 模型法是通过建立蓄积量与生物量的函数关系估算生物量，再根据光合作用和呼吸作用方程式计算固炭量。NEE 通量观测法是最为直接的可连续测定的方法，是目前计算森林固碳最为准确的方法，通过测量近地面层的湍流状况和被测气体的变化来尝试计算被测气体的通量。NPP 实测法是利用森林生态站及有关科研单位长期连续观测的净初级生产力（NPP）实测数据，再根据光合作用和呼吸作用方程式计算固碳量，是目前比较常用的方法。

本文由于缺乏实地测量数据，因此参照相关研究成果，推算出森林的固碳量。工程新增造林地的蓄积量 12.87 万立方米，参考高尚玉、张春来（2008）及刘拓（2010）等京津风沙源工程森林固碳的相关研究结论，乔木的生物量以 0.65 吨/立方米计算，固碳量以生物量的 53% 计算，测算出截至 2010 年年底，工程区的乔木林固碳量为 44337.15 吨。根据光和作用反应方程式可知，每固定 1.63g 二氧化碳，同时释放 1.19g 氧气，则工程区的乔木林释放氧气量为

32368.84 吨。

7.2 价值计算

目前对于如何计算固定 CO_2 的经济价值争议比较大，各种方法得出的结果差别也很大，差别将近 100 倍左右。差异来源主要是价值计量的方法不同，目前计算固定 CO_2 价值的方法主要有碳税法、造林成本法、人工固定 CO_2 成本法、变化的碳税法、避免损害费用法和温室效应损失法等（余新晓等，2010），纵观国内外研究成果，碳税法和造林成本法应用最广。对于制造氧气的价值，常用的方法有造林成本、氧气的商品价格和人工生产氧气的成本等方法来进行估算。

本文依据森林固定 CO_2 和释放 O_2 的数量，采用造林成本来计算森林每年固定 CO_2 和供给 O_2 的经济价值。

（1）固碳价值

森林植被固碳价值的计算公式为

$$U_{碳} = G_{植被固炭} \times C_{碳} \quad\quad\quad (3-1-11)$$

$U_{碳}$——林分年固碳价值，单位为元/a；

$C_{碳}$——固碳价格，单位为元/kg；

$G_{植被固炭}$——为植被固炭量，单位：$t \cdot a^{-1}$，

（2）释放氧气价值

森林释放氧气价值采用以下公式计算：

$$U_{氧} = G_{氧} \times C_{氧} \quad\quad\quad (3-1-12)$$

$U_{氧}$——为林分释氧价值，单位：元；

$C_{氧}$——氧气价格，单位为元/kg；

$G_{氧}$——为林分释放氧气量，单位：$t \cdot a^{-1}$，

参考相关研究表明中国北方森林固碳造林的平均成本为 273.3 元/t，生产氧气的成本为 369.7 元/t（燕楠，2010），依据上述公式，计算出昌平区京津风沙源工程增加森林植被固碳和制氧的价值分别为：1211.73 万元，1196.68 万元，则截止 2010 年，工程产生的固碳释氧价值为 2408.41 万元。假设各年份固碳释氧价值相等，则每年固碳释氧产生的价值为 218.95 万元。

8. 工程生态环境影响总价值

通过上述对工程产生的生态环境影响价值评估得出，截至 2010 年工程产生的生态环境影响总价值为 43068.02 万元，其中生产价值为 23697.9 万元，水土保持价值价值为 120.49 万元，涵养水源价值为 12708.42 万元，改良土壤价值为 1265.53 万元，净化环境价值为 2415.39 万元，防护价值为 451.88 万元，固碳释氧价值为 2408.41 万元。各功能所占的比例如图所示：

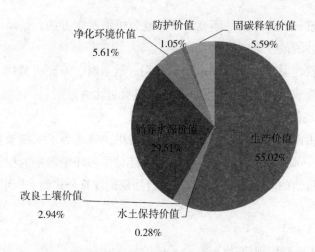

图 3 – 1 – 5　昌平区京津风沙源工程生态环境影响价值构成

Fig. 3 – 1 – 5　The constitutionof the ecological impactvalueof Changping District

考虑到本研究生态环境服务价值评价大部分采用市场替代、影子工程等估算方法，没有考虑到消费的机会成本，不能全面客观地反映实际支付意愿，使评价环境价值偏高。因此根据人们环境支付意愿系数进行调整，使价值更接近真实值。利用简化的 S 生长曲线模型和代表经济社会发展水平与人民生活水平的恩格尔系数可以得到环境价值支付意愿的发展阶段系数。

根据昌平统计年鉴，2010 年昌平区城镇居民恩格尔系数为 32.2%，根据发展阶段系数计算公式：

$$l = \frac{1}{1 + e^{(3 - E_n^{-1})}} \tag{3 - 1 - 13}$$

式中：l 为发展阶段系数，En 为居民恩格尔系数。

可以计算得到北京市城镇发展阶段系数为 0.53，使用发展阶段系数对昌平区京津风沙源治理工程的生态环境服务价值进行调整，得出调整后的生态环境服务价值为 10266.16 万元，再加上生产价值，得出调整后的生态环境影响价值为 33964.06 万元。

9. 工程生态环境影响费用效益分析

9.1 费用效益分析的内涵

费用效益分析（Cost Benefit AnalysiS，CBA）又称成本效益分析、效益费用分析、经济分析等，是评估环境影响的主要评价技术，也是鉴别和量度一个项目的经济效益和费用的系统方法。它要求对建设项目所带来效益损害作出估价，或者是建设项目对环境资源的损害和环境污染造成的损失以及保护环境设施的社会经济效益进行核算。它是环境经济损益分析的基本方法，是经济学家用来评价项目合理性的最普遍应用的方法。

一般在比较建设项目在不同时期的费用、效益时，需要将费用、效益用一定的贴现率折算成统一时点的价值，使它们具有可比性。

（1）费用现值

建设项目由两部分构成，一部分是内部费用，就是为了实现项目目标所花费的费用；另一部分是外部费用，是由于项目对外部环境带来的损害所产生的费用。在考虑价值的时间成本的情况下，费用现值计算公式如下所示，

$$PVC = \sum_{t=1}^{n} \frac{C_t}{(1+r)^t} \qquad\qquad (3-1-14)$$

式中：PVC：费用现值；

C_t：第 t 年的费用；

t：年度变量；

r：贴现率；

n：项目服务年限。

（2）效益现值

建设项目的效益也由两部分构成，一部分是直接效益，是有项目产出物产生并在项目范围内计算的经济效益；另一部分是间接效益，是指由项目引起的而在直接效益中未得到反映的那部分效益（曾贤刚，2003）。效益现值计算公式如下：

$$PVB = \sum_{t=1}^{n} \frac{B_t}{(1+r)^t} \qquad\qquad (3-1-15)$$

PVB—效益现值；

B_t—第 t 年效益；

r—贴现率；

n—项目服务年限。

（3）效益费用比

效益费用比即效益的现值与费用的现值的比值，即单位费用所获得效益。在实际的项目分析中，经常使用费用效益比来判断项目的效益是否显著，是十分有用的评价指标。公式如下所示：

$$a = \frac{NPVB}{NPVC} \qquad\qquad (3-1-16)$$

如果比值 a≥1，说明社会得到的效益大于该项目支出的费用；若 a<1，则

该项目支持出的费用大于所得效益。

9.2 费用效益分析

昌平区京津风沙源工程生态环境影响费用包括工程各年份投入的费用，效益包括各项生态环境功能价值，有生产价值，水土保持价值、涵养水源价值、改良土壤价值、净化环境价值、防护价值、固碳释氧价值等。还有一些费用和效益，如保护和维持生物多样性、景观与社会文化功能、以及水资源消耗等，这些影响理论上是可以计算的，但由于缺乏数据资料，也无比较准确的研究可参考，所以难于进行准确估算，因此，本文进行分析时未考虑这些费用和效益。

根据昌平区实施京津风沙源工程期间各年的费用效益值，利用费用—效益分析法可以进行折现计算，来探讨项目的效益是否显著。由于工程产生的环境功能滞后，各价值按滞后4年计算，即2010年产生的效益是2006年投入的费用体现的，依次类推，算出截至2010年工程的费用效益情况。

9.2.1 费用净现值（NPVC）

根据公式3-1-14可将项目运行时各年的费用值进行折现计算。目前各大银行贴现率为10%左右，本文取10%，折算到2000年，得出各年费用折现情况如表3-1-31所示：

表3-1-31 昌平区京津风沙源治理工程各年份建设投资

Table 3-1-31 Theconstruction investment of the projects foreach yearof Changping District

年份	林业措施（万元）	农业措施（万元）	水利措施（万元）	生态移民（万元）	合计（万元）	折现价值（万元）
2000	365	0	0	0	365	365
2001	1461	0	364	0	1825	1659.09
2002	2180	251	510	0	2941	2430.58
2003	1810	240	525	0	2575	1934.64
2004	1830	180	632	340	2982	2036.75
2005	2065	0	1200	250	3515	2182.54
2006	3866	175	1125	200	5366	3028.97
2007	2079	410.5	0	100	2589.5	1328.82
2008	1850	527.5	0	200	2577.5	1202.42
2009	5580	785	2500	200	9065	3844.44
2010	1740	984	1500	100	4324	1667.09
合计	24826	3553	8356	1390	38125	21680.34

9.2.2 效益净现值（NPVB）

根据本章公式 3 - 1 - 15 式，可将工程产生的各年效益值进行折现计算。其中贴现率取 10%，折算到 2000 年，计算出得出各年效益折现情况如表 3 - 1 - 32 所示：

表 3 - 1 - 32　昌平区京津风沙源治理各年份效益价值

Table 3 - 1 - 32　The Benefit value of Beijing—Tianjin Sandstorm Source

Control Project for each year

单位：万元

年份	生产价值	水土保持价值	涵养水源价值	改良土壤价值	净化环境价值	防护价值	固碳释氧价值	合计	折现价值
2000	201.52	0	129.73	0	0	0	218.95	550.2	550.2
2001	201.52	9.61	278.57	101.06	0	0	218.95	809.71	736.10
2002	828.52	12.09	548.46	127.14	0	0	218.95	1735.16	1434.02
2003	1536.82	12.25	800.27	128.77	0	0	218.95	2697.06	2026.34
2004	1986.82	14.09	1049.8	148.00	0	0	218.95	3417.66	2334.31
2005	2420.02	1.33	1147.2	14.02	0	0	218.95	3801.52	2360.44
2006	2786.62	6.10	1326.81	63.90	110.28	31.47	218.95	4544.13	2565.04
2007	3261.51	10.10	1459.86	105.95	241.46	64.81	218.95	5362.64	2751.88
2008	3411.51	33.92	1724.82	356.32	466.71	124.78	218.95	6337.01	2956.26
2009	3531.51	8.69	2015.35	91.28	692.17	127.87	218.95	6685.82	2835.44
2010	3531.51	12.31	2227.56	129.42	904.78	102.95	218.95	7127.48	2747.95
合计	23697.88	120.49	12708.42	1265.86	2415.39	451.88	2408.45	43068.37	23297.99

9.2.3 京津风沙源治理工程生态建设投资效益

经过整理和计算，得到折算到 2000 年的费用和效益现值如下所示：

总费用现值：PVC = 21680.34 万元

总效益现值：PVB = 23297.99 万元

费用效益比 a = 1.01

只要效益费用比 a > 1，说明该项目的生态环境效益大于该项目生态环境建设支出的费用，生态环境效益是显著的。利用公式 3 - 1 - 16 计算该项目 2000—2010 年的生态环境建设总费用和生态环境总效益的效益—费用比。经过计算得出该项目效益费用比为 1.01，说明昌平区京津风沙源工程的实施所带来的生态环境效益是显著的。

需要说明的是，本文计算的工程生态环境效益的价值偏小，一方面由于工程实施时间相对较短，一些效益还不显著，存在滞后效应，只有生产生物资源、水土保持、涵养水源、固碳释氧这四项功能当年发挥作用，其他功能都存在滞后问题。本文按滞后 5 年计算，因此工程 2004 年以后的生态环境效益的价值没有计入；另一方面本文没有计算保护和维持生物多样性与景观与社会文化功能的价值。此外，本文计算的工程费用价值也偏小，未计算水资源消耗价值，因此，本文得出的费用效益比 1.01 只是一个粗略的估值，但是也可以表明工程实施所带来的生态环境效益是显著地，随着工程实施年份的增加，效益是逐渐增加的。

五、基本结论与讨论

1. 主要结论

本研究首先识别出昌平区京津风沙源产生的生态环境影响，之后建立评价指标体系对昌平区京津风沙源工程生态环境影响进行价值评估，最后使用费用效益分析法，对工程的产生的效益和费用进行了分析，最终得出基本结论如下：

（1）结合理论研究成果，通过实地调查、相关工作人员访谈以及对昌平区京津风沙源工程措施分析，识别出工程实施后产生的主要影响。工程生态环境影响主要表现为：一方面是对生态系统结构的影响，包括土地利用结构变化、植被资源变化、水资源的变化；另一方面是对生态系统生态环境功能产生的影响，主要表现为生产生物资源、减少水土流失、水源保护（涵养水源、净化水质）、改良土壤、净化环境、防护功能、改善小气候、固碳释氧、保护和维持生物多样性、景观与社会文化功能等方面。从影响性质来看，增加植被资源、减少水土流失、涵养水源、净化水质、改良土壤、净化环境、防风固沙、改善小气候、固碳释氧等为正影响；负影响为：林草植被种植会消耗一定的水资源。可见，工程的实施对生态环境的影响既有正影响，也有负影响。

（2）对昌平区京津风沙源工程生态环境影响分析结果表明，工程实施以来，沙化土地面积减少 584hm²；草地面积增加了 1365.4hm²，森林面积增长 50.34%，活立木蓄积量增加了 31.22%，森林覆盖率为提高 13.06%。工程减少土壤流失 38.82 万吨；固碳 44337.15 吨，释放氧气 32368.84 吨。此外，工程实施后，区域的生态环境得到了极大的改善，昌平区空气质量二级和好于二级的天数指标由 2003 年的 68.2% 达到 2010 年 78.9%，春季扬沙和浮尘的总天数，从 2000 年的 19 天减少到 2010 年的 3 天，空气中 SO_2、NO_2 含量逐步下降；降尘也由由每月 14.5 吨/平方公里下降到 10.3 吨/平方公里。但是，随着工程大量的植树造林，林地耗水量逐渐增加，对于昌平这个缺水的地区，这个问题是不容忽视的。

（3）运用市场价值法、影子工程法和成果参照法等方法，对昌平区京津风沙源工程生态环境影响产生的价值进行货币量化。计算出截至 2010 年昌平区京津风沙源工程实施以来产生的生态环境影响总价值为 43068.02 万元，其中生产生物资源和涵养水源功能的价值最大，分别占到 55.02% 和 29.61%；次之是净化环境和固碳释氧价值，分别占到 5.61%、5.59%；其他功能价值所占比例相差不大且比较小。进一步根据当地社会经济发展水平，采用恩格尔系数法对生态环境影响价值进行修正，最终得出调整后的昌平区京津风沙源工程生态环境影响价值为 33964.06 万元。但由于未计量工程所带来的保护和维持生物多样性功能和景观与社会文化功能价值，也没有计算植被消耗水资源的价值，因此，本研究得出的生态环境影响价值仅为估算值。

（4）根据昌平区实施京津风沙源工程期间各年的费用效益值，利用费用—效益分析法计算出工程的费用效益情况，得出该项目的效益费用比为 1.01，说明昌平区京津风沙源工程的实施所带来的生态环境效益是显著的。

2. 讨论

本研究对昌平区京津风沙源工生态环境影响价值评估进行了一些尝试性的探索。结合理论研究成果，通过实地调查、相关工作人员访谈以及对昌平区京津风沙源工程措施分析，识别出工程实施后产生的主要影响。构建了适合昌平区生态环境影响价值评估指标体系，通过对生态环境影响价值计量方法进行比较和分析，了解各个方法的特点和适用范围，之后根据影响内容的特点进行方法的选择，在定价标准方面借鉴使用频率高的标准、行业标准或权威机构的研究成果，最终对昌平区京津风沙源工程产生的生态环境影响进行价值计量，且结合昌平区实施京津风沙源工程期间各年的费用，利用费用—效益分析法分析工程的费用效益情况。

由于工程实施时间相对较短，一些效益还不显著，一些功能存在滞后效应，同时由于缺少相关数据，一些功能的价值未计算其中，而且生态环境影响的复杂性以及工程措施的多样性，很可能导致本研究识别出的生态环境影响只是其中一部分，因此，得出的生态环境影响价值既是最小值，也是估算值。

京津风沙源工程措施复杂，而且生态恢复是一个缓慢的过程，又会受到其他因素的干扰，同时生态环境影响评估是一个非常复杂的问题，现有方法还不能满足全面评估的需要，这些都使得评估这样的生态恢复工程产生的生态环境影响必然面临许多不确定性，对生态环境影响因素识别也不能做到全面。因此本研究所做的工作仅仅是一个小的开端，以后还有待不断完善。

第二节　山西省大同县京津风沙源治理工程生态系统服务价值评估

一、山西大同县概况及京津风沙源治理工程实施情况

1. 自然地理情况

大同县位于北纬 39°43′—40°16′，东经 113°20′—113°55′，地处山西省的东北部，处于大同盆地的中间地带，是大同市所属辖区之一，县境东西相距约45公里，南北相隔约 60 公里，全县总土地面积 225.4 万亩。大同县在东面与阳高相接，南部与浑源和怀仁相连，北邻新荣，西依大同市区，县区距离市中心28km，是一个近郊县，并且属于晋冀蒙交汇之地。

大同县的气候属于温带疾风型大陆性气候，全年内四季分明，其中春季干燥且风力较大，夏季雨水相对集中，秋季昼夜温差较大，冬季则寒冷但罕有降雪。大同县十年九旱，降水少而集中，年均降水量只有 368.8mm，而且 70%以上的降水集中在 7—9 月。大风、干旱、早霜是大同县的主要自然灾害。

大同县总面积222.4 万亩，以土石山区和丘陵沟壑区为主，其中山区面积33 万亩，占全县土地面积 14.7%；丘陵面积 67.7 万亩，占全县土地面积30.1%；平川面积124 万亩，占全县土地面积 55.2%。

土地使用方面，全县农业用地60.9 万亩，占全县土地面积 27.1%；林业用地91.66 万亩，占全县土地面积25%；草地16 万亩，占全县土地面积7.18%；其他用地56.14 万亩，占25%。

大同地貌类型主要为黄土梁状丘陵低覆度类型区，境内各山脉延伸部分，丘低谷密、沟壑纵横，地面坡度小于25°的面积占全县面积85%，植被稀疏且水土流失严重。风沙土主要分布于黄土丘陵沟壑的梁、坡等阳坡部位，土层较薄（小于30cm），沙性较大，土壤养分及含水量低。

大同县植被相对稀疏，主要树种有小叶杨、油松、樟子松、虎榛、沙棘等，主要草本植被有：针茅、百里香、白茅草、蒿类等。

2. 社会经济状况

大同县共辖 10 个乡镇175 个行政村，2000—2012 年山西省统计年鉴数据显

示，在京津风沙源一期工程期内，大同县常住人口从 1999 年底的 15.9 万人增长至 2011 年底的 18.7 万人，增长了 17.7%。其中城镇人口从 26.1 万人增长到 61.5 万人，增长了 135%；农村人口从 13.3 万人减少至 12.6 万人，减少了 5.4%。

县域经济发展方面，京津风沙源治理一期工程期内大同县地区生产总值稳步增长，从 2000 年的 6.11 亿元增长至 2011 年的 17.78 亿元，增长了 191.3%，年均增长速度达到 10.2%。人均地区生产总值在工程期内从 2000 年的 3804 元/人增长至 2011 年的 10105 元/人，增长了 165.6%，年均增长率为 9.3%。

产业结构方面，工程期内三类产业均实现了较快的发展。其中第一产业生产总值从 2000 年的 2.06 亿元增长至 2011 年的 5.53 亿元，增长了 167.8%；第二产业从 2000 年的 2.18 亿元增长至 2011 年的 4.57 亿元，增长幅度为 109.1%；第三产业 2000 年的生产总值仅为 1.86 亿元，至 2011 年底已经达到 7.69 亿元，增长幅度在三类产业中最大，为 313.9%。

3. 京津风沙源治理工程实施情况

大同县属于京津风沙源治理工程中的农牧交错地带沙化土地治理区，地区土壤疏松，泥沙颗粒小，很容易扬沙起尘，是我国北方风沙危害严重和生态环境脆弱的地带之一，水土流失面积占全项目乡镇国土总面积的 80%，年水土流失量达 400 万吨，直接进入桑干河及册田水库，使水库淤积严重，蓄水量逐年减少，水位增加，直接威胁着下游的官厅水库，同时水土流失致使土壤结构破坏、肥力下降、生态恶化，这也突出了大同县实施京津风沙源工程的迫切性和重要性。

3.1 工程投资概况

大同县京津风沙源治理一期工程从 2000 年起开始实施，工程区涉及全县的 10 个乡镇，工程分为五大措施，分别是林业措施、草地治理、水利措施、舍饲禁牧以及生态移民。2000—2012 年，大同市京津风沙源治理一期工程共完成投资 17672 万元，各工程具体投资额如表 3-2-1 所示：

表 3-2-1　大同县京津风沙源工程各项措施投资费用

Table 3-2-1　The investment costs of each measure of the project in Datong county

单位：万元

Unit：ten thousandyuan

年度	总投资	林业措施	草地治理	水利措施	舍饲禁牧	生态移民
2000	400	300	—	100	—	—

年度	总投资	林业措施	草地治理	水利措施	舍饲禁牧	生态移民
2001	800	413.35	191.9	194.75	—	—
2002	2022	1070	280	520	102	50
2003	1610	743	200	440	177	50
2004	1412	800	126	257	79	150
2005	1244	505	9	490	—	150
2006	1055	355	40	560	—	100
2007	904	163	—	550	116	75
2008	1255	115	—	690	370	80
2009	951	91	—	670	190	—
2010	1805	135	40	1420	2101	—
2011	1767	176	—	1211	380	—
2012	2447	185	3	1940	295	—
合计	17672	5051.35	889.9	9042.75	1919	655

注：数据来源大同县治沙办。

由表3-2-1分析可知，大同县2000—2012年间京津风沙源治理工程总投资中水利措施投资所占比重最大，为51.5%，总投资额9042.75万元；在投资比重中占第二位的是林业投资，投资额5051.35万元，占比28.8%；舍饲禁牧、草地治理、生态移民的投资比例分别为10.9%、5.1%和3.7%。各项措施投资比例见图3-2-1：

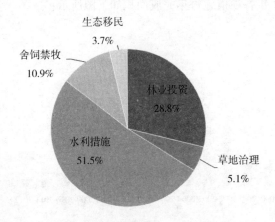

图3-2-1　各项措施投资比例

Fig. 3-2-1　The investment ratio of each measure

3.2 工程实施措施

（1）林业措施

大同县京津风沙源治理一期工程中的林业措施包括5个部分：人工造林（包括农田林网和其他造林）、飞播造林、封山育林、退耕还林和种苗。2000—2012年间，人工造林投资904.5万元，完成人工造林面积66705亩；飞播造林投资1804.05万元，完成飞播造林面积15113亩；封山育林投资1211万元，封山育林面积17300木；退耕还林投资1015万元，完成退耕地、退荒山荒地共20.3万亩；种苗措施共投资206.8万元。各项措施投资比例见图3－2－2：

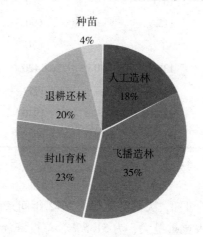

图3－2－2　各项林业措施投资比例

Fig. 3－2－2　The portiong of each forestry measure

2000—2012年各项措施每年完成面积如下图所示：

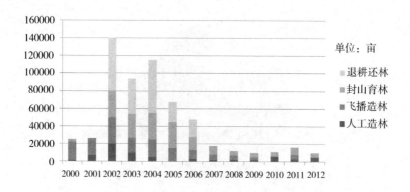

图3－2－3　各项林业措施每年完成情况

Fig. 3－2－3　Annual completion of each foresty measure

从树种结构方面看，大同县共划分了 16 个立地类型，选用了油松、樟子松、新疆杨、柠条、沙棘等 10 多个适生树种，采用了 6 个治理模式，且实行了林草间作、乔灌混交。为了提高造林成活率，针对大同县干旱少雨的特点对所有的造林工程在前一年的秋季便进行了造林预整地，在山坡地选用鱼鳞坑整地的方式达到了蓄水保墒的效果。同时，大同县采用探墒深栽的办法，使其境内京津风沙源治理工程营造林的成活率保持在较高水平，根据实地调查结果显示，大同县京津风沙源治理一期工程中乔木林和灌木林成活率和保存率达到 85%。京津风沙源治理一期工程各主要树种造林面积如表 3 - 2 - 2 所示：

表 3 - 2 - 2 大同县京津风沙源工程各项措施投资费用

Table 3 - 2 - 2 The investment costs of the various measures of the projectof Changping District

单位：亩

Unit：acres

年份	柠条	仁用杏	杨树	油松	侧柏	枣树	柳树
2000	24000	—	—	1475	—	—	—
2001	19125	3615	—	3615	—	—	—
2002	108627.1	4806	20766.2	5771	29.7	—	—
2003	71691.7	4271.6	13184.7	4801.5	—	—	50.5
2004	90391.1	4853	11382.4	7580.5	—	793	—
2005	58000.1	776.6	947.9	8275.4	—	—	—
2006	25623.1	3992.7	3441.6	14942.6	—	—	—
2007	10000	—	2000	6000	—	—	—
2008	5000	—	2000	5000	—	—	—
2009	5000	—	2000	3000	—	—	—
2010	5000	—	—	5000	—	—	—
2011	5000	—	—	5000	—	—	—
2012	5000	—	—	5000	—	—	—
合计	432458.1	22314.9	55722.8	75461	29.7	793	50.5

注：数据来源大同县治沙办。

（2）农业措施

大同县京津风沙源治理一期工程的农业措施主要包括草地治理、暖棚建设和饲料机械购置，其中草地治理的具体措施又包括人工种草、围栏封育、飞播牧草、基本草场建设、草种基地。2000—2012 年大同县京津风沙源治理一期工程共完成草地建设 8530 公顷，其中完成围栏封育 3667 公顷，人工种草 2901 公顷，飞播牧草 1533 公顷，草种基地建设 96 公顷，基本草场 333 公顷；舍饲禁牧措施中中完成棚圈建设 10.3 万 m²，饲料机械购置 1870 套。各年份实施情况如表 3 – 2 – 3 所示：

表 3 – 2 – 3　大同县各年份农业措施实施完成情况

Table 3 – 2 – 3　The implementation of agricultural measures for each yearof Datong County

年份	人工种草（公顷）	围栏封育（公顷）	飞播牧草（公顷）	草种基地（公顷）	基本操场建设（公顷）	暖棚建设（万平方米）	饲料机械（套）
2000	—	—	—	—	—	—	—
2001	867	—	—	63	—	—	—
2002	1067	1000	1000	33	—	0.6	60
2003	667	1000	533	—	333	1.1	60
2004	200	1000	—	—	—	0.5	20
2005	100	—	—	—	—	—	—
2006	—	667	—	—	—	—	—
2007	—	—	—	—	—	0.6	130
2008	—	—	—	—	—	2	350
2009	—	—	—	—	—	1	200
2010	—	667	—	—	—	1	300
2011	—	—	—	—	—	2	400
2012	—	—	—	—	—	1.5	350
合计	2901	3667	1533	96	333	10.3	1870

注：数据来源大同县治沙办。

　　大同县农业工程的人工种草项目结合实际情况经省、市领导认可将人工种植牧草任务部分更换为种植黄花，主要原因是黄花是大同县主要经济作物，且黄花既是一种珍贵名菜，又是一种优良牧草，黄花茎叶茂盛，在取得经济效益的同时，又可同时取得防风固沙、保持水土等显著的生态效益。

（3）水利措施

大同县京津风沙源治理工程的水利水保措施主要包括三个方面：小流域综合治理、水源工程和节水灌溉，三大措施各年份完成情况如表 3 - 2 - 4 所示：

表 3 - 2 - 4　大同县各年份小流域综合治理措施完成情况
Table 3 - 2 - 4　The situation of small watershed management of Datong County

年份	小流域综合治理面积 （公顷）	水源工程 （处）	节水灌溉 （处）
2000	—	100	—
2001	66.7	15	—
2002	2000	80	40
2003	1600	80	40
2004	480	80	70
2005	200	330	120
2006	200	320	200
2007	—	300	250
2008	200	350	300
2009	600	300	250
2010	600	600	700
2011	800	560	491
2012	200	900	1000
合计	6946.7	4015	3461

注：数据来源大同县治沙办。

大同县京津风沙源治理一期工程中的水利措施大致分为三个阶段。第一阶段为首都水资源可持续利用项目一期水土流失综合治理工程，工程从 2002 年开工至 2006 年竣工，累计投资 2778 万元，完成水土流失综合治理面积 150 平方公里，其中基本农田 572.62 公顷，种草措施 4380 公顷，封禁治理 10047.7 公顷，建设护村地坝 5380 米，小型蓄排水工程 348 处，栽植道路林 32.55 公里，建设苗圃 16 公顷。

第二阶段为巩固退耕还林成果水保项目，项目总投资 476 万元，从 2008 年开始实施，截至 2010 年共建设基本农田 1.19 万亩，其中沟坝地改善 0.09 万亩，河滩地土层加厚及排水排盐 0.2 万亩，旱坪地小型灌溉 0.9 万亩。项目还完成新建高灌站 2 座，装机 4 台 317 千瓦，设计提水流量 0.22m³/s；改造泵站 1 座，装机 90 千瓦，假设高压线 4.2 公里，埋设压力管道 9836 米；建设护村护地坝 150 米，维修水池 1 座，铺设混凝土 U 型防渗渠 4453 米、浆砌石防渗渠 320 米，维修防渗渠 1600 米。

第三阶段为雁门关生态水保项目，项目 2007 年开工至 2011 年竣工，累计水保补助资金投入 179 万元，五年内涉及 14 项工程，累计完成打井配套 16 眼，铺设管道 5650 米，新增草地及农田灌溉面积 2350 亩，改善恢复灌溉面积 750 亩。

除了这三个项目外，大同县京津风沙源一期工程水利项目还实施了包括大同火山群流域十万亩水保治理工程、巨乐乡水保经济林配套水源节水工程、采凉山流域十万亩水保治理工程、萱草种植配套水源工程、万家山流域水保综合治理工程、峰峪乡水保护地坝、截留引水工程等在内的大型工程项目。

（4）生态移民

生态移民是大同县京津风沙源治理工程中的重要措施，通过生态移民使在生态环境严重破坏和生态脆弱区的农民搬离了原来的居住地，便于对生态系统脆弱区的生态改造，同时提高了生态移民的生活质量，同时达到了减轻贫困和恢复生态环境这两项目标。大同县京津风沙源治理工程各年份生态移民完成情况如表 3－2－5 所示：

表 3－2－5　大同县各年份小流域综合治理措施完成情况
Table 3－2－5　The situation of small watershed management of Datong County

年份	生态移民数量 （人）
2000	655
2001	—
2002	—
2003	50
2004	50
2005	150
2006	150
2007	100
2008	75
2009	80
2010	—

年份	生态移民数量 （人）
2011	—
2012	
合计	1310

注：数据来源大同县治沙办。

二、大同县京津风沙源工程生态影响评估思路与评估方法

1. 评估思路

京津风沙源治理工程作为我国重要的生态恢复工程，通过改变土地利用结构等方式改变了工程区内生态系统的结构和功能，产生了显著的生态影响，而利用生态系统服务价值理论则可以通过比较工程实施前后工程区生态系统服务价值的变化，进而从价值量的角度来识别和量化京津风沙源治理工程产生的生态影响和为人们带来的各项福祉。

生态工程的实施可以有效地提升生态系统服务质量，进而增加生态系统服务的价值，因此我国学者也对生态工程对于生态系统服务价值的影响开展了探索性的研究。杜英等（2008）以黄土丘陵沟壑区的退耕还林还草工程为研究对象，选取维持生物多样性、调节空气质量、植物固碳释氧、涵养水源等指标综合采用机会成本法、影子工程法、费用替代法等评估方法对安塞县退耕还林还草工程生态系统服务价值的变化进行了研究，评估显示该县退耕还林工程实施前后生态系统服务价值从 188.4 亿元增加到 241.0 亿元，增幅达到了 28.0%，其中涵养水源服务价值占比 77.1%，土壤保持服务价值占比 11.4%，维持营养物质循环服务价值占比 6.8%，固碳释氧服务、保护生物多样性服务价值和净化空气服务价值分别占比 3.9%、0.5%、0.2%，表明该县实施的退耕还林还草工程对全县生态恢复具有显著的积极作用。

但综合看，无论是国内还是国外，学者对生态工程改变某地区生态系统进而改变生态系统服务价值的评估均未形成成熟、统一和系统的理论基础和方法支持，也缺乏对工程产生生态系统服务价值全面系统的评估和研究。

因此，本研究在理论研究和文献整合的基础上，以实地调研为基础，在识别京津风沙源治理工程生态影响基础上，结合国际公认的 MA 生态系统服务理

论，采用专家打分法确定了大同县京津风沙源治理工程生态系统服务价值评估指标，利用各种相关工程数据和生态数据，在比较基础上，采用各种评估方法对大同县京津风沙源治理一期工程的生态系统服务价值进行了评估，从生态系统服务价值变化角度评估和反映了京津风沙源治理工程实施后所产生的生态影响，对建立我国生态工程生态系统服务价值评估研究框架也是一个积极的尝试。

2. 生态系统服务价值评估指标体系构建

2.1 指标构建原则

京津风沙源治理工程对大同县生态系统服务的影响涉及众多方面，在对生态系统服务价值进行评估时，需要构建一套科学合理并具有可操作性的指标体系，结合众多前人研究，本研究选取大同县京津风沙源治理工程生态系统服务价值评估指标时遵循以下原则：

（1）科学性原则

大同县京津风沙源治理工程生态系统服务价值评估涉及内容丰富、过程机理复杂，在具体评估过程中要针对不同的内容选择不同的评价指标体系，所以，建立科学的评价指标体系是进行价值评估的基础，只有这样才能反映评价对象的本质。

（2）简便性与可操作性原则

大同县京津风沙源治理工程生态系统服务价值评估指标体系需遵从简单清晰的原则，表达的意义也要尽可能地通俗易懂，易于专家学者和当地主管部门沟通和理解，便于当地工程主管部门参考研究成果，同时各项指标的具体数据要易于获取；可操作性要求评估指标易于量化，便于选择统计和计量方法进行量化分析。指标选取的简便性和可操作性便于林业管理部门和林业工作者理解京津风沙源治理工程的意义，对于政策制定和工作指导具有现实意义。

（3）层次性与主导性原则

本研究在指标体系的设计过程中借鉴具有国际影响力的 MA 体系中对生态系统服务的分类方式，并在其中选取有代表性的、能直接反映京津风沙源治理工程对当地生态系统服务主要影响指标进行评估。

（4）因地制宜性原则

京津风沙源治理工程受到工程区地理地质条件、气候条件等方面的影响，这些影响因素在不同的工程区对生态系统服务带来的影响具有区域差异性，因此在选取生态系统服务价值评估指标时，应充分结合工程区当地的实际情况，进行深入的调研和访谈，了解当地专业技术人员和老百姓对京津风沙源治理工程实施以来对当地生态环境带来影响的识别和认知。

2.2 指标筛选和确定

2.2.1 生态系统服务的概念和分类

人类从生态系统中获取的所有自然服务和功能被称之为生态系统服务（Roodman，1998），Daily（1997）在其研究生态系统服务的代表性著作中给生态系统服务下的定义为：生态系统服务是支持人类生存的自然系统及其物种组成的过程与条件。这个定义有三层含义：一是生态系统服务支持着人类的生存；二是生态系统本身是提供生态系统服务的主体；三是生态系统通过生态过程及生态功能来发挥生态系统服务作用。

De Groot（2002）在前人研究基础上把生态系统服务分为调节服务、栖息服务、生产服务和信息服务四大类，总共包含 23 个子项，其中栖息服务是指为动植物生存和活动提供必要的空间和环境，调节服务是指为人类和其他动植物生存提供必要的生态过程和生命支撑，生产功能是指为人类提供资源和自然产品，信息功能是指为人类提供认知和精神方面的服务，具体内容如下：

调节服务：调节服务主要包括气候调节服务、气体调节服务、干扰调节服务、水供应服务、水调节服务、土壤形成服务、土壤保持服务、授粉服务、营养物质循环服务、生物控制服务、废弃物处理服务等。

栖息服务：栖息服务是指生态系统为人类和动植物提供赖以生存的环境，主要包括残遗物中保护服务和繁殖服务。

生产服务：生产服务分为两个部分，分别是初级生产服务和次级生产服务，初级生产服务是指植物通过光合作用吸收营养物质、二氧化碳和水并将其转化为碳水化合物，次级生产是指利用初级生产产生的碳水化合物生产出食物、能源等直接供人类使用的产品。生产服务具体包括生产食品服务、生产原材料服务、生产基因资源服务和生产观赏资源服务。

信息服务：信息服务是指为人类提供的只有人类能够理解和利用的信息的服务，这些信息包括审美信息、娱乐、文化和艺术信息、精神和历史信息、科学和教育信息。

2005 年联合国的千年生态系统评估项目（Millennium Ecosystem Assessment）定义了一个比较宽泛的生态服务概念，将生态系统服务定义为：生态系统服务是指生态系统直接或间接地为人类的福利做出的贡献，并将生态系统服务分为四大类：

供给服务——生态系统提供产品的服务，这些产品包括：燃料、食物、生化产品、纤维、遗传资源和淡水等，其中许多产品（但非所有产品）都可在市场中交易。

调节服务——生态系统提供的调节服务，指通过调节环境提高人类福祉的生态系统服务，包括防洪、疾病控制、水质净化、空气质量改善、授粉、病虫害防治和气候调节等，这些服务通常不能通过市场交易，但是都有显而易见的社会价值。

文化服务——这些服务对人类文化、精神以及审美层面的福利有贡献。

支持服务——这些服务维持着基本的生态过程和生态功能，例如土壤形成、初级生产力、生物地球化学、栖息地提供等，这些生态服务通过维持文化服务、调节服务、供给服务这三类生态系统服务所必须的生态过程而间接地影响人类福祉。

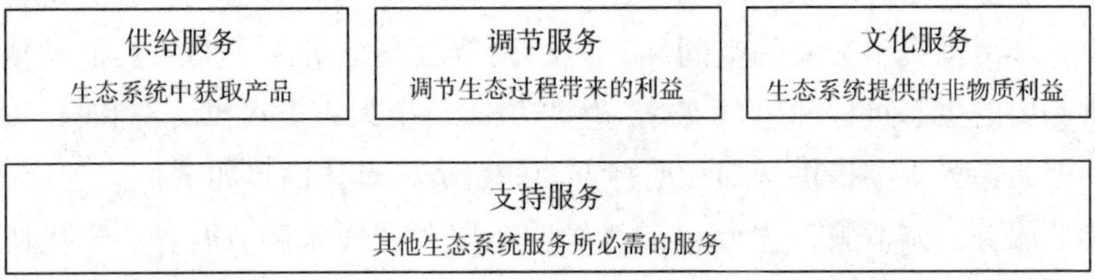

| 供给服务
生态系统中获取产品 | 调节服务
调节生态过程带来的利益 | 文化服务
生态系统提供的非物质利益 |

| 支持服务
其他生态系统服务所必需的服务 |

图 3 - 2 - 4　MA 体系生态系统服务类型及其关系

Fig. 3 - 2 - 4　Type and relationship of MA ecosystem service system

MA 体系中各类生态系统服务常见示例如表 3 - 2 - 6 所示：

表 3 - 2 - 6　生态系统服务举例

Tab. 3 - 2 - 6　Examples of ecosystem services

生态系统服务类型	举例
供给服务 （生态系统中获取产品）	·食物，例如粮食、水果、鱼类 ·纤维和燃料，例如木材、羊毛 ·生物化学品天然药物 ·基因资源：用于动植物育种和生物技术的基因

生态系统服务类型	举例
调节服务 （调节生态过程带来的效益）	·空气质量维护：生态系统可以增加或减少大气中化学物质的含量 ·气候调节，例如地表植被能够影响当地的温度和降雨 ·水调节，例如生态系统影响着径流量大小和时间特征 ·减少土壤侵蚀，植被在减少土壤侵蚀方面发挥着重要作用 ·水质净化：生态系统可以是水中杂质的来源，同时也可过滤和分解水中的有机废物 ·垃圾生物降解，例如生态系统通过存储、稀释、转化、埋藏来去除污染物
文化服务 （在精神、娱乐和认知发展、消遣等层面获得的非物质效益）	·精神和宗教价值：很多宗教将精神及宗教的价值与生态系统相联系 ·审美价值：很多人在生态系统的不同方面体会到美的感受 ·消遣和生态旅游价值
支持服务 （其余生态系统服务所必须的服务）	·土壤的形成和保持 ·营养物质循环 ·大气氧气生产 ·提供栖息地

可见，从广义角度来看，生态系统服务包含了一切生态系统产品和生态系统服务（Costanza 等，1997），Boyd 和 Banzhaf（2006）提出了一个较为狭窄的生态服务概念，这一概念仅包含生态系统中的最终产品或服务，即"直接被人类享用、消费和使用从而提供人类福祉的生态系统组成部分"，他们强调了区分生态系统最终产品或服务和中间产品或服务的重要性，并且只把生态系统的最终产品或服务纳入生态系统服务概念范畴中，因为这些产品和服务最直接地影响着人类的福祉，也是人们最希望去了解和认识的。另外，关注最终产品或服务也可以在生态系统服务价值评估时避免重复计算（double - counting）。在这一概念下，一些生态功能或生态过程例如营养物质循环等并不算作生态系统服务，虽然它们有助于生态系统产品的生产但它们并不是产品本身。同样地，因为支持型生态系统服务只是间接地对人类福祉做出贡献，因此也不在 Banzhaf 和 Boyd 对生态系统服务的定义范围之内。

我国学者也对生态系统服务进行过总结性的分类，例如，我国学者欧阳志云（1999）把生态系统服务分为两类：一是生态系统产品，包括为人类提供水、食物等可以市场化定价的服务；二是间接服务，主要指对人类生存的环境的支撑和调节服务，例如太阳能固定、保护土壤、调节气候、涵养水源和稳定水文、贮存营养元素、维持进化过程、吸收污染物质、提供美学、教育等服务。谢高地（2003）在研究青藏高原生态系统服务时参考了国外学者 Costanza 等人在其经典文献《The value of the world's ecosystem servicesandnatural capital》中对生态系统服务的定义，并将生态系统服务分为 9 大类，包括原材料生产服务、食物生产服务、大气调节服务、气候调节服务、水源涵养服务、保护生物多样性服务、土壤形成与保护服务、废物处理服务、娱乐文化服务。

尽管生态系统服务有不同维度的定义和分类，但它都反映着生态系统对人类福祉的贡献。由于生态系统服务不仅给人们提供了生产生活物质原料，还为人们提供了维持其生存所必须的生命支持条件，净化了自然环境，维持了物种及其遗传的多样性，保证了大气化学成分的平衡性和稳定性（欧阳志云，1999），为了确保研究覆盖生态系统服务范围的全面性以及研究结果的科学性，本文选取被广泛接受的 MA 体系广义角度的生态服务系统概念。

2.2.2 确定评估指标和方法

首先采取理论分析法分析京津风沙源治理工程对生态系统服务影响的机理过程，选取目前研究中该领域专家公认、价值评估方法成熟且使用频率较高的指标；在实地调研基础上，采取专家咨询法（包括大同县治沙办、林业局、水务局、农牧局专家及北京林业大学专家），结合工程区生态系统背景特征、生态条件和工程实施实际情况对理论分析中得到的指标进行识别、补充、指标子项确认，并据此选择价值评估方法见表 3 - 2 - 7 所示。

表 3 - 2 - 7　生态系统服务价值评估指标体系

Table 3 - 2 - 7　Theindex system of ecosystem services valuation

生态系统服务分类	生态系统服务指标	指标子项	评估方法
供给服务	提供木材	提供木材	市场价格法
	提供经济林产品	提供仁用杏	市场价格法

生态系统服务分类	生态系统服务指标	指标子项	评估方法
调节服务	涵养水源	调节水量	影子工程法
		净化水质	市场价格法
	保育土壤	减少水土流失	费用支出法
		土壤保肥	市场价值法
	净化空气	吸收二氧化硫	
		吸收氮氧化物	费用支出法
		吸收氟化物	
文化服务	—	—	—
支持服务	固碳释氧服务	植被固碳服务	市场价格法
		植被释氧服务	

2.3 数据来源

本研究的主要数据来源包括以下几部分：（1）大同县京津风沙源治理工程实施情况数据来源于大同县林业局和水利局的调研采集；（2）大同县京津风沙源治理工程期内的生态数据来源于大同县京津风沙源治理工程监测数据；（3）本文用到的其他数据均来自于现有研究，将在文中有具体说明。

三、大同县京津风沙源治理工程生态系统服务价值评估

1. 供给服务价值评估

1.1 供给木材价值

木材价值的计算方法目前有四种：（1）木材市场价格法，即按照木材的树种、林龄、胸径等信息以相似的木材交易为参考标准进行木材价值评估的方法；（2）市场倒算法，即对木材价格的估算要以现实市场中该木材的交易价格为基础；（3）现值法，即将待评估的木材未来带来的现金流扣除成本后的结果折现得到木材价值；（4）期望价值法，即把待评估木材未来连续几年的收益与费用之差换算成现值的计算方法。

本文计算大同县京津风沙源治理工程供给木材价值采取木材市场价格法：

$$V_1 = \Delta X_i P_i \qquad\qquad (3-2-1)$$

其中 V_1 为木材价值，ΔX_i 为大同县京津风沙源治理一期工程各类主要树种在工程实施前后的蓄积量差，P_i 为大同县京津风沙源治理一期工程各类主要树

种在工程实施期间的平均市场价格。

大同县京津风沙源治理一期工程期造林植被均为生态林，不存在砍伐取木的现象，工程区在林木经营上没有经济效益，但是木材作为生态系统服务价值中供给价值的一种也有潜在的经济价值，例如大同县正在积极寻求柠条生产饲料的合作机会。根据大同县林业局提供的数据和树种市场价格得出大同县京津风沙源一期工程主要树种新增木材价值如表3－2－8所示：

表3－2－8　主要树种新增木材价值

Table 3－2－8　Thevalue of added stumpage of main tree species

树种类型	林份蓄积 增加（万 m^3）	价格 （元/m^3）	价值 （万元）
柠条	4.2	42.2	177.2
油松	13.5	450	6075
樟子松	12.3	440	5412
合计	30	—	11664.2

注：数据来源大同县林业局。

1.2 经济林产品价值

大同县京津风沙源治理一期工程中结合当地的经济、地理特征，选用仁用杏作为退耕还林和造林树种的有机组成部分，在达到生态效应的基础上为当地农民带来了一定的经济收益，仁用杏的种植情况如表3－2－9：

表3－2－9　仁用杏种植情况

Table 3－2－9　Thecultivation of apricot

单位：亩/Unit：acre

年份	植树造林	退耕还林
2001	3615	—
2002	—	4806
2003	—	4271.6
2004	—	4853
2005	—	776.6
2006	—	3992.7
合计	3615	18699.9

注：数据来源大同县林业局。

可见，大同县仁用杏的种植主要来自退耕还林，种植年份为2002—2006年，根据实地调研，造林地的仁用杏树在3年以后才有效益，当地杏树3年后平均每亩年产量30公斤，当地平均收购价格每公斤3.5元，可得大同县京津风沙源一期工程期内仁用杏的价值如表3-2-10所示：

表3-2-10 工程期内仁用杏价值

Table3-2-10 Thevalue of apricot

年份	仁用杏累计面积 （亩）	价值 （万元）
2004	3615	38.0
2005	8421	88.4
2006	12692.6	133.3
2007	17545.6	184.2
2008	18322.2	192.4
2009	18322.2	192.4
2010	22314.9	234.3
2011	22314.9	234.3
2012	22314.9	234.3
合计	—	1531.6

注：数据来源大同县林业局。

2. 调节服务价值评估

2.1 涵养水源价值

涵养水源是大同县京津风沙源治理一期工程对生态系统服务的重要影响之一，它是指森林对降水的吸收、截留、贮存并将地表水转化为地表径流或地下水的作用，主要包括调节水量和净化水质两方面的具体功能。评估涵养水源价值需要首先计算森林涵养水源总量，再根据适当的方法评估其价值（孟祥江，2011）。本文选取《森林生态系统服务功能评估规范》中计算调节水量的影子工程方法来计算大同县京津风沙源一期工程大同县森林生态服务系统的调节水量价值：

$$V_1 = 10P_1 \tag{3-2-2}$$

其中，$V_调$为森林生态系统调节水量功能价值，单位为元/a；J为降水量，单位为 mm/a；Z 为林分蒸散量，单位为 mm/a；C 代表地表径流深，单位为：mm/a，A 代表京津风沙源治理工程新造林分面积，单位为 hm^2；$P_库$ 为当地水库建设中单位库容投资金额（其中包含工程造价、占地拆迁补偿、维护费用等）。

根据调研结果，大同县多年平均地表径流深 22.8mm，而山西省公益林森林年蒸散量为当年降雨量的 70%（李晶，2006），结合本项目调研访谈结果，由于灌木造林地面积比例较大因此大同县京津风沙源治理一期工程项目区造林地蒸散量为占年降雨量的比例约为 90%。根据《森林生态系统服务功能评估规范》2005 年平均水库库容造价为 6.117 元/m^3，根据物价指数估算 2012 年平均水库库容造价为 7.707 元/m^3，各年份造林面积、降雨量、年蒸散量、调节水量和调节水量价值如表 3 - 2 - 11 所示：

表 3 - 2 - 11　调节水量服务价值

Table 3 - 2 - 11　Thevalue of regulation of water service

年份	累计造林面积（hm^2）	年降雨量（mm）	年蒸散量（mm）	调节水量（万 m^3）	调节水量价值（万元）
2000	15497	326	293.4	15.2	117.1
2001	33253	254	228.6	8.6	66.3
2002	58585	348	312.2	70.3	541.8
2003	67052	462	415.8	156.9	1209.2
2004	78718	504	453.6	217.3	1674.4
2005	83251	316.3	284.7	73.5	556.5
2006	86451	308.8	227.9	69.9	538.4
2007	87651	426	383.4	173.5	1337.5
2008	88451	369.8	332.8	125.4	966.6
2009	89118	262.5	236.25	30.7	237.0
2010	89785	392.3	353.1	147.5	1136.9
2011	90852	384.2	345.8	141.9	1093.7
2012	91519	420.3	378.3	176.0	1356.4
合计	—	—	—	1406.8	10842.2

注：数据来源大同县林业局、气象局。

森林的林冠层和林下枯枝落叶层和土壤能够对水中所含的各种污染物质起到过滤、吸收和净化的作用，从而使生态系统中的水质得到明显的改善。由于森林调节水量和净化水质的服务功能是同时进行的，因此净化水质的量与调节水量的量是相同的，本文参照当地居民生活用水价格作为净化水质的单价（李少宁，2007），采取市场价格法对净化水质服务进行评估，计算公式为：

$$V_1 = 10KA \tag{3-2-3}$$

其中 $V_净$ 为大同县京津风沙源一期工程对生态系统净化水质服务功能的影响，单位为元/a；J 为大同县的年降水量，单位为 mm/a；Z 为大同县京津风沙源治理工程造林地的林分蒸散量，单位为 mm/a；C 代表地表径流深，单位为：mm/a，A 为大同县京津风沙源治理工程造林地的林分面积，单位为 hm^2；K 为当地居民用自来水价格，根据大同市供排水集团有限责任公司网站显示，当地一类水即居民生活（含居民生活、学校和幼儿园）用水价格为 2.30 元/m^3。根据公式（3）和表3-2-11大同县京津风沙源治理一期工程各年份净化水质服务价值如表3-2-12所示：

表3-2-12 净化水质服务价值

Table 3-2-12 The value of water purification service

年份	调节、净化水量（万 m^3）	调节水量价值（万元）	净化水质价值（万元）	合计
2000	15.2	117.1	35.0	152.1
2001	8.6	66.3	19.8	86.1
2002	30.4	234.3	70.0	304.3
2003	137.1	1056.6	315.3	1371.9
2004	193.9	1494.4	446.0	1940.4
2005	66	508.7	151.8	660.5
2006	63	485.6	144.8	630.4
2007	156.8	1208.5	360.6	1569.1
2008	113.4	874.0	260.8	1134.8
2009	27.8	214.3	63.9	278.2
2010	133.6	1029.7	307.3	1337.0
2011	128.7	991.9	296.0	1287.9
2012	159.7	1230.8	367.3	1598.1
合计	1234.2	9512.2	5677.3	15189.5

2.2 保育土壤价值

生态系统保育土壤服务是指森林由其根系、枯枝落叶和其林冠层可以缓解地表径流对地表土壤的侵蚀作用，与此同时，提高水稳定性团聚体和土壤腐殖质，起到减少土壤养分流失和固土的作用（陈望雄，2012）。生态系统保育土壤价值可以分为两个部分，一是森林固土价值，即森林保存下来的土壤的价值，二是保育土壤的价值，即森林保存下来的营养物质的价值。所以，森林保育土壤服务价值是固土服务价值和保肥服务价值的总和。

（1）固土服务价值

本次研究中，大同县京津风沙源治理一期工程带来的生态系统固土服务价值采取费用支出法计算，公式如下：

$$V_{固} = A P_{土} \left(Y_2 - Y_1 \right) / p \qquad (3-2-4)$$

其中，$V_{固}$ 为大同县京津风沙源一期工程新造林分固土价值，单位为元/a；A 为新造林分面积，单位为 hm^2；P 土为挖取和运输单位体积土方所需费用，单位为元/m^3；Y_1 为大同县新造林地土壤侵蚀模数，单位为 $t \cdot hm^{-2} \cdot a^{-1}$；$Y_2$ 为大同县无林地的土壤侵蚀模数，单位为 $t \cdot hm^{-2} \cdot a^{-1}$；$\rho$ 为新造林地的土壤容重，单位为 t/m^3。通过调研大同县水务局得知大同县京津风沙源一期工程新造林分林地的土壤侵蚀模数为 22.52 $t \cdot hm^{-2} \cdot a^{-1}$，大同县无林地土壤侵蚀模数为 25 $t \cdot hm^{-2} \cdot a^{-1}$，山西省土壤容重在 1.1－1.4$t/m^3$ 之间，取其平均数 1.25 作为大同县林分土壤容重的估计值（李晶，2006），根据《大同县京津风沙源治理工程投资估算汇总表》挖取和运输单位体积土方所需费用为 4.99 元/m^3。根据调研数据和公式（4）可得大同县京津风沙源一期工程生态系统各年份减少土壤流失量和固土服务价值，如表 3-2-13 所示：

表 3-2-13　固土服务价值

Table3-2-13　The value of soil retention service

年份	减少土壤流失（万吨）	价值（万元）
2000	3.84	15.3
2001	8.25	32.9
2002	14.53	58.0
2003	16.63	66.4
2004	19.52	77.9
2005	20.65	82.4

年份	减少土壤流失（万吨）	价值（万元）
2006	21.44	85.6
2007	21.73	86.8
2008	21.94	87.6
2009	22.10	88.2
2010	22.26	88.9
2011	22.53	89.9
2012	22.70	90.6
合计	238.13	950.6

大同县京津风沙源治理一期项目除了通过植树造林缓解雨水对土壤的侵蚀作用，还通过一系列的水保项目有效地控制了水土流失。根据大同县水利局提供的数据，大同县京津风沙源治理一期工程期间其余水土保持治理项目减少土壤侵蚀量 9.47 万吨，根据公式（4）可知产生了固土服务价值 47.3 万元，因此，大同县京津风沙源治理一期工程截至 2012 年年底共产生生态系统固土服务价值 997.9 万元。

（2）保肥服务价值

本次研究中，大同县京津风沙源治理一期工程带来的生态系统固土服务价值采取市场价值法计算，公式如下：

$$V_{肥} = A\ (Y_2 - Y_1)\ (\frac{NP_n}{R_n} + \frac{PP_p}{R_p} + \frac{KP_k}{R_k}) \tag{3-2-5}$$

其中 $V_{肥}$ 为大同县京津风沙源一期工程造林林分保肥服务价值，其单位为元/a；A 为大同县京津风沙源治理工程新造林分面积，单位为 hm^2；Y_1 为大同县京津风沙源治理工程新造林地土壤侵蚀模数，单位为 $t \cdot hm^{-2} \cdot a^{-1}$；$Y_2$ 为大同县无林地土壤侵蚀模数，单位为 $t \cdot hm^{-2} \cdot a^{-1}$；N 为大同县京津风沙源治理工程林分土壤平均含氮量，单位为%；P 为林份土壤平均含磷量，单位为%；K 为林分土壤平均含钾量，单位为%；P_n、P_p 为磷酸二铵化肥价格，P_k 分别为氯化钾化肥价格，单位均为元/t；R_n、R_p 分别为磷酸二铵化肥中含氮量（14.0%）和含磷量（15.01%），R_K 为氯化钾化肥中含钾量（50.0%），单位为%。

大同县京津风沙源一期工程造林地林分土壤中的氮、磷、钾含量参考山西省重点公益林研究结果分别取值 0.213%、0.061%、1.861%（李晶，2006），氯化钾化肥和磷酸二铵化肥的市场价格分别取 2200 元/t 和 2400 元/t（陈祥义，2011），可得大同县京津风沙源一期工程各年份生态系统保肥服务价值，如表 3 –2 –14 所示：

表 3 – 2 – 14　保肥服务价值

Table3 – 2 – 14　The value of fertilizer conservation service

年份	生态系统土壤保肥量（吨）			保肥服务价值（万元）
	氮（N）	磷（P）	钾（K）	
2000	81. 86	23. 44	715. 23	314. 7
2001	175. 66	50. 31	1534. 23	675. 3
2002	309. 47	88. 63	2703. 86	1189. 7
2003	354. 20	101. 44	3094. 64	1361. 6
2004	415. 82	119. 08	3633. 06	1598. 5
2005	439. 77	125. 94	3842. 27	1690. 6
2006	456. 67	130. 78	3989. 96	1755. 6
2007	463. 01	132. 60	4045. 34	1779. 9
2008	467. 23	133. 81	4082. 26	1796. 2
2009	470. 76	134. 82	4113. 05	1809. 7
2010	474. 28	135. 83	4143. 83	1823. 3
2011	479. 92	137. 44	4193. 07	1845. 0
2012	483. 44	138. 45	4223. 86	1858. 5
合计	5072. 07	1452. 57	44315. 13	19498. 7

注：数据来源大同县水利局。

2.3 净化空气服务价值

本文在大同县京津风沙源治理一期工程生态系统净化空气服务价值评估中，主要研究生态系统吸收二氧化硫、氟化物、氮氧化物和阻滞降尘服务价值，采取费用支出法进行评估，其计算公式为：

$$V_1 = A_i P_i X_i \tag{3 – 2 – 6}$$

其中 $V_净$ 为大同县京津风沙源一期工程生态系统净化空气服务的价值，单位为元/a，A_i 为不同林分的面积，单位为 hm^2，P_i 分别为治理二氧化硫、氟化物、氮氧化物费用以及降尘清理费用，单位为元/kg，X_i 分别为单位面积林分每年吸收二氧化硫、氟化物、氮氧化物以及阻滞降尘量，单位为 $kg \cdot hm^2 \cdot a^{-1}$。

本文中选取大同县京津风沙源治理一期工程主要的新造林柠条、杨树、油松和杏树，评估其净化空气服务价值。柠条属于灌木林，其吸收二氧化硫量为 $92.09 \text{kg} \cdot \text{hm}^2 \cdot \text{a}^{-1}$，吸收氟化物量为 $3.40 \text{kg} \cdot \text{hm}^2 \cdot \text{a}^{-1}$，吸收氮氧化物量为 $5.82 \text{kg} \cdot \text{hm}^2 \cdot \text{a}^{-1}$，滞尘量为 1.42 万 $\text{kg} \cdot \text{hm}^2 \cdot \text{a}^{-1}$；杏树属于经济林，其吸收二氧化硫量为 $83.93 \text{kg} \cdot \text{hm}^2 \cdot \text{a}^{-1}$，吸收氟化物量为 $2.84 \text{kg} \cdot \text{hm}^2 \cdot \text{a}^{-1}$，吸收氮氧化物量为 $4.84 \text{kg} \cdot \text{hm}^2 \cdot \text{a}^{-1}$，滞尘量为 2.07 万 $\text{kg} \cdot \text{hm}^2 \cdot \text{a}^{-1}$（王兵等，2011）；杨树吸收二氧化硫量为 $107 \text{kg} \cdot \text{hm}^2 \cdot \text{a}^{-1}$，吸收氟化物量为 $4.2 \text{kg} \cdot \text{hm}^2 \cdot \text{a}^{-1}$，吸收氮氧化物量为 $5.0 \text{kg} \cdot \text{hm}^2 \cdot \text{a}^{-1}$，滞尘量为 0.98 万 $\text{kg} \cdot \text{hm}^2 \cdot \text{a}^{-1}$；油松吸收二氧化硫量为 $510 \text{kg} \cdot \text{hm}^2 \cdot \text{a}^{-1}$，吸收氟化物量为 $20 \text{kg} \cdot \text{hm}^2 \cdot \text{a}^{-1}$，吸收氮氧化物量为 $6 \text{kg} \cdot \text{hm}^2 \cdot \text{a}^{-1}$，滞尘量为 5.2 万 $\text{kg} \cdot \text{hm}^2 \cdot \text{a}^{-1}$（孙颖等，2009）。根据国家发改委颁布的《排污费征收标准及计算方法》中的污染物治理收费标准，治理二氧化硫费用为 1.20 元/kg，治理氟化物收费标准为 0.69 元/kg，治理氮氧化物的收费标准为 0.63 元/kg，治理一般性粉尘的收费标准为 0.15 元/kg。根据以上数据和表 3 - 3 中大同县京津风沙源治理一期工程新造林主要林分面积可得其生态系统净化空气服务价值，如表 3 - 2 - 15 所示：

表 3 - 2 - 15 净化空气服务价值

Table 3 - 2 - 15 The value of air purification service

单位：万元/Unit：ten thousand yuan

年份	吸收二氧化硫价值	吸收氟化物价值	吸收氮氧化物价值	降尘价值	合计
2000	17.7	0.5	0.7	417.5	436.4
2001	40.2	1.2	1.6	951.9	994.8
2002	138.2	3.9	5.2	3097.5	3244.8
2003	235.2	5.8	7.7	4582.8	4831.5
2004	336.0	8.2	10.9	6472.6	6827.6
2005	419.9	9.8	13.1	7751.8	8194.6
2006	476.0	11.7	15.1	9009.1	9511.9
2007	547.3	12.5	15.9	9482.7	10058.4
2008	577.2	13.1	16.5	9833.3	10440.0
2009	603.0	13.5	16.9	10079.9	10713.2
2010	620.6	14.0	17.4	10410.9	11062.9
2011	644.7	14.5	18.0	10741.9	11419.1

年份	吸收二氧化硫价值	吸收氟化物价值	吸收氮氧化物价值	降尘价值	合计
2012	668.8	15.1	18.5	11072.9	11775.2
合计	5324.6	123.7	157.7	93904.6	99510.6

3. 支持服务价值评估

大同县京津风沙源治理一期工程生态系统服务中的支持服务主要为固碳释氧服务，由光合反应化学方程式：可知森林生态系统需要吸收 1.63 吨 CO_2 才可以生产出 1 吨干物质，同时释放出 1.19 吨 O_2。本文采用《森林生态系统服务功能评估规范》中的市场价格法计算大同县京津风沙源治理一期工程森林固碳释氧服务价值，固碳服务和释氧服务价值计算公式如下：

$$V_1 = 1.63 A_i P_1 R_1 B_i \qquad\qquad (3-2-7)$$
$$V_1 = 1.19 P_1 A_i B_i \qquad\qquad (3-2-8)$$

其中 $V_{碳}$ 为林分每年固碳服务的价值，单位为元/a；A_i 为不同林分的面积，单位为 hm^2；$P_{氧}$ 为氧气的价格，单位为元/t；$P_{碳}$ 为林分固碳的价格，单位为元/t；$R_{碳}$ 为二氧化碳中碳的含量（27.27%）；B_i 为大同县京津风沙源治理工程不同林分每年的净生产力，单位为 $t \cdot hm^{-2} \cdot a^{-1}$。

选取大同县京津风沙源治理主要树种柠条、杨树、油松进行固碳释氧服务价值研究，其中，油松的净生产力估计值为 $1.11 t \cdot hm^{-2} \cdot a^{-1}$（邱扬等，1999），杨树的净生产力的估计值为 $12.16 t \cdot hm^{-2} \cdot a^{-1}$（陈军等，2007），柠条的净生产力估计值为 $0.35 t \cdot hm^{-2} \cdot a^{-1}$（李小芳等，2007），林分固碳价格参考瑞典碳税率价格为 1200 元/t（林清山，2010），氧气价格采用 800 元/t（苏迅帆，2008），结合表 3-3 中大同县京津风沙源治理一期工程各主要树种每年的种植量，可以估算出大同县京津风沙源治理一期工程生态系统固碳服务价值如表 3-2-16 所示：

表 3 - 2 - 16 固碳服务价值

Table 3 - 2 - 16 The value of carbon sequestration service

单位：万元/Unit：ten thousand yuan

年份	固碳服务价值			合计
	柠条	杨树	油松	
2000	29.9	0.0	5.8	35.7
2001	53.7	0.0	20.1	73.8
2002	188.9	898.0	42.9	1129.7
2003	278.1	1468.1	61.8	1808.0
2004	390.6	1960.3	91.7	2442.6
2005	462.8	2001.2	124.4	2588.4
2006	494.7	2150.1	183.4	2828.1
2007	507.1	2236.5	207.1	2950.7
2008	513.3	2323.0	226.8	3063.2
2009	519.6	2409.2	238.6	3167.7
2010	525.8	2409.5	258.4	3193.7
2011	532.0	2409.5	278.1	3219.6
2012	538.2	2409.5	297.9	3245.6
合计	10069.3	45350.5	4074.1	29746.9

同理，可以得到大同县京津风沙源治理一期工程每年生态系统释氧服务价值，如表 3 - 2 - 17 所示：

表 3 - 2 - 17 各年份造林地释氧服务价值

Table 3 - 2 - 17 The value of oxygen release service

单位：万元/Unit：ten thousand yuan

年份	释氧服务价值			合计
	柠条	杨树	油松	
2000	53.3	—	10.4	63.7
2001	95.8	—	35.9	131.7
2002	337.1	1602.6	76.5	2016.2
2003	496.3	2620.2	110.3	3226.9
2004	697.1	3498.6	163.7	4359.5

年份	释氧服务价值			合计
	柠条	杨树	油松	
2005	826.0	3571.8	222.0	4619.8
2006	882.9	3837.4	327.3	5047.6
2007	905.1	3991.7	369.6	5266.4
2008	916.2	4146.1	404.8	5467.1
2009	927.3	4300.4	425.9	5653.7
2010	938.4	4300.4	461.2	5700.0
2011	949.5	4300.4	496.4	5746.3
2012	960.6	4300.4	531.6	5792.7
合计	8985.7	40470.1	3635.7	53091.5

4. 大同县京津风沙源治理工程生态系统服务总价值

通过上文对大同县京津风沙源治理工程生态系统服务功能价值评估研究可知，工程实施期间带来的生态系统服务总价值为242073.1万元，其中供给服务价值为13195.8万元（供给木材价值11664.2万元，供给经济林产品价值1531.6万元），涵养水源服务价值为26031.7万元（调节水量服务价值10842.2万元，净化水质服务价值15189.5万元），保育土壤服务价值为20496.6万元（固土服务价值997.9万元，保肥服务价值19498.7万元），净化空气服务价值为99510.6万元，固碳释氧价值为82838.4万元（固碳服务价值29746.9万元，释氧服务价值53091.5万元），各类生态系统服务占比如图3-2-5所示：

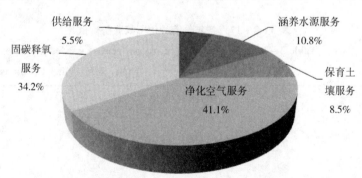

图3-2-5　生态系统服务价值构成

Fig. 3-2-5　The proportion of each ecosystem service's value

大同县京津风沙源治理一期工程期内（2000—2012）生态系统服务总价值为204551万元，占工程期内大同县地区生产总值（1460355万元）的比例为13.8%。将大同县京津风沙源治理一期工程木材供给价值在工程期历年内平均分配后可以估算出工程期每年生态系统服务价值与地区生产总值的比例如图4-2-6所示，可以看出工程实施的第一年生态系统服务价值与地区生产总值的比例最低，为3.1%，而随着工程的实施该比例显著增加，始终稳定在10%以上，并且在2004年和2009年该比例超过20%，分别为22.2%和20.6%。

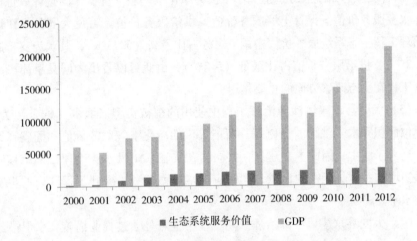

图 3-2-6 生态系统服务价值与地区生产总值对比

Fig. 3-2-6 The total value of ecosystem service and GDP

四、基本结论与讨论

1. 主要结论

大同县京津风沙源治理工程通过供给服务、调节服务、支持服务为人们提供福利，科学地评估大同县京津风沙源治理一期工程生态系统服务价值对于深刻认识工程的生态意义具有重要的意义。本文以生态系统服务理论为基础，在实地调研收集相关一手数据的基础上，通过专家评分构建了大同县京津风沙源治理工程生态系统服务价值评估指标，综合运用影子工程法、市场价格法、费用支出法等方法对大同县京津风沙源治理工程生态系统服务价值各项指标进行了价值评估，主要结论如下：

（1）大同县京津风沙源治理一期工程实施期间带来的生态系统服务总价值为242073.1万元，工程期内生态系统服务总价值与大同县地区生产总值的比例为13.8%，其中供给服务价值为13195.8万元，调节服务价值为146038.9万元（涵养水源服务价值为26031.7万元，保育土壤服务价值为20496.6万元，净化空气服务价值为99510.6万元），支持服务价值为82838.4万元（固碳服务价值29746.9万元，释氧服务价值53091.5万元）；

（2）大同县京津风沙源治理工程生态系统服务中净化空气服务的价值比重最高，为41.4%，其次为固碳释氧服务价值，所占比重为34.2%，涵养水源服务务和保育土壤服务的价值占比分别为10.8%和8.4%，供给服务价值占比最低为5.5%。各类生态系统服务价值大小依次为净化空气服务价值＞固碳释氧价值＞涵养水源服务价值＞保育土壤服务价值＞供给服务价值。可见大同县京津风沙源治理工程生态系统服务价值中调节服务占比最高（60.3%），其次为支持服务（34.2%），供给服务价值占比最低（5.5%），由此可以看出大同县京津风沙源治理工程在生态改善方面的重要作用；

（3）大同县京津风沙源治理工程中使用的植被类型以灌木（柠条）为主，而单位面积乔木（油松、杨树等）所能提供的净化空气服务价值和固碳释氧价值远远大于灌木，因此本文建议，大同县在实施京津风沙源治理二期工程时应该适当增加乔木林所占的比重，同时应丰富树种类型，提升工程区内的生物多样性水平。

（4）大同县京津风沙源治理一期工程中重点是通过林业措施、水保措施等进行生态恢复，而对生态游憩和消遣有所忽视，因此，大同县京津风沙源一期工程带来的文化价值并不显著，本文建议，大同县京津风沙源二期工程应在生态恢复的过程中将生态与旅游休闲相结合，在生态改善的同时提供森林游憩、消遣等生态系统服务，从而完善京津风沙源治理工程的生态系统服务结构。

2. 讨论

本研究有以下几方面不足：首先，本文对大同县京津风沙源治理工程中的重点措施即林业措施和水利措施带来的生态系统服务价值做了系统全面的评估，但是由于评估方法及数据可得性所限，对次要措施如农业措施的生态系统服务价值的评估尚不完善；其次，京津风沙源治理工程作为生态恢复工程对生态系统结构的改变十分复杂，其生态系统服务价值受到林龄、林种以及与其他生态系统相互作用等因素的影响，由于详细监测数据的缺乏，本文在其生态系统服务价值评估参数选择方面尽管借鉴使用了行业标准或权威的研究成果，但是也只是一个粗线条的分析和评估；最后，京津风沙源治理工程作为生态恢复工程在实施过程中存在林种、物种结构单一的问题，对生态系统生物多样性问题缺乏重视，由此带来的对生态系统服务价值的负影响未在本文中得到科学的评估。

第三节　内蒙古商都县京津风沙源治理工程生态影响价值评估

商都县属沙源工程农牧交错治理区，位于内蒙古后山地区，气候较为干旱，常年气温偏低，地下水埋藏较深，生态环境较为恶劣。当地经济以农业为主，农牧夹杂，经济发展与环境保护间矛盾较为突出。商都县的这些特性集中代表了沙源工程区域的生态环境脆弱，经济发展与环境保护不协调等问题，在沙源工程农牧交错治理区有具有典型性。

一、内蒙古商都县概况及京津风沙源治理工程实施情况

1. 自然地理情况

1.1 地理位置与地貌特征

商都县位于乌兰察布市北部。地处阴山北麓（后山地区）。全县辖6个镇3个乡，土地总面积4353平方公里。县境地势由西北向东南逐渐倾斜（图3-3-1），西北部、中部多为山地丘陵区，东南部则以河滩川地平原为主。其中，中北部浅山丘陵占土地总面积的64.8%，而南部平原占土地总面积的33.4%；其他占1.8%。

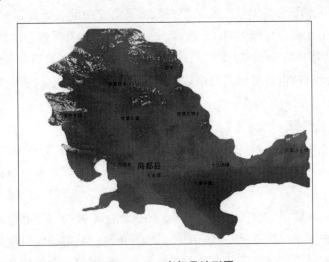

图3-3-1　商都县地形图

Fig. 3-3-1　Shangdu County Topography

1.2 自然资源

（1）土壤资源

商都县土壤分栗钙土、草甸土、沼泽土、盐碱土、灰褐土共 5 个土类、其中栗钙土为最多，栗钙土表层结构松散，含沙量大，土层厚度为 30cm 左右占总土地面积的 93.3%；草甸土占 5.74%；盐碱土占 0.53%；灰褐土占 0.4%；沼泽土占 0.03%。土壤质地为沙壤土，PH 值为 7.5—8，平均有机质含量为 0.6—1%，含氮 0.1—0.15%，速效磷 3—5PPM，速效钾 100—150PPM。

（2）水资源

商都县属内蒙古干旱草原地质分布的一部分，处于区域性地下水的补给、径流及排泄带口，大气降水是其主要补给来源。商都县水资源较为贫乏，地表水以河流湖泊为主。发源于或流经商都县的有铜轱辘河、不冻河、五台河、六台河等较大河流共 11 条，均为内陆河。商都县地表水系不发育，其径流较为贫乏，除不冻河、五台河常年有微量基流外，其余均为季节性洪水河流，雨季山洪暴发流量骤增，如不冻河集水面积 543km^2 长达 85km，根据不冻河水文站观察资料统计，多年平均流量为 0.082 m^3/s，基流模数为 2100 m^3/a×km^2，洪水季节最大流量可达 1004m^3/s。本区地表水系除铜轱辘河为由南向北流出境外，其余均由北向南流入商都盆地，最终注入察汗淖。

商都县共有大小湖泊 40 处，大部分为季节性湖泊。2006 年，内蒙古牧科院测算，商都县地下水总储量 5.8 亿立方米，聚集于山间盆地及丘间宽谷地带。多年平均地下水资源量为 9734.64 万 m^3/a，年地下水可开采量为 8181.61 万 m^3/a，占地下水总补给量 12577.85 万 m^3/a 的 65.05%，且主要集中在东南部的不冻河和五台河流域以及西北部的铜轱辘河两侧，水质较好，适于农田灌溉和人畜饮水。

（3）植被资源

商都县主体植被类型为干草原，由丛生禾草、根茎禾草和稀疏灌丛组成。植被普遍低矮稀疏，覆盖度较低，种类单纯，普遍具有旱生形态结构和适应干草原气候的生活型。天然草地种类以禾本科、菊科、豆科及蔷薇科植物为主，如蒿类、碱草、针茅、黄芪、萎陵菜等；而天然灌木种类主要有锦鸡儿和华北驼绒藜，其中又以柠条分布最为广泛，在水分条件较好的低洼湿地分布有白刺丛。天然乔木林主要分布于低山及沟谷地带，有充足的水肥供应，主要树种是大果榆、柄扁桃、小叶鼠李、枸子木。

1.3 气候特征及主要生态问题

商都县属半干旱大陆性季风气候，多年平均气温 3.1℃。无霜期为 115—170

天，气候较为寒冷；干燥少雨、且季节分配不均，年平均降水量 306.7 毫米，7—9 月降水即可占全年降水量的 70% 以上，年均蒸发量 2107.3 毫米；风能资源丰富，全年平均大风日数 67.1 天，平均风速 4.6 米/秒，最大风速达 40 米/秒，易引起风沙灾害。

表 3 - 3 - 1　商都县气象数据

Table 3 - 3 - 1　Shangdu county meteorological data

	年降水量（毫米）	年蒸发量（毫米）	年平均气温（℃）
2000 年	278.8	1919.1	4
2001 年	282.2	2165	5
2002 年	295.1	1869.6	4
2003 年	505.3	1579.8	4.1
2004 年	399.4	1756.9	4.8
2005 年	256	1875.9	4.2
2006 年	189.5	2109	5.1
2007 年	214.6	1954.7	5.6
2008 年	306.7	1763.9	4.4
2009 年	225.6	1763.9	4.7
2010 年	424.3	1745.8	4.2
2011 年	207.1	1784.8	4.2
2012 年	—	—	—

注：资料来源于商都县发展改革委员会；2012 年以后数据实地调查时尚未汇总，故缺失。

商都县的自然地理环境决定了其气候综合特点为：干旱风沙大、土质疏松肥力差、植被稀疏产量低、地下水少开采难、生态脆弱易恶化。加之多年来不合理的开发利用，虽然全县的农耕史仅百余年，但生态环境却遭到了严重的破坏。

（1）风蚀沙化严重

商都县 2002 有各类风蚀沙化土地 155.32 万亩，占全县总土地面积的 24.9%，其中风蚀面积 143.18 万亩，沙化面积 12.14 万亩。耕地中风蚀沙化面积 87.21 万亩，占风蚀沙化总面积的 56.1%，历年来被迫弃耕的土地达 50 余万亩。

（2）水土流失严重

全县 2002 年水土流失面积 391.44 万亩，占总面积的 60%。严重的水土流失，使土地日渐贫瘠，产量不断下降，使大片土地被侵蚀沟切割的支离破碎，表层肥沃土层被冲走。全县水土流失面积、侵蚀强度、危害程度呈现进一步加剧趋势。

（3）草场植被退化沙化加剧

2002 年全县 235.2 万亩草场中，严重退化沙化的无效草场面积高达 100.7 万亩，占草场总面积的 42.8%。草场载畜量逐年减少，草畜矛盾日益突出。

（4）生物多样性受到严重破坏

恶劣的自然环境，使天然植被遭到严重破坏，打破了物种平衡，形成了新的风蚀沙化土地，并有扩展的趋势，使得本地区蝗灾、旱灾、动物植被病虫害频繁发生。

2. 社会经济情况

全县总人口 34.25 万人，其中居住在城镇的人口为 6.21 万人，占总人口的 18.16%；居住在乡村的为 28.04 万人，占总人口的 81.84%，农业劳动力 15.87 万个。

2012 年全县 GDP 为 52 亿元，相较工程开始的 2000 年提高 459.13%；财政收入达到 2.2 亿元，比 2000 年增长 266.6%；全社会固定资产投资 30 亿元，高出 2000 年 5322 万元 55 倍；2012 年第一产业增加值达到了 10.8 亿元，比工程前的 4.8 亿元增长 122.5%；全县第三产业增加值完成 17.2 亿元，工程初的 2.1 亿元增长 719%。社会消费品零售总额达到 22.4 亿元，比工程初的 2.4 亿元增长 833.3%；城镇居民人均可支配收入达 16970 元，比 2000 年的 3928.8 元增长 331.9%；农民人均纯收入达 4480 元，比 2000 年 2101.49 元仅增长 113.18%。相较于第二、三产业，第一产业发展相对滞后，阻碍了地区社会整体发展水平的提升。

3. 京津风沙源治理工程实施情况

商都县沙源工程从 2000 年开始实施，一期工程持续到 2013 年结束。商都县沙源工程按照区域生态问题治理重点，将工程治理区划分为风蚀沙化、水土流失、风蚀水蚀复合侵蚀区，并安排针对性的工程治理治理措施。

风蚀沙化治理区：该区主要分布于商都县北部，包括西井子、大库伦和卯都乡等三个乡镇，年均气温 1.8—2.5 度，无霜期 90d，年降水量仅为 280mm，属较严重发展中沙漠化地带。主要灾害是风蚀沙化引起的土地沙化、草场退化，并且已经出现了砾石化、风蚀洼地、风蚀残丘等风蚀地貌和潜层沙堆、沙滩、坡积沙、平积沙等沙化地貌，属于中、重度风蚀沙化。商都县通过实施人工造林和封山育林措施，对天然林进行围封改良，以扩大森林覆盖度。

水土流失治理区：该地区主要位于县境内的中部地区，年均气温 2.2—2.9℃，无霜期 100 天，年降水量 300—320mm。该地区地势较高，起伏不平，以浅山、丘陵为地貌主体，沟壑遍地，土地破碎，水土流失严重，中度沙化土地分布广泛，水蚀、风蚀及复合侵蚀严重。该地区的工程措施以小流域为单元，采用生物措施为主，结合非生物的人工工程的综合治理方式。主要内容是完善以坡面整地工程，开展小流域治理工程。

风蚀水蚀复合侵蚀治理区：该区年均气温 3.0—4.5 度，无霜期 100—107 天，年降水量 340—360mm。地势较低，地形平坦，滩川地较多。但由于地势平坦，排水不畅，加之耕作粗放，致使土地沙化、盐碱化比较严重。风蚀、水蚀皆有不同程度发生，表现为轻、中度。该地区的工程建设的措施是综合运用人工造林、种草、封山育林、围栏封育的等措施，因地制宜种植乔木、灌木、草场；并对已有水利设施进行改造，部署节水灌溉设施。通过以上措施，控制项目区风蚀沙化和水土流失面积，减轻生态环境压力，改善自然环境状况的，同时提高农村居民生活水平。

商都县沙源工程措施分四大类型，分别是林业措施、草地治理措施、水利水保措施以及生态移民措施，此外，工程措施还包含配套的人工增雨作业以增加工程造林种草成活率。各项措施年投资情况如表 3-3-2：

表 3-3-2　工程措施投资情况

Table 3-3-2　The investment of engineering measures　（单位：万元）

年份	林业措施国家投资	草地治理措施国家投资	生态移民国家投资	水利水保措施国家投资	人工增雨国家投资	管理费用国家投资	国家总投资	地方自筹	工程总投资
2000	800	—	—	—	—	—	800	—	800
2001	833	245	—	392	—	30	1500	—	1500
2002	980	423	—	565	50	42	2060	609	2669
2003	763	699	—	585	—	15	2062	939	3001
2004	475.7	752	500	420	15	21	2184	541.5	2725.5
2005	396	545	396	527	18	18	1901	325	2226
2006	500	514	300	528	—	18	1860	548	2408

续表

年份	林业措施国家投资	草地治理措施国家投资	生态移民国家投资	水利水保措施国家投资	人工增雨国家投资	管理费用国家投资	国家总投资	地方自筹	工程总投资
2007	500	93	140	305	—	10	1048	164.5	1212.5
2008	1020	400	—	500	—	20	1940	1395	3335
2009	1190	220	—	360	—	18	1788	—	1788
2010	1140	245	—	920	—	23	2328	740	3068
2011	990	—	—	250	—	12	1252	—	1252
2012	1140	—	—	—	—	10	1150	265	1415
2013	246	240	—	277	—	4	767	607	1374

注：数据来源于商都县发展改革委员会

3.1 林业措施

根据京津风沙源工程项目分类①，商都县沙源工程一期中的林业措施包括退耕还林和营造林两大类型。其中退耕还林类型包括退耕还林项目和荒山荒地造林②项目，即通过财政补贴方式，引导退耕农户在原有耕地和配套荒山荒地上进行植苗造林及管护。而营造林措施主要通过服务承包方式，委托有资质的相关组织进行高质量造林，包括人工造林项目、封山育林项目与飞播造林项目等。其中由于农田防护林对当地农业生产有较大作用，原属人工造林项目所造农田防护林林种单独列出并进行核算。对植被条件较好的封山育林项目，根据因地制宜原则实施以封代造，节约了工程投入。此外，为保证工程所需灌草种子以及造林苗木的及时保质保量供应，林业措施中还包含有种苗基地项目。各工程措施任务如表3-3-3所示。

---

① 工程项目分类参考"百度百科"中京津风沙源治理工程条目所用分类体系。
② 2006年后京津风沙源治理工程中不再包含退耕还林项目，仅在2008、2009年包含部分配套荒山荒地造林项目。

表 3 - 3 - 3　商都县京津风沙源工程林业措施实施面积

Table 3 - 3 - 3　Beijing and Tianjin sandstorm source project of forestry measures of Shangdu county area　　　　（单位：万亩）

年份	人工造林	人工造林中农田防护林	封山育林	以封代造	飞播造林	种苗基地	退耕还林	配套荒山荒地造林
2000	8.00	—	—	—	—	—	—	—
2001	10.80	—	2.11	—	1.00	0.015	3.00	—
2002	2.70	0.50	4.00	—	4.10	0.02	10.00	10.00
2003	1.30	1.30	5.00	—	2.00	—	9.00	9.00
2004	0.40	—	4.00	—	1.00	—	5.00	5.00
2005	0.70	0.70	3.00	1.00	1.00	—	2.00	1.00
2006	1.50	—	5.00	—	—	—	2.04	1.96
2007	3.60	—	2.00	—	—	—	—	—
2008	6.00	—	6.00	1.00	—	—	—	1.00
2009	7.00	—	—	—	—	—	—	1.00
2010	4.25	—	7.00	—	—	—	—	—
2011	5.50	—	3.00	—	—	—	—	0.40
2012	7.50	—	3.00	—	—	—	—	—
2013	2.30	—	—	—	—	—	—	—
合计	61.55	2.50	51.11	2.00	9.10	0.035	31.04	29.36

注：数据来源于商都县林业局；本研究根目的在于生态影响，故将人工造林试点补贴项目面积计入人工造林面积中。

（1）退耕还林类措施

商都县境内分布有大量的沙化、砾质化土地，许多土地经过多年耕作，水土流失作用不断侵蚀本已薄弱的土壤层，加之旱作农田广种薄收、产量低而不稳，大量施肥造成盐碱化严重。商都县对易造成水土流水的坡耕地、沙荒地和盐碱地实施退耕还林类措施，通过粮食和资金补贴引导农民停止耕种，在其承包的耕地及宜林荒山荒地上种植林草植被。根据当地的自然条件和经济发展需求，退耕还林地林种主要为防风固沙林，树种主要以灌木为主、乔木为辅的树种结构。其中灌木林以柠条为主，占总退耕还林类措施面积的 87.78%；乔木林及乔灌混交林仅3.44万亩，占5.7%。

表3-3-4　退耕还林类措施造林树种
Table 3-3-4　Tree species for returning farmland to forests（单位：万亩）

	退耕地造林	配套荒山荒地造林	退耕还林总计
白榆	0.02		0.02
枸杞	0.11	0.16	0.27
枸杞/杨		0.01	0.01
怪柳		0.14	0.14
柠条	18.20	21.75	39.95
柠条/草	8.77	4.30	13.08
柠条/沙棘	0.08		0.08
柠条/山杏	0.12	1.21	1.32
柠条/榆树	0.08		0.08
山杏	1.17	0.92	2.09
文冠果	0.04		0.04
杨树	0.48	0.14	0.62
杨树/草	0.04		0.04
杨树/柠条	0.08		0.08
杨树/榆树	0.42		0.42
榆树	1.14	0.39	1.54
榆树/柠条	0.30		0.30
樟子松		0.35	0.35
总计	31.04	29.36	60.40

注："树种1/树种2"表示方式为混交林，后表采用相同方式表示。

（2）营造林类措施

营造林类措施共造林123.76万亩，所包含的工程项目中人工造林项目所占比重最大，为49.7%，其次为封山育林项目，占42.9%，最后为飞播造林项目，占7.4%。

人工造林项目主要在距离居民区较远的荒山荒地区域实施，由于立地条件相对较差，为保证造林质量，工程管理部门组织专业造林队伍进行施工，并根据不同治理区位的立地条件，选择乡土树种，适当引用外来树种，以科学的造林模式和林种进行营林造林作业，2000—2013 年累计造林 61.55 万亩。林种主要包括防风固沙林和农田防护林两类，分别占 95.9% 和 4.1%。

防风固沙林主要为灌木，占 78.1%，乔木占 21.9%。灌木采用柠条、山杏、沙棘、枸杞等耐旱又有一定经济价值的品种，并采用疏植造林方式以保证成活，主要造林树种为灌木小叶锦鸡儿（柠条），占灌木人工造林面积的 86.4%，其次为沙棘、枸杞、山杏、怪柳等。乔木包括山桃、杨树、樟子松、榆树、云杉、文冠果等耐寒抗旱树种，分别占乔木林总面积的 41.5%、30.7%、16.6%、7.2%、3.4% 和 0.6%。灌木林采取直播方式，一般为每亩 111 株，乔木林造林模式一般为每亩 83 株，个别干旱年份灌木每亩 83 株，乔木林每亩 55 株。造林成功后，进行封禁，避免人畜毁坏而影响造林成果。

商都县作为农业县，风蚀水蚀导致的水土流失使得农业生产遭受巨大损失，农田防护林对缓解农业生产对生态压力有显著作用。农田防护林以杨树为主要树种，辅之以灌木柠条，形成高低搭配，建立网格状的农田防护林体系，采用疏透结构，间隔宽度 150—250m，主副林带内一般可控制 200—300 亩农田，林地占地面积为总面积的 13%（高文然，宋利云，2003）。

表 3-3-5　沙源工程造林各树种、林种面积

Table 3-3-5　The tree species, forest area　　　　　　（单位：万亩）

	人工造林	农田防护林
枸杞	0.75	
怪柳	0.76	
柠条	42.97	
柠条/枸杞	0.32	
柠条/山杏	1.19	
山桃	5.36	
山杏	0.13	
文冠果	0.08	
杨树	3.97	
杨树/柠条	2.50	2.50
榆树	0.93	
云杉	0.44	
樟子松	2.14	
总计	61.55	2.50

　　注：乔灌混交林比例为 1：2，灌木混交林为 1：1；2000—2002 年 21 万亩人工造林小班表因时间久远无法获取，经林业部门同意可以以 2003 年以后工程树种比例推算其造林树种、林种构成；数据来源商都县林业局

　　商都县选择生态环境恶劣，植被退化明显，水土流失或严重，但植被仍有自我恢复能力的区域，开展封山育林和以封代造工作。商都县根据工程区立地条件，选取有灌木灌草生长，原有灌木覆盖度在 15%—20% 之间，有生长稳定的灌木丛每公顷 250 株以上，且符合封育标准相对集中的地区进行封山育林，人工补播柠条，保证每亩灌丛不低于 100 株。封育区实行封禁，并设专职管护人员，监控并防治林地病虫害的发生。在 4—6 年的封育期内，禁止放牧，割草和其它一切不利于植物生长繁育的人为活动。

　　商都县飞播造林选择地形地貌、地质土壤、水热条件等自然立地条件适宜，区块集中、面积较大的荒山荒地、沙荒地等造林地进行飞播造林作业。选用柠条、杨柴、沙蒿、沙打旺、沙米等进行混播造林，实行围栏封禁和管护，保证造林成效标准，封禁期一般为 5 年。

3.2 草地治理措施

　　商都县作为农牧交错地带，畜牧业在农业生产中占有较大比重，并且在当地农业限制开发的前提下，是农业结构现代化转型，农牧区居民创收的重要方向。京津风沙源治理工程一期的农业措施主要包括人工种草、围栏封育、基本草场建设、草种基地、暖棚建设和饲料机械购置。各年度草地治理措施完成量如 3 - 3 - 6 所示：

表 3 - 3 - 6　商都县历年草地治理措施完成情况

Table 3 - 3 - 6　The completion of the task of governance of grassland

时间	人工种草（万亩）	围栏封育（万亩）	基本草场（万亩）	草种基地（万亩）	暖棚（万平方米）	饲料机械（套）
2002	3.45	0.95	—	—	—	—
2003	3.5	0.6	0.5	0.08	—	—
2004	3	2.8	0.5	0.06	2	350
2005	—	—	—	—	4.37	75
2006	0.5	2	—	—	2.6	250
2007	0.5	2	—	—	1.53	875
2008	—	—	—	—	0.5	90

时间	人工种草（万亩）	围栏封育（万亩）	基本草场（万亩）	草种基地（万亩）	暖棚（万平方米）	饲料机械（套）
2009		4	—	—	1.2	300
2010		1	—	—	1	150
2011		2	—	—	1.1	—
2013	0.125			—	—	1100
合计	11.075	15.35	1	0.14	14.3	3190

注：数据来源于商都县发展改革委员会。

（1）围栏封育

商都县重点在风蚀水蚀危害较为严重，植被稀疏、地势平坦，起伏坡度小于15度，水土条件较好的地带，开展围栏封育建设。内容包括局部进行整地，补播披碱草、羊草等禾本科牧草，建立机械式网围栏实施封育。封禁5—6年，以恢复植被与草场生产力。

（2）基本草场和人工种草建设

商都县选择选择在地势平坦、交通便利、土质肥沃，能集中连片，坡度小于10度，土层厚度40厘米以上的天然草地，开展人工种草作业。在对地块进行深耕耙磨、精细整地、施压基肥的基础上，选择高产、耐寒、耐碱，抗旱性能强，适合当地种植的多年生紫花苜蓿草种，于雨季抢墒播种，以恢复草场生产能力。并使用网围栏围封，加以管护。

基本草场基本建设内容为青贮玉米。通过在草场附近建设机电井，塘坝等水源工程，解决高产草地的汲水问题，建成以草为主，造林防护，水源灌溉功能齐备的基本草场，有效地解决冬春季节草料短缺的问题（高文然，宋利云，2003；刘黎明，张凤荣，2002）。

（3）暖棚和饲草机械

商都县在禁牧舍饲的地区帮助农牧民建设暖棚圈舍，不仅能够在平时减少牲畜采食过程的能量消耗，便于肥育和管理，降低养殖成本，并且在冬季有效保持动物体温，减少能量损失和饲草消耗，缩短牲畜肥育时间可达50%。此外，暖棚建设还有利于饲草结构优化，加大秸秆等非牧草作物利用量。由于舍饲禁牧、冬季饲草储备及青贮窖建设等，需要需要耗费大量的人工和物力，商都县为配合规模养殖业不断发展的实际，在沙源工程中大力推广农业机械，购买饲草料加工机具，分配给舍饲养殖户，降低了畜牧业生产成本，提升了农牧民收入水平。

3.3 水利水保措施

商都县地表水系不发达，可利用程度低；局部地区地下水埋藏较深，植被直接利用困难。商都县在低洼沟谷，植被破坏，风蚀水蚀作用强烈地区，在把握用水平衡的基础上，针对性地开展了沙源工程的水利水保措施建设，主要包括三个方面：水源工程、节水灌溉和小流域综合治理。解决了人畜用水困难，缓解农、林、牧业建设用水压力，恢复了生态保水保肥能力，三大措施各年份完成情况如表3－3－7所示：

表3－3－7 商都县各年份水利措施完成情况

Table 3－3－7 The completion of the task of Water Conservancy Measures

时间	水源工程（处）	节水灌溉（处）	小流域综合治理（万亩）
2001 年	—	—	—
2002 年	26	—	1.701
2003 年	—		3.72
2004 年	190	60	2.55
2005 年	100	93	1.73
2006 年	106	159	2
2007 年	110	135	2.12
2008 年	85	87	1
2009 年	120	150	1.73
2010 年		30	2.475
2011 年		220	5.25
2012 年		150	0.75
2013 年	7	—	1.2
合计	744	1084	26.22

（1）水源工程

商都县水源工程目的为解决人畜饮用水困难，为农牧业生产提供必需的水资源供给，选择在地下水资源相对丰富的东南部地区，开展机电井建设。汲取相对丰富的地下水资源。按往年每处水源工程服务农地 50 亩计算，共可为

2480hm² 农田提供灌溉服务。

（2）节水灌溉

商都县的水资源比较贫乏，商都县在沙源工程的支撑下，大力发展了管道灌溉、喷灌、微灌、蓄积自然降水、非充分灌溉等节水灌溉措施，提高水资源利用率。以每处节水灌溉设施覆盖 50 亩农地计算，可提高 3513hm² 农田的水资源利用效率。

（3）小流域治理

小流域治理工程是一项综合治理工程，植被建设包括水保林建设、封禁治理等工程类型，水利工程建设项目包括截水沟、塘坝、谷坊、沟头防护、作业路等。

①水土保持林建设

在水保林建设中，在流域内水土流失严重地区，建设人工水土保持林，辅之以坡面治理工程，挖掘水平沟与鱼鳞坑，以留蓄地表径流，加强水保林的保持水土功能，延长工程使用年限。水土保持林中的水平坑以等高线布置，平均每公顷 120 个，鱼鳞坑每公顷 240 个左右，采用柠条、山杏和沙棘混交林进行补植补造，并重点管护抚育 3 年。根据商都县 2008、2010、2011、2013 年小流域治理实际，水土保持林一般占到小流域治理面积的 51% 左右。

②封禁治理和沟头防护

为进一步增加流域内植被，减少内水土流失程度，商都县小流域治理项目选择流域范围内，植被盖度 10% 以上的林地、草地和牧荒地，进行封育，并对于退化严重的区域内适当补播柠条，促进植被自然恢复速度，并设置网围栏，计划在封育 3—5 年后，植被盖度达到 70% 时开放利用。根据商都县工程经验，封禁治理一般占到小流域治理面积的 35%。

③谷坊塘坝工程

谷坊塘坝工程包括谷坊、淤地坝、沟头防护等工程措施，均按照抵御小流域内 10 年一遇 6 小时最大降水（35.5mm）标准建设。

3.4 生态移民

商都县沙源工程生态移民措施包含住宅建设，配套水电暖设施建设，场地硬化等项目。生态移民主要面向退耕农户，选择交通方便地区建立移民新村，使生活在环境破坏严重和生态脆弱区的农民搬离了原来的居住地，实现居民由农转工，提升退耕农户收入，促进当地工商业发展的同时，减轻生态压力，拓展了林业可持续发展空间（康瑞斌，2014）。沙源工程各年份生态移民完成情况如表 3-3-8 所示：

表3-3-8 商都县历年生态移民完成情况

Table 3-3-8 Ecological migration

时间	生态移民（人）
2004	800
2005	800
2006	600
2007	280
合计	2480

注：数据来源于《商都县京津风沙源治理工程设计》。

二、生态影响识别及价值评价指标体系构建

1. 生态影响识别

本研究在搜集相关生态学资料、征求当地林业、农业和水利相关部门工作人员的基础上，采用列表清单法、专家咨询法，以不同的生态因子为主要参照，考察各类沙源工程措施对植被、土壤、大气、水体、动物等主要生态因子的影响范围和程度（Treweek，1995）。

本研究依据立地条件、原有植被条件、工程措施效果的不同，提取商都县沙源工程涉及到的主要的生境类型：人工乔木林地、人工灌木林地、人工乔灌木混交林地、人工水土保持林地、农田草场防护林地、天然灌木林地、天然草地、人工草地、基本草场（青贮玉米）、耕地、湿地等多种子生境类型[①]，对每种子生境类型下，又根据不同的优势树种、草地类型、划分为不同林种或草场。其中湿地包括水源工程和小流域治理所造的有蓄水功能的非林草工程，如塘坝、谷坊、小型淤地坝等。商都县各项工程措施对主要生态因子影响如3-3-9所示：

---

① 为了便于分析，本研究将人工和天然乔灌混交林按照造林模式（一般乔灌比为1：2）划入人工乔木林和人工灌木林地面积，与此同时，乔灌混交林种的不同的树种也折算入各自的纯林面积。

表 3 - 3 - 9　沙源工程措施及所影响生态因子类型

Table 3 - 3 - 9　Engineering measures and ecological factors influencing type

生态因子	小类	直接相关工程项目	作用方式	影响结果
植被	人工乔木林	人工造林、退耕还林、荒山荒地配套造林、农田防护林	增加	增加林地面积、增加活立木蓄积
	人工灌木林	人工造林、退耕还林、荒山荒地配套造林、农田防护林、小流域水土保持林	增加	增加林地面积、提高植被水平、增加经济林产品产出、饲草产出
	天然灌木林	封山育林、以封代造、飞播造林	增加	增加林地面积、提高植被水平、增加经济林产品产出、饲草产出
	人工草地	人工种草、基本草场	增加	提升植被水平、增加饲草产出
	天然草地	围栏封育、小流域围栏封禁	增加	恢复植被、增加饲草产出
	荒山荒地	人工造林、荒山荒地配套造林	减少	阻止植被退化过程
	农田	退耕还林、农田防护林、水源工程	减少	阻止农田沙化、盐碱化
动物	牲畜家禽	暖棚建设、饲草机械	增加	扩大牲畜家禽饲养规模、降低生长消耗
	野生动物	各类措施中的营林造林、草地恢复、封禁措施	增加	扩大野生动物种群，增加生物多样性

生态因子	小类	直接相关工程项目	作用方式	影响结果
土壤	人工乔木林	人工造林、退耕还林、荒山荒地配套造林、农田防护林地	增加	
	人工灌木林	人工造林、退耕还林、荒山荒地配套造林、农田防护林地、小流域水土保持林	增加	
	天然灌木林	封山育林、飞播造林、	增加	
	人工草地	人工种草、基本草场	增加	提升土壤营养成分、增加容重、保固水土
	天然草地	围栏封育、小流域围栏封禁	增加	
	荒山荒地	人工造林、配套荒山荒地造林	减少	
	农田	退耕还林	减少	
水体	土壤水分	人工造林、退耕还林、荒山荒地配套造林、农田防护林、小流域治理水土保持林	待定	一方面降低地表蒸腾、拦蓄径流、降低土壤水分下渗；另一方面植被蒸散量增加
	地下水	水源工程、节水灌溉	待定	一方面开采地下水、另一方面降低采水需求
	湿地	坡面治理（小流域水土保持林、小流域围栏封禁）、谷坊、沟头防护、淤地坝	增加	拦蓄水源、减少水土流失

生态因子	小类	直接相关工程项目	作用方式	影响结果
大气	水气		待定	增加植被蒸散量，提高湿空气度
	氧气		增加	吸收二氧化碳释放氧气
	二氧化碳	各类营林造林、封山育林措施	减少	吸收二氧化碳，降低温室效应
	大气污染物		减少	沉降大气粉尘、吸收有害气体

2. 具体生态影响分析

2.1 造林类植被恢复措施的生态影响分析

沙源工程中造林类措施包括林业措施中的退耕还林、配套荒山荒地造林、人工造林和小流域治理中的水土保持林。

（1）对植被的影响

不同的营林造林项目所涉及的原有土地利用类型和植被类型有所不同。通过专家访谈和实地勘察，本研究了解到人工造林和荒山荒地造林项目所造林地原有土地类型多为荒山荒地，植被仅为零星灌木柠条，退化草地植被如披肩草、沙蒿、针茅、狼毒草等构成，几乎无乔木，植被盖度一般在10%以下，单位生物质产量有限，提供牧草能力不强。而对于退耕还林和农田防护林项目，原有土地类型主要为沙化、盐碱化的撂荒地和旱作农田，作物为冬小麦、莜麦、马铃薯等，单位农作物生产量很低，单产不超过3t/hm²。

沙源工程项目根据造林地区生态环境特点，以灌木造林为主，乔木造林为辅的造林方式，将原有的荒山荒地、退化农田转化为乔木、灌木、乔灌混交的林草地。其中，灌木林主要采用柠条、山杏、沙棘和枸杞等既有耐寒、耐旱、耐盐碱特性，又能提供一定经济生物质产出的灌木树种，《商都县京津风沙源工程设计》显示，项目建成后每亩灌木林地可提供优质植食性枝叶1125kg/hm²以上。而在水肥条件较好的地段，则以窄带疏林方式栽植杨树、山桃、榆树、樟子松、云杉为代表的纯、混交林为主。虽然工程造林作为生态林不允许砍伐利用，但随着林木的生长和郁闭，其光合作用，生产生物质能力不断增强，其所积累的植被碳库减少了大气二氧化碳等温室气体，为社会提供了森林固碳的价值。此外，商都县西井子（1983）对农田防护林的研究表示，农田防护林不仅自身能够起能够发挥固碳释氧作用，而且通过削弱林网间风速，增加空气湿度、降低田间径流，发挥截留水肥、积雪保墒，固沙滞尘作用，能够有效保证农业生产、提高农地产出。

（2）对土壤的影响

土壤侵蚀方面，商都县风力大，是全国著名风场之一，兼有干旱、土地瘠薄等自然因素，风蚀水蚀程度高。通过在风蚀水蚀地区的主要扬沙地段兴建人工林网，选择抗干旱、抗风沙且生长速度快的乔、灌木树种，可削弱林带内风速和径流，使土壤侵蚀模数大幅下降。据商都县京津风沙源工程设计和高文然研究资料，人工造林地相比裸地，年可削减土壤侵蚀模数98%，调节70%的地表径流（高文然，宋利云，2003）。

土壤性状方面，根据闫德仁关于商都县林草地的土壤性质的研究成果，当地人工造林3—5年后，对表土层性状有明显提高，特别是灌木林地内的土壤容重明显降低，表土层有机质含量提高29.1%、速效氮含量提高24.5%、全氮含量提高6.1%、全磷含量提高5.9%、速效磷含量降低79.7%、速效钾含量提高40.6%。但是，从土壤颗粒组成看，林地灌丛内部和对照地没有明显差异，工造林在短期内很难改善土壤颗粒组成，甚至要比对照地差，主要是造林过程中对土层的扰动，破坏了地表砾质层，原地下细粒质翻上地表并不断损失的结果（闫德仁，张文军，2008）（高文然，宋利云，2003）。

（3）对大气的影响

森林有着显著的净化大气的功能，《中国生物多样性国情研究报告》中显示，森林有吸收大气污染物，阻滞降尘功能。其中主要的污染物有二氧化硫、氟化物、氮氧化物等（中国生物多样性国情研究报告编写组，1998）。王兵对我国各林种吸收污染物能力评价显示，森林年可吸收二氧化硫、氟化物、氮氧化物、阻滞降尘分别达92.09kg/hm^2、3.4kg/hm^2、5.82kg/hm^2、1.14×104kg/hm^2（王兵，任晓旭，2011），过实地调查并咨询当地林业工程人员发现，工程所造林地有明显的吸收空气污染物，特别是空气浮尘的作用。

（4）对水体的影响

就人工所造林地来说，其对水体的影响一方面是其林冠、枯枝落叶层以及林下土壤对降水和地下水资源的调节作用，另外一方面为植被及林间空地的蒸散作用。营林造林项目通过增加根部延展，枯枝落叶层分解后提高土壤微生物群落活动，增加了土壤非毛细管孔隙度、通透性，同时林木根部吸水作用拦截了土壤水分的下渗，提高了林地涵养水源和拦蓄径流的能力。此外，地上植被通过控制近地面涡流，降低地表温度可以林间地带土壤蒸散量。然而，其本身生长运输所需的水分形成了对土壤水分的消耗。多数情况下，工程所造林地平均蒸散强度要小于年均降雨量，可以起到正向的涵养水源的作用。然而，部分处于水肥条件较好地带的林种、树种蒸散强度大于多年平均降雨量，形成了土壤水量的净消耗。本研究将植被的这一过程分为两个方面进行研究，一方面是以植被对水资源的需求的变化，即植被对林草地水分蒸散平衡的影响；另一方面为林草地通过改良土壤、削弱径流所提供的调节径流的作用。

（5）对生物多样性的影响

一般而言，生境中的生物多样性用香农威尔指数（shinner - winner）来衡量，与生境的第一性生产力成正比。张金旺等对你乌兰察布各造林类型的生物多样性研究表示，本地区各个生境类型的生物多样性指数趋势为天然草地 > 杨树疏林地 > 榆树疏林地 > 裸地，并且各个地类的生物多样性指数均小于1，其生物多样性价值均为3000元（张金旺，2010）。

2.2 林地自然恢复措施的生态影响分析

商都县林地自然恢复措施以封山育林、以封代造、飞播造林等为代表，其工程旨在减少人类对林草地的采伐利用，通过植被自然力天然下种，根系萌发，辅以补植补播、专人管护等措施，自发培育并形成有林地，提高林草覆盖水平。封育区域原有植被以柠条、沙打旺、草木樨为主，乔木稀少。经过5—6年后，植被盖度可达60%—70%，其削弱风沙侵蚀、水土流失随着盖度的增加而增大，生产力和单位面积耗水量也同步增加，一般小于多年平均降雨量。根据商都县估算，每亩封山育林、以封代造、飞播造林可提增加饲草产出 0.45t/hm^2，所发挥的净化空气污染物、降尘效能与灌木林地相似。但比营林造林地所造林种，生物多样性更为丰富。

2.3 人工种草、基本草场的生态影响分析

商都县由于降水稀少，加之不合理的开荒和过度放牧，草原承载力低，已成为提高农村经济发展水平的最重要的限制因素。商都县为快速恢复并提高单位草地生产能力，选择在区位条件较好，距离居民区较近，方便进行管理、灌溉的区域，人工种植紫花苜蓿等高产牧草，以高投入、高效率的方式经营管理草场。其中虽然人工种草消耗了一定水分，年蒸散量达480mm（罗诗峰，杨改河，2006），但是其年产饲草可达到6t/hm^2。此外根据商都县沙源工程设计，草地可以削弱土壤水蚀风蚀80%，调节径流40%—60%。闫德仁对乌兰察布草原地区的研究也表明，在退化草原地区进行适度造林能够明显减少土壤风蚀，并起到积沙作用，改善草原土壤性质恶化和表层粗砾化，可发挥较大的防风固沙

作用（闫德仁，张文军，2008）。

我国北方牧区普遍存在的冷季暖季草地分布不平衡的问题，牧草冬季缺口高达25%，春秋季缺口高达35%—39%。针对"冷季瓶颈"问题，商都县沙源工程在原有天然草场的基础上，开展以青贮玉米为主的基本草场项目，内容包括种植护牧林和饲料林、草地改良及水源改良等，并与种草、补播、施肥等措施结合起来，建立起稳定、高产、优质的割草地。典型的青贮玉米耗水强度就达607mm（乌艳红，2010），但其生物质产品（青贮饲料）年产量超过53. t/hm²，并同时发挥了与一般草地相同的防风固沙的效益（高文然，宋利云，2003；刘黎明，张凤荣，2002）。

2.4 围栏封育的生态影响分析

商都县大量草场因过度放牧而退化，盖度一般仅为10%—20%，草产量不超过1.5 t/hm²。而围栏封育项目通过整地和补播披肩草、羊草、苜蓿等禾本科和豆科牧草，并封育一定年限，发挥植被的自然生态恢复过程，重建草场群落，提高单位面积牧草产量，满足畜牧业生产和发展的需求。一般经过5—6年，草地盖度达到60%—70%后加以利用。不仅可以发挥一般草地的削弱土壤侵蚀水蚀、保育土壤的作用，而且由于建群种主要为本地树种，其生态多样性更为丰富，单位面积耗水量也更符合地区生态特点，涵养水源效益更为突出。

2.5 暖棚、饲草机械的生态影响分析

在北方农牧业区，天然放养的牛羊等牲畜在夏季牧草丰富季节长膘，积累能量及营养物质，以抵抗冬春草场荒芜时的营养物质消耗。但冬季气温低、风沙大、自然灾害频发，若青贮不足，农牧民被迫驱赶牲畜于严冬中寻找食物，牲畜本身能量消耗严重，而且对越冬的脆弱草场产生极大破坏。如此，当地一只商品羊往往需要2—3年时间。而商都县通过沙源工程推广舍饲禁牧和暖棚建设，不仅能够在平时减少牲畜采食过程的能量消耗，便于肥育和管理，降低养殖成本，而且可在冬季有效保持动物体温，减少能量损失和饲草消耗，缩短牲畜肥育时间达50%。

此外由于舍饲禁牧、冬季饲草储备及青贮窖建设等，需要耗费大量的人工和物力，增加了农牧民负担。商都县工程建设中包含了农业机械推广和使用，一方面节约了人力消耗，另一方面可将农田秸秆转化为可利用饲料，减轻了对草场的压力，提高了经济效益。

2.6 水源工程、节水灌溉生态影响分析

商都县的水资源比较贫乏，居民生活及农牧业生产所需的水源基本来源于地下水开采，其中农业生产用水占到了绝大部分，乌兰察布农业用水就占总用

水量的 79.9%（罗诗峰，杨改河，2006）。商都县旱地平均产量以马铃薯记每亩不超过1000kg，而同样面积的水浇地每亩则至少可产出2500kg以上（杨红艳，史小燕，2013），水资源缺乏已经成为商都县农牧业生产的主要限制因素。而商都县通过沙源工程建设机电井、淤地坝等水源工程项目，将原有的旱作农地改造为高产水浇地，虽然消耗了一定的水资源，却极大地提高了农作物的生产能力和效益。同时为了减少宝贵的水资源浪费，提高水资源利用效率，商都县大力发展了管道灌溉、喷灌、微灌、蓄积自然降水、非充分灌溉等节水灌溉措施，平均可节约灌溉用水70%。

2.7 小流域综合治理生态影响分析

小流域综合治理中，水土保持林和围栏封育建设不仅有一般的营林造林措施和自然植被恢复措施的生态影响，而且通过实施坡面治理，提高了其保持水土的能力，商都县沙源工程设计显示水土保持林年可拦蓄泥沙45t/hm²。此外，为进一步削减流域内土壤流失，小流域治理还配套了谷坊、淤地坝、沟头防护等工程，基本将土壤侵蚀限制在流域范围内。

2.8 生态移民措施的生态影响分析

由于生态移民为综合性措施，其主要目的和做法是消除农牧民对脆弱生境的生态压力，通过退耕还林（还草）、舍饲禁牧从而间接地作用于生态系统，其生态影响已融入其他工程措施之中，故本研究不对生态移民措施生态影响进行单独识别和计量。

2.9 工程生态影响汇总

本研究在分析了商都县各项工程措施的具体内容，识别了各项工程措施对商都县各项生态因子的影响方式的基础上，将沙源工程的生态影响按照植被、动物、土壤、水体、大气五大类生态因子进行汇总如表3-3-10所示：

表3-3-10　商都县沙源工程生态影响汇总
Table 3-3-10　The summary of the ecological impact of sand source project in the county

生态影响对象	生态影响方式	生态影响内容	主要工程措施
植被	活立木产出	乔木林生物固碳	退耕还林类措施、人工造林项目所造乔木林
	生物质生产	林果产出	退耕还林类措施、人工造林项目所造山桃、山杏、枸杞等树种

生态影响对象	生态影响方式	生态影响内容	主要工程措施
植被	农作物增产	饲草产出	退耕还林类措施、人工造林项目所造柠条等
		水浇地增产	水源工程项目、
		农田防护林增产	人工造林中农田防护林项目
	增加植物物种多样性	增加植被群落复杂度	林业措施、草地治理措施、小流域治理中水土保持林和围栏封禁
动物	节约饲草	舍饲禁牧	暖棚建设
	增加饲草种类	秸秆加工	购置饲草机械
	增加动物物种多样性	增加动物种群	林业措施、草地治理措施、小流域治理中水土保持林和围栏封禁
土壤	固定土壤		
减少土壤养分流失		降低土壤侵蚀	林业措施、水力水保措施
	增加土壤容重	植被根系疏松土壤	林业措施、小流域治理中水土保持林、围栏封禁项目
	涵蓄水源	减少土壤蒸发	林业措施、小流域治理中水土保持林、围栏封禁项目
水体	调节径流	植被拦截径流	林业措施、草地治理措施、水利水保措施
	净化水质	植被枯落物层吸收径流污染物	林业措施、草地治理措施、水利水保措施

生态影响对象	生态影响方式	生态影响内容	主要工程措施
大气	吸收大气污染物	吸收二氧化硫	
		吸收氟化物	林业措施、小流域治理中水土保持林项目
		吸收氮氧化物	
		阻滞降尘	
	提高空气质量	增加大气湿度	
		增加负氧离子浓度	林业措施、草地治理措施、小流域治理中水土保持林、围栏封禁项目
		降低空气温度	

3. 生态影响价值评价指标体系构建原则

商都县沙源工程项目多样，生态影响复杂，对所有的生态影响进行计量，既无充足的数据条件支撑，也无必要，故本文需依照一定原则，筛选出工程所产生较大的生态影响，为此，构建评价指标体系原则为：

（1）全面性原则。沙源工程措施多样，所面对的生态系统类型多样，各生态因子间关系复杂，所以，建立全面涵盖各方面生态影响的多指标评价体系是客观评价工程生态影响价值的必要条件。

（2）适应性原则。针对具体的生态建设项目，分析地区生态环境特点的基础上，总结不同措施生态影响的具体方式和水平，选用体现主要生态影响特点的指标和标准。

（3）科学性原则。选用当前生态影响价值评价研究中较为常用的，有生态学、水土保持、森林经理、恢复生态学等方面研究成果支撑的指标和标准，以保证价值评价指标体系有坚实的研究基础，符合客观实际。

（4）可得性原则。由于一手数据尚显缺乏，已有的研究资料在时间序列和覆盖范围上有所缺失，所以在保证上述三项的基础上，选用的指标根据现有资料进行调整，达到数据易于获取或间接推算、指标代表性高共线性少，计算方式简便易行等要求。

4. 生态影响价值评价指标体系的构建

在上述原则基础上，搜集商都县相关生态学资料和前人研究成果，并咨询商都县林业、水务、农业部门的负责人和相关技术人员，结合商都县沙源工程建设和生态影响情况，对工程各项措施的生态影响进行筛选。

通过与商都县沙源工程负责专家进行访谈，认为沙源工程增加土壤容重作用相对有限，根据适应性原则不纳入生态影响价值评价体系之中。沙源工程对畜牧业经营情况和对野生动物的种群数量和结构数据难以获取，故本研究暂不将其纳入价值计量体系。而沙源工程提高空气质量的生态影响由于缺乏适合于本地区数据，根据可得性原则，也暂不做价值计量。

在此基础上，本研究确定工程生态影响评价指标体系如表 3 - 3 - 11 所示，具体归类为涵养水源、保育土壤、净化空气、生物质生产、固碳释氧、支持防护产出、生物多样性等七大类。

表 3 - 3 - 11　生态影响价值评估指标体系
Table 3 - 3 - 11　Ecological effect evaluation index system

目标层 Target layer	准则层 Criterion layer	指标层 Index layer
生态影响价值 B	涵养水源 B1	蓄水效益 B11
		调节径流 B12
		净化水质 B13
	保育土壤 B2	固定土壤 B21
		保肥效益 B22
	净化环境 B3	吸收 SO_2 B31
		吸收氟化物 B32
		吸收氮氧化物 B34
		阻滞降尘 B35
	生物质生产 B4	经济林草产品产出
	固碳释氧 B5	固碳效益 B51
		释氧效益 B52
	支持防护产出 B6	农田防护效益 B61
		水浇地增产效益 B62
	生物多样性 B7	生物多样性价值 B71

本研究构建的评价指标体系所针对的项目不仅包含营林造林、草场恢复等植被建设工程内容，而且涵盖水源工程、谷坊塘坝、坡面治理等配套的非林草措施。此外将农田防护林、水源工程建设对增加农田产出，减少水资源消耗的生态影响纳入生态影响价值评价范围。

5. 价值计量方法的确定

当前在生态影响价值评价中，基于工程生态影响效果的公共物品属性、正外部性、非市场化及地域局限性，对于不同的评价项目，其价值计量方法和标准也有较大差异，总体上来说，主要包括市场价值法、替代市场法、治理成本法、影子工程法和造林成本法、生物多样性价值评价法等生态经济评价方法。本研究根据地区特点，以全面、科学和生态价值的可实现性为原则，选取相应的价值评价方法。

对于涵养水源中的蓄水效益，是指工程措施对地表和地下水资源的涵养——消耗平衡的影响。工程对水资源影响调控主要来自于两个方面：一是来自于工程所造林草地的调控，即通过植被和林间空地蒸发所散失的水资源，以及植被覆盖、枯枝落叶、疏松土壤所降低的土壤蒸散和地表和地下径流流失；另一方面是人工措施的调控，如水源工程所造机电井开采的地下水资源，因节水灌溉降低了地下水资源的开采强度。其内容本质是对可利用水资源量的增加和减少，故本文对于林草植被的蓄水效益采用替代市场法，即减少的开采地下水价值计算工程的蓄水效益。对于调节径流价值，本文以林草地所对原有地表径流的削弱程度，计算年度调节径流水量，结合商都县地区调节径流的水利工程以谷坊塘坝为主的实际情况，采用影子工程法，以相同库容的谷坊工程单位建设费用来进行价值计量。林草植被净化水质过程则与拦蓄径流的过程相同步，减少了为水体污染所支付的相应费用，所以以治理成本法，即单位流量污染治理费用来确定净化水质效益。

同样，保育土壤也来自于非林草项目和林草植被两个方面。其中，林草地削弱了土壤的风蚀水蚀过程，避免了水土流失和由于拦截水土流失所需支付的清淤费用和拦淤工程投入，所以林草地的固定土壤价值采用治理成本，以土壤流失减少量来计算其固土年固土量。而非林草措施措施如谷坊、淤地坝、沟头防护等本身建设目的就在于截留水土流失，在每年固定土壤的同时库容也逐渐减小。所以，本研究采用机会成本法，以每年拦截泥沙乘以谷坊工程建设中单位清淤费用来计算固土价值。由于水土流失与同时带来的是土地所包含肥力的丧失，需要以化肥来提高原有土地的肥力损失，所以本文采用影子工程法，以单位淤积土地上土壤肥力来评价工程的保肥价值。

净化环境，由于商都县境内地表径流稀少，流域内无大型工业企业，所以工程净化环境作用主要通过林草植被过滤，是空气污染物。林草植被通过其叶片的呼吸作用，吸收、附着污染物，代替了营建人工除尘除污设施，所以本文以治理成本法，以相应的人工治污费用来衡量工程的净化环境价值。

生物质生产和固碳释氧都是通过植被光合作用生产生物质的活动，所不同在于一般的饲草、粮食、可食性枝叶均可通过市场交易实现价值，本研究以市场价值法衡量其生态影响价值。而乔木林均为生态林，不允许砍伐出售，通过固碳释氧作用形成的植被碳库无法在普通市场出售，国际上碳汇交易市场尚不成熟，价格波动剧烈，其吸收的二氧化碳和释放的氧气与工业所制纯净二氧化碳和和氧气有本质不同，所以本文采用替代市场法，且以国内平均植被固碳释氧价格来确定其生物固碳释氧价值。

支持防护产出均主要影响为提高土地产出水平所带来的价值，可以通过市场出售而获利，本文采用市场价值法衡量其生态影响价值。

由于基因和物种层面价值衡量方法目前还没有确定的计量标准，唯一的方式是以不同的香农威尔指数（shinner – winner）水平来确定单位面积生境的生物多样性价值。本研究在剔除了单一物种生境如农田、基本草场、种苗基地、草种基地后，采用《退耕还林工程国家检测报告》中采用的生物多样性评价法来计量，按其相应的单位价值标准计量工程的生物多样性价值。

三、生态影响价值计量

1. 涵养水源价值

1.1 蓄水效益

林草地一方面通过林冠、枯枝落叶层和林地截留、吸收并贮存降水，在削弱径流的同时净化地表水质，并将地表水转化为枯水期径流或地下水，起到正向的蓄水效益；另一方面，其自身的正常生长也需要蒸发水分，形成对水分的消耗。本研究根据《森林生态系统服务功能评估规范》提供的蒸散率法评价各类林草恢复措施林草植被蓄水效益：

$$G_s = \sum_{i=1}^{n} - Ai \ (P - Ei - L) \ d \tag{3-3-1}$$

其中 G_s 为年调水量，Ai 为 i 类林草地面积（hm^2），E_i 为相应林草地内蒸散强度（mm/a），商都县多年平均径流深 L_i 为 15.7mm/a。

据罗诗峰和范晓慧根据水量平衡法测算，乌兰察布市内人工乔木林地、人工草场、基本草场（青贮玉米）的耗水量强度分别达 615.0mm/a、480.0mm/a、607.2mm（范晓慧，2013；罗诗峰，杨改河，2006），远高于当地多年平均降水量 351.5mm, 其净蓄水量分别为 $-2475.90 \times 10^4 m^3$、$-1078.67 \times 10^4 m^3$、$-180.99 \times 10^4 m^3$。而人工乔灌混交林、灌木林地及疏林地蒸散强度的为 320.0mm/a, 天然草地为 284.0mm/a, 分别可蓄水 $1802.98 \times 10^4 m^3$、$525.23 \times 10^4 m^3$。

非林草措施中, 水源工程及节水灌溉也可影响水资源存量。水源工程以建设机电井为主, 通过开采地下水服务于营林造林、农田灌溉和人畜生活用水等方面, 形成水资源净消耗, 节水灌溉工程则显著地降低了单位农田灌溉用水量。根据工程设计, 每处水源工程负责 $3.33hm^2$ 农地, 灌溉定额为 $1500.0m^3$ ($hm^2 \cdot a)^{-1}$, 工程项目年消耗水资源 $-1116.02 \times 10^4 m^3$, 每处节水灌溉工程所覆盖的 $3.33hm^2$ 农田可节约灌溉用水 70.0% (杨红艳, 史小燕, 2013), 相当于每年增加水资源 $1138.15 \times 10^4 m^3$。工程各项措施每年蓄水量为 $-930.11 \times 10^4 m^3$, 说明工程所造林草地增加了整体水资源消耗量。

所蓄水资源价格采用当地农业灌溉用水价格 1.35 元/m^3, 则工程总蓄水价值为 -1255.66 万元。

1.2 调节径流

由于商都县地表水均为季节性, 且总量稀少, 基流模数虽仅有 $0.082m^3/s$, 但突发流量大, 可达 $1004\ m^3/s$。林草地所调节径流作用不仅对水资源总量有调节作用, 对商都县解决用水困难、防洪防涝有重大意义。根据相关研究, 乌兰察布地区林地可以调节 70% 的地表径流, 草地为 30.0%—50.0% (高文然, 宋利云, 2003)。以商都县多年地表径流量计算, 林业措施、草地治理措施年可调节径流 $1351.12 \times 10^4 m^3$、$115.47 \times 10^4 m^3$。商都县小流域治理将人工水土保持林、围栏封禁与坡面治理相结合, 调节径流能力可分别提高至 $240.0m^3/hm^2 \cdot a - 1$ 和 $200.0m^3/hm^2 \cdot a - 1$, 年调节径流为 $214.00 \times 10^4 m^3$、$122.06 \times 10^4 m^3$。小流域综合治理中的淤地坝、谷坊、沟头防护等水利工程建设, 则直接发挥防洪、调节径流作用。其库容建设标准为防止流域范围内 10 年一遇 6 小时最大地表径流量 37.5mm, 基本上杜绝了山洪灾害的发生。按其设计标准, 年可调节径流量 $655.98 \times 10^4 m^3$。本研究的对林草措施的调节径流价值采用影子工程法, 以相同容积的谷坊工程替代, 商都县平均单位谷坊库容建设费用 1.0 元/m^3, 沙源工程年调节径流价值为 2458.98 万元。

1.3 净化水质

林草地的净化水质作用的与调节径流相同步, 以工程所造林草地的调节径流量作为其净化水质量, 采用治理成本法, 以内蒙古污水处理最低费用 0.8 元/t 计算, 沙源工程年净化水质价值 1442.40 万元。

表 3 - 3 - 12 商都县京津风沙源工程涵养水源价值

Table 3 - 3 - 12 The value of water conservation

工程大类	工程措施	涵养水源（万立方米）	涵养水源（万元）	调节水量（万立方米）	调节水量价值（万元）	净化水质（万元）	涵养水源总计（万元）
林业措施	人工造林	-873.52	-1,179.25	427.72	427.72	342.18	-409.35
	人工造林试点补贴	7.38	9.96	5.13	5.13	4.10	19.02
	退耕还林	-92.60	-125.01	227.50	227.50	182.00	284.49
	荒山荒地造林	136.57	184.37	215.25	215.25	172.20	571.82
	封山育林	538.63	727.15	374.65	374.65	299.72	1,401.52
	以封代造	21.08	28.45	14.66	14.66	11.73	
	飞播造林	95.90	129.47	66.71	66.71	53.36	249.54
	农田防护林	-465.57	-628.51	18.33	18.33	14.66	-595.53
	种苗基地	-40.78	-55.06	1.50	1.50	1.20	-52.36
草地治理措施	人工种草	-1,065.21	-1,438.03	46.39	46.39	37.11	-1,354.53
	围栏封育	525.23	709.06	64.30	64.30	51.44	824.80
	基本草场	-181.00	-244.35	4.19	4.19	3.35	-236.81
	草种基地	-13.47	-18.18	0.59	0.59	0.47	-17.12

工程大类	工程措施	涵养水源（万立方米）	涵养水源（万元）	调节水量（万立方米）	调节水量价值（万元）	净化水质（万元）	涵养水源总计（万元）
	水源工程	−1,116.00	−1,506.60	−	−	−	−1,506.60
	节水灌溉	1,138.20	1,536.57	−	−	−	1,536.57
水利水保	小流域治理水土保持林	140.96	190.29	214.00	214.00	171.20	575.50
	小流域治理围栏封育	314.08	424.01	122.08	122.08	97.67	643.76
	小流域治理沟谷塘坝	—	—	655.98	655.98	—	655.98

2. 保育土壤

生态系统保育土壤服务是指由植被其根系、枯枝落叶、叶面或林冠层缓解地表径流对地表土壤的侵蚀作用，与此同时，提高水稳定性团聚体和土壤腐殖质，起到减少土壤养分流失和固土的作用。生态系统固土保肥价值可以分为两个部分，一是固土价值，即植被阻挡侵蚀而减少的土壤流失的价值；二是培育土壤价值，即由植被不断更新，养分逐步在土壤中富集的营养物质的价值。

2.1 固定土壤

商都县境内平均风蚀模数为 2500.0t/km²，年水蚀模数为 2000.0t/ t/km²（高文然，宋利云，2003），而根据商都县水利部门监测，小流域范围内仅水蚀模数就高达 3650.0t/km²。沙源工程所造林草植被凭借树冠、枯枝落叶层削弱大气降水冲刷作用，大大降低了土壤流失量。高文然研究表明，商都县平均林地可减少98.0%的土壤侵蚀，草地减少土壤冲刷80.0%，则林业措施和草地治理措施所造林地、草地可分别减少土壤侵蚀2.9t、2.4t。小流域治理所造水土保持林及围栏封禁，年可以拦蓄泥沙 45.0t/hm² 和 40.0t/hm²，此外还建设有大量的以削减侵蚀，固定土壤为目的的淤地坝、谷坊、沟头防护，能够将剩余侵蚀土壤固定在流域范围内。根据通行的治理成本法计算固定土壤价值如下：

$$V_t = C_t G_t = C_t \sum_{i=1}^{n} \frac{A_i X_i}{\rho} \tag{3-3-2}$$

V_t 为年固土效益，G_t 为年固土量，C_t 为商都县水利建设所挖取和运输单位土石方所需费用 8.2 元/m^3，X_i 单位面积减少的土壤侵蚀模数，ρ 为当地淤积土壤容重 1.5t/m^3。则每年林业措施和草地治理所建设林地、草地固土量为 542.07 $\times 10^4 t$、66.15 $\times 10^4 t$，效益分别为 2993.34 万元、361.65 万元。而小流域人工水土保持林和围栏封禁年固土量分别为 62.41 $\times 10^4 t$、39.77 $\times 10^4 t$，效益为 341.21 万元、217.44 万元。由于小流域治理后土壤侵蚀减少，沟谷塘坝可控制小流域内剩余土壤侵蚀量，约 3t（$hm^2 \cdot a$）$^{-1}$，则小流域治理区内沟谷塘坝年固土量为 5.33 $\times 10^4 t$，年固土价值为 29.15 万元。

2.2 保肥效益

森林和草地的保肥效益一般以年固土量中氮磷钾的物质量折算为化肥价值作为保肥价值：

$$V_f = C_f G_t = \left(\frac{NC_1}{R_1} + \frac{PC_1}{R_2} + \frac{KC_2}{R_3} + \frac{MC_3}{R_4} \right) G_t \tag{3-3-3}$$

V_f 为工程年保肥价值，C_f 为单位淤积土地所含肥料价值，根据《乌兰察布盟土壤普查》数据，商都县非农耕土地所含全氮（N）、速效磷（P）、速效钾（K）、有机质（M）比率为 0.1107%、0.00032%、0.01821%、1.7455%（闫培君，2013）。以进口优质磷酸二铵化肥（（NH_4）2HPO4）补充土地损失的氮磷元素，氮（R_1）磷（R_2）含量最低分别为 18.0%、46.0%，施肥量以需求量更大氮元素量决定，则工程每年节约磷酸二铵 4.43 $\times 10^4 t$，以内蒙古的磷酸二铵平均价格（C_1）2700.0 元/t 计算，可产生经济效益 11982.75 万元。选择氯化钾化肥（氯化钾 >60%）补偿土壤损失钾元素，其含钾量（R_3）不小于 28.68%，工程所避免钾肥损失 0.22 $\times 10^4 t$，以内蒙古氯化钾化肥平均价格（C_2）2076.0 元/t 计算，效益为 454.68 万元。当地补偿土壤有机质主要以薪材补充，薪材转化有机质比率（R_4）为 50.0%（闫培君，2013），工程年节约薪材 25.19 $\times 10^4 t$，以薪材价格 400.0 元/t 计算，效益 10076.94 万元。

表 3 – 3 – 13　商都县京津风沙源治理工程保育土壤效益

Table 3 – 3 – 13　Soil conservation benefits

工程大类	工程措施	固定土壤（万吨）	保育氮元素（万吨）	保育磷元素（万吨）	保育钾元素（万吨）	保育有机质（万吨）	保育土壤总价值（万元）
林业措施	人工造林	171.55	0.19	—	0.03	2.99	6,408.01
	人工造林试点补贴	2.06	—	—	—	0.04	76.87
	退耕还林	91.24	0.10	—	0.02	1.59	3,408.30
	荒山荒地造林	86.33	0.10	—	0.02	1.51	3,224.84
	封山育林	150.26	0.17	—	0.03	2.62	5,612.91
	以封代造	5.88	0.01	—	—	0.10	219.64
	飞播造林	26.75	0.03	—	—	0.47	999.36
	农田防护林	7.35	0.01	—	—	0.13	274.55
	种苗基地	0.64	—	—	—	0.01	24.05
草地治理措施	人工种草	26.58	0.03	—	—	0.46	992.86
	围栏封育	36.84	0.04	—	0.01	0.64	1,376.11
	基本草场	2.40	—	—	—	0.04	89.65
	草种基地	0.34	—	—	—	0.01	12.55
水利水保	水源工程	—	—	—	—	—	—
	节水灌溉	—	—	—	—	—	—
	水土保持林	62.42	0.07	—	0.01	1.09	2,331.54
	围栏封育	39.78	0.04	—	0.01	0.69	1,485.79
	沟谷塘坝	5.33	0.01	—	—	0.09	199.19

3. 净化环境

林地可通过叶面的呼吸作用可有效吸收二氧化硫、氟化物、氮氧化物，并吸附粉尘污染，而草地吸纳空气污染物能力有限，所以净化环境效益主要来自于林业措施所造乔灌木林。本研究以赵同谦在《中国森林生态系统服务功能评价》采用的林地空气污染物吸收量计算净化环境价值（赵同谦，欧阳志云，2004）：

$$V_k = \sum_{j=1}^{m} K_j G_j = \sum_{j=1}^{m} K_j \sum_{i=1}^{m} A_i Q_{ij} \qquad (3-3-4)$$

V_k 为总空气净化价值，A_i 为各林种相应造林面积，G_j 为工程造林对 j（二氧化硫、氟化物、氮氧化物、粉尘）类污染物年吸收量。虽然 2013 年《退耕还林工程生态效益监测国家报告》新加入了 PM2.5、PM10、负氧离子浓度等指标，但由于数据搜集困难，未纳入指标体系中。根据王兵等人的研究成果，全国每公顷森林年吸收或沉降二氧化硫、氟化物、氮氧化物、粉尘能力（Q_{ij}）为 126.56kg、4.60kg、6.44kg、2.13×10^4 kg，灌木林为 92.09kg、3.40kg、5.82kg、1.14×10^4 kg，经济林为 83.93kg、2.84kg、4.84kg、1.42×10^4 kg（王兵，魏江生，2011）。则沙源工程年吸收或沉降二氧化硫、氟化物、氮氧化物、粉尘分别为 1257.57×10^4 kg、46.34×10^4 kg、77.51×10^4 kg、162.50×10^4 t。各类污染物单位治理费用（K_j）根据国家发改委发布的《排污费征收标准及计算方法》确定的二氧化硫、氟化物、氮氧化物、一般性粉尘污染治理费用为 1.2 元/kg、0.63 元/kg、0.69 元/kg、0.15 元/kg，计算工程年环境净化价值为 26005.60 万元。

表 3 - 3 - 14   内蒙古商都县京津风沙源治理工程净化环境效益

Table 3 - 3 - 14   Cleaning up the environment benefit

工程大类	工程措施	吸收二氧化硫量（万公斤）	吸收氟化物量（万公斤）	吸收氮氧化物量（万公斤）	降尘量（万公斤）	总净化空气效益（万元）
	人工造林	386.33	14.20	23.15	52,416.23	8,350.41
	人工造林试点补贴	5.91	0.21	0.30	994.00	156.52
	退耕还林	196.49	7.24	12.15	25,297.88	4,043.13
	荒山荒地造林	182.32	6.73	11.43	22,902.38	3,665.98
林业措施	封山育林	313.78	11.58	19.83	38,843.60	6,223.56
	以封代造	12.28	0.45	0.78	1,520.00	243.54
	飞播造林	55.87	2.06	3.53	6,916.00	1,108.09
	农田防护林	21.09	0.77	1.07	3,550.00	559.02
	种苗基地	1.34	0.05	0.08	166.44	26.67
水利水保	小流域治理水土保持林	82.12	3.03	5.19	10,165.20	1,628.68

4. 生物质生产

林业措施所造山桃、山杏、文冠果等树种因当地缺乏降水、地力贫瘠等原因退化为小乔木或灌木，林地蓄积量很小，固碳释氧能力有限，但其果实种籽有着较高的经济价值。根据商都县沙源工程设计，山桃、山杏、文冠果年平均生产林果种籽 0.22 t/hm²，销售价格可达 700 元/t，年均增加经济效益 575.65 万元。林业措施所造以柠条为代表的灌木林地每年可提供一定量的植食性枝叶，产量达 1.13t/hm²，可用作优质饲草，而封山育林所恢复的灌木林地，年可提高植食性枝叶产出 0.45t/hm²。则林业措施每年生产植食性枝叶 9.56×10⁴t，以当地植食性枝叶价格 400 元/t 计算，经济价值为 3824.90 万元。林业措施年产生生物质生产价值达 4409.95 万元。

草地治理措施中，人工种草及围栏封育可提高牧草产出量，基本草场所产出的青贮玉米则为牲畜过冬提供必要食物供给。草地治理措施中人工草场年可生产优质紫花苜蓿 6t/hm²，年产 4.4×10⁴t，以当地饲草单价 400 元/t，计算产值 1772.31 万元。围栏封育年增产牧草 0.9t/hm²，年增产量 0.92×10⁴t，增产效益 368.40 万元，基本草场建设年可生产青贮玉米 53.90t/hm²，共 3.59×10⁴t，以单价 0.15 元/kg，年效益 539.1 万元。

水利措施中小流域治理中所造人工水土保持林及围栏封禁也可以提供同样的植食性枝叶和饲草产出。其所造水土保持林主要为柠条、沙棘和山杏等灌木，相当于林业措施中的人造灌木林的生物质生产功能，而围栏封禁生物质生产类似于封育草地。则小流域水土保持林每年提供植食性枝叶 1.0×10⁴t，价值 401.25 万元，小流域围栏封禁每年可提供饲草 0.55×10⁴t，价值 220.30 万元。

5. 固碳释氧

林业措施所建设的乔木林如杨树、榆树、樟子松、云杉等主要为生态林，一般禁止砍伐出售，其价值主要体现在吸收二氧化碳，释放氧气活动所积累的植被碳库效益。闫德仁（2010）对内蒙古各类乔木林地研究显示，杨树、榆树、云杉、樟子松的平均碳密度达 21.3994t/hm²、7.3251 t/hm²、45.1607 t/hm²、67.4358 t/hm²（闫德仁，闫婷，2010）。以《退耕还林工程生态效益监测国家报告》所采用的北方各树种人工林的成熟年限分别为 15、30、30、50，则每年净固碳量达 1.43 t/hm²、0.24 t/hm²、0.90 t/hm²、2.25 t/hm²（国家林业局，2014）。根据植物光合作用方程，每生产 1g 干物质吸收 1.62g 二氧化碳，并释放 1.19g 氧气计算，工程所造乔木林年可吸收二氧化碳 4.20×10⁴t/a，释放氧气 3.07×10⁴t/a。由中国平均造林固碳成本 260.17 元/t（C），制氧成本 352.93 元

/t（O）（王昌海，温亚利，2011），可得年均造林固碳、释氧收益分别为1093.25 万元、1084.23 万元。

表 3 – 3 – 15　商都县京津风沙源工程乔木固碳释氧价值
Table 3 – 3 – 15　Carbon fixation and oxygen release

树种	面积	年均固碳量（万吨）	年固碳价值（万元）	年释氧量（万吨）	年释氧价值（万元）
杨树	7.37	2.57	668.38	1.88	662.83
榆树	2.81	0.17	43.68	0.12	43.32
樟子松	2.49	1.38	355.70	1.00	352.75
云杉	0.44	0.10	25.54	0.07	25.33
总计	13.11	4.20	1093.25	3.07	1084.23

注：人工造林中乔木混交林以 1：1 进行面积分离，乔灌混交林以 1：2 的比例进行分离，乔草面积均计入乔木林面积。

6. 支持防护产出

工程所造农田防护林能够保护农田免于风沙侵蚀，而且降低风速，提高农作物产量（牛勇，2013）。以当地主要农作物马铃薯为例，其平均年产 3.23t/hm²，以每亩农田防护林可防护 60 亩农地，提高 10% 的农作物产量计算，农田防护林年提高农作物产出价值为 6450 万元（于忆东，2009）。水源工程通过改造旱作农田，可提高农作物产量 4—6 倍，扣除新增加人工后，每亩农田年因水源工程可增收 2000 元（郭亚莉，2007；于忆东，2009），年产生效益 7440 万元。

7. 生物多样性

沙源工程的林草植被建设，扩大了物种种群，保护了动植物基因库，提高了生态系统稳定性。但基因、物种层次上的物质量现在还没有统一的度量标准，生物多样性价值计量仍然是个难以解决的问题。当前生物多样性价值评价主要根据不同生境的生物多样性指数（Shannon – Wiener）等级来确定其单位面积的生物多样性价值。根据张金旺对乌兰察布市的研究成果，本地区所有非农立地类型的生物多样性指数（Shannon – Wiener）均在 0—1 之间（张金旺，2010），林地与林地外多样性指数相差 0.2 左右，天然草场与林外裸地相差 0.15 左右。参照《退耕还林工程生态效益监测评估技术标准与管理规范》所提供的标准（杨金凤，王玉宽，2008），单位面积生物多样性价值为 3000 元/hm²，假设生物多样性价值量在0—1范围内线性变化，则单位林地生物多样新增价值为600元/hm²，因围栏封育而恢复的天然草地生物多样性价值为450元/hm²。排除人工单一生境类型如草种基地、苗木基地、农田后，工程所增加的各类林草地共14.80×104hm²，可产生生物多样性价值为8637.28万元每年。

四、生态影响价值分析及投资效率评价

1. 年均生态影响总价值构成分析

通过对年均生态影响价值的分析，商都县沙源工程一期工程建成之后，年均生态影响价值为8.77亿元。对比各类生态影响价值，保育土壤>净化环境>支持防护>生物多样性价值>生物质生产>涵养水源效益（图4-3-2），其中保育土壤价值26736.23万元，净化环境价值26005.59万元，支持防护13890.00万元，生物多样性价值8637.28万元，生物质生产7710.96万元，涵养水源2571.68万元，固碳释氧2177.44万元，其中，防治风沙灾害直接相关的生态影响包括保育土壤价值及净化环境价值，其生态影响价值占到总价值60%，反映了工程措施对当地生态问题的针对性。其次，与经济价值直接相关的的生态影响包括生物质生产价值及支持防护价值，其总和占到生态影响总价值的25%，说明经济效益是工程实施的主要目的之一。最后，体现工程自然资源累积的生态影响指标包括生物多样性价值、涵养水源价值及固碳释氧价值，占到工程生态影响总价值的15%，反映了工程生态的恢复作用。

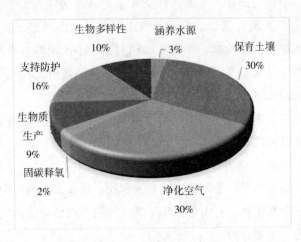

图3-3-2 年均生态影响价值占比

Fig. 3-3-2 The average value of the proportion of ecological impact

2. 各工程措施生态影响价值构成分析

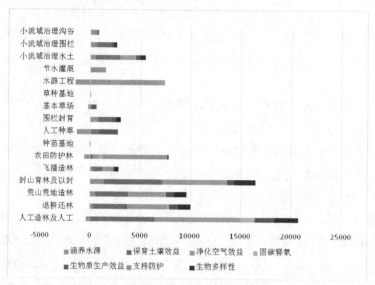

图 3 - 3 - 3　各工程措施生态影响价值构成

Fig. 3 - 3 - 3　Influence of various engineering measures of ecological value

从各项工程项目的生态影响价值构成（图 3 - 3 - 3）可以发现，工程中某些措施有负面生态影响，主要为一定的水资源消耗。其中，水源工程、基本草场、人工种草、农田防护林、人工造林及人工造林补贴等人工生境建设措施是生态负影响的主要来源。而节水灌溉、封山育林及以封代造、荒山荒地造林、退耕还林、小流域水土保持林、小流域围栏封禁、小流域沟谷塘坝则发挥了正面涵养水源效益，补充了人工生境对水资源的消耗，使得工程在整体上保持水资源平衡并略有盈余（图 3 - 3 - 2）。

其次，不同工程措施的生态影响价值有各自的特点。林业措施的净化空气价值与保育土壤价值之和占到其总生态影响价值的 67%（图 3 - 3 - 4），并占到工程总生态影响价值的 18.99%，说明林业措施所针对的主要生态问题为风沙灾害，并且发挥了显著的保育土壤和净化空气作用。林业工程项目中，人工造林、荒山荒地造林、退耕还林、封山育林和飞播造林的生态影响结构比例大致相同，以遏制风沙灾害为主要目的。

由于商都县为干旱半干旱农牧交错地区，水资源消耗和第一产业效益是其经济社会发展的主导因子，被认为是影响沙源工程能否可持续的重要指标。林业措施中除封山育林项目有一定涵养水源能力外，其余工程措施的涵养水源效能非常薄弱，涵养水源仅占其生态影响价值的2%。其次，林业措施的生物质生产价值均不显著，仅占其总生态影响价值的7%。在实地走访中，农牧民普遍表示如果退耕还林等项目补贴一旦停止或降低标准，其毁林开荒意愿较为强烈，说明林业措施的直接经济效益有待加强。最后，林业措施中的农田防护林的支持防护效益作用明显，占其总生态影响价值的77%，经济效益较为显著，提升了林业工程措施的经济可持续水平。

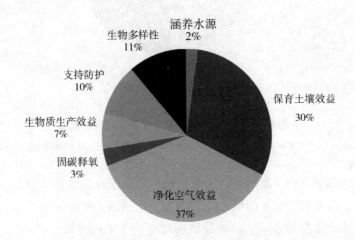

图3 – 3 – 4　林业措施生态影响价值构成

Fig. 3 – 3 – 4　The ecological effect of the value of the forest measures

在草地治理措施中，人工种草、基本草场有明显的生物质产出效益，也因此消耗了一定的水分（图3 – 3 – 5）。与此同时，围栏封育等天然植被恢复措施，在补充工程消耗水资源的同时，其保育土壤、生物质生产、生物多样性价值较为均衡。总体上看，草地治理在消耗了大量水资源后，有较明显的生物质生产效益和保育土壤效益，平均每消耗1元水资源，可以产生3.5元的经济产出和3.25元的保育土壤效益。

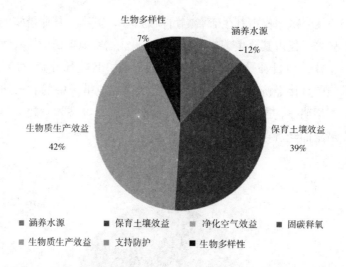

图 3 - 3 - 5 草地治理措施生态影响价值构成

Fig. 3 - 3 - 5 The constitute of ecological impact value of grassland measures

水利水保措施中，商都县将水源工程与节水灌溉相结合，提高了水资源的利用效率，节水灌溉服务面积5. 42万亩也大于水源工程的3. 72万亩，从节水总量上接近水源工程的农田、草场灌溉消耗（图3 - 3 - 3），支持了生产用水需求，同时保证了生物质产出和支持防护产出效益，增强了工程可持续性。小流域综合治理措，其主要的生态影响在于保育土壤，减少流域内山洪、泥石流等自然灾害的发生（图3 - 3 - 7）。

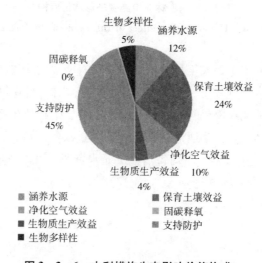

图 3 - 3 - 6 水利措施生态影响价值构成

Fig. 3 - 3 - 6 The constitute of water conservation measures ecological impactvalue

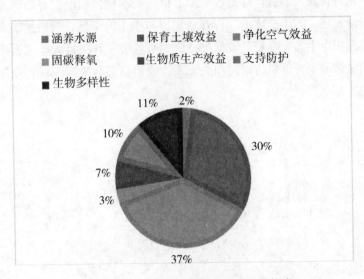

图 3 – 3 – 7 小流域治理生态影响价值构成

Fig. 3 – 3 – 7 The ecological effects of small watershed management value

商都县位于农牧交错地带，人口经济压力导致的滥垦滥牧现象相对严重，生态系统退化过程明显。林业措施、草地治理措施及小流域综合治理，扩大了生物种群规模和基因库，提升了当地生态系统复杂度和稳定性。当地林业专家表示，自工程实施起，原有的植被病害及蝗灾得到大幅度抑制，工程的生态多样性价值明显。

3. 各工程措施运营效益评价

由于沙源工程各项措施多数为人力工程措施，需要一定的人为干预和运营投入，结合工程运营费用，可以对已建成的工程项目的可持续性进行评价。以商都生态建设一线人员所提供资料，人工所造林地、草地一般需要运营费用225元/（hm² · a），封山育林、围栏封育等自然恢复措施需要 30 元/（hm² · a）的运营费用，水源工程及配套的节水灌溉服务农田需要 750 元/（hm² · a）的费用，小流域治理中的水土保持林和围栏封禁与人工林地、自然恢复措施的运营费用相同。

通过图 3 – 3 – 8 可以明显发现，农田防护林及水浇地建设运行效益最高，说明将生态系统服务与生物质生产相结合应是下一阶段工程的着力点。其次是工程实施面积较大的人工造林及人工造林补贴，再次是封山育林及以封代造。林业生态工程单位面积效率比草地治理及水利措施高，说明了林业生态措施的运营效率相对较高。最后，对比各类工程措施的单位面积净生态影响及其实施面积，可以发现，除小流域治理沟谷塘坝因与水土保持林、围栏封禁面积相重叠，单位面积净生态影响相对较低外，商都县各类工程项目的单位面积净生态影响与其实施面积有近似的正向相关关系，说明商都县沙源工程各项措施配比较为合理。

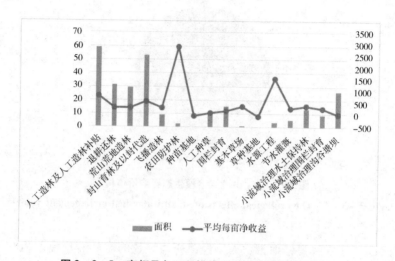

图3-3-8　商都县各工程措施生态影响价值运营效率

Fig. 3-3-8　Effects of the structure of the engineering measures of the ecological value of Shangdu County

4. 各工程措施投资效率评价

生态影响价值投资效率是指工程项目单位投资所带来的生态影响价值，可为工程各项措施的调整和优化提供参考。由于本研究于2013年开展实地调查，故所计量的价值量均以2013年相应价格为标准，计量各项目建成后扣除运营费用的稳定的生态影响价值量。而由于工程建设是一个长期过程，其各年工程投资额及单位面积投资额受工程实施期的农业生产资料影响很大。此外，不同年度投资受到利率影响而不同，相同数量资本随时间期限加长而增值，应当以无风险资金价格对投资额进行折算后才能进行汇总。本研究将工程历年投资额应当折现为2013年价值，以工程平稳期年度生态影响价值的2013年价值为收益，方可进行投资效率评价。

本文所采用的工程历年总投资额折算方法如所示：

$$PVC = \sum_{t=1}^{n} \frac{C_t}{(1+R_{nz}^t) \times (1+R_{zj}^t)} \tag{3-3-5}$$

式中：PVC 为总投资现值；

t：为投资期与 2013 年时间长度

C_t：为第 i 年前工程投资额；

R_{nz}^t：为 t 期农资折算率；

R_{zj}^t：为 t 期资金折算率；

其中：

$$R_{nz}^t = \Pi_{i=1}^t \ (1 + r_{nzi}) \ -1 \qquad\qquad (3-3-6)$$

$$R_{nz}^t = \Pi_{i=1}^t \ (1 + r_{zji}) \ -1 \qquad\qquad (3-3-7)$$

r_{nzi}：为 2013 年 i 年前内蒙古农业生产资料价格指数；

r_{zji}：为 2013 年 i 年前中国人民银行无风险利率（资本价格）。

本文根据 2000—2013 年内蒙古农业生产资料指数及中国人民银行基准利率，计算历年工程投资额的折现率。

表 3 – 3 – 16　商都县沙源工程投资折现率

Table 3 – 3 – 16　Shangdu County sand source project investment discount rate

年度	内蒙古农业生产资料 指数（上年 = 100）	中国人民银行 上年 1—3 年期贷款 基准利率	投资折现率 （100%）
2013	103.5	6.15	1.00
2012	104.9	6.65	1.10
2011	106.3	5.85	1.22
2010	102	5.4	1.37
2009	99.7	5.4	1.47
2008	114.9	6.39	1.55
2007	103	5.85	1.88
2006	101.1	5.58	2.04
2005	108.3	5.58	2.18
2004	109.5	5.85	2.48
2003	101.2	5.85	2.86
2002	102.6	5.85	3.07
2001	101.4	5.85	3.33
2000			3.57

4.1 各林业措施项目的投资效率评价

本研究搜集并分析了商都县林业局历年工程投资数据，获得了包括人工造林、农田防护林、飞播造林、封山育林、种苗基地在内的历年国家投资及地方配套投资，由于退耕还林及荒山荒地造林的地方配套资金数据缺失，但其工程内容与人工造林接近，故本研究以人工造林的投资效率代表退耕还林及荒山荒地造林投资效率。同理，以封代造工程的生态影响投资效率以封山育林代表。沙源一期工程林业措施投资额均折算至 2013 年价值（表 3 - 3 - 17）。

分析各林业工程项目的单位面积投资额，最大的为种苗基地项目，为 2,661.19 元/mu，由于其项目定位为提供林业措施所需林木种苗，其通过高投入，并以消耗了一定的水资源为代价，为其他的林业工程项目供应种苗，其生态影响价值部分转移至其它的工程措施中，故其单位生态影响价值效率为 - 0.85%。其它的林业措施项目中，农田防护林的单位面积投入最高，达 765.40 元/mu，分别为人工造林、飞播造林、封山育林的 2.61、2.61、5.66 倍。其年生态影响价值投资效率也最高，为 376.39%，其中支持防护效益占 77%。其他林业措施项目中，以封山育林为代表的自然植被恢复措施的生态影响价值投资效率为 228.76%，其次为人工造林 111.83%，最后为飞播造林 105.65%。从各类措施的生态影响价值构成（图 3 - 3 - 3）和（3 - 3 - 8）中可以看出，以上林业措施项目的生态影响构成和单位面积价值并无太大差异，主要的效率差异来自于工程单位面积造林投资的差异。

通过以上讨论说明，农田防护林因其支持防护效益所产生的农作物增产效益，而成为了林业措施中生态影响投资效率最高的工程项目。其他的林业工程项目的投资效率主要受到单位面积投资的影响，其中封山育林因其较低的工程投入，成为效率次高的工程措施。人工造林、飞播造林工程效率最低，但也均可在 1 年内回收工程投资，总体而言，林业生态措施具有较高的生态影响价值投资效率。

表 3 - 3 - 17　林业措施投资效率

Table 3 - 3 - 17　Forestry measures over the investment conversion

（单位：万元）

年份	人工造林	农田防护林	飞播造林	封山育林	种苗基地
2000	2,853.58	—	—	—	—
2001	1,795.96	—	299.33	492.23	182.92
2002	640.94	805.01	1,068.75	711.48	147.20

年份	人工造林	农田防护林	飞播造林	封山育林	种苗基地
2003	—	858.68	736.01	1,051.88	153.34
2004	—	99.34	298.02	684.71	99.34
2005	—	150.48	259.52	453.61	—
2006	306.64	—	—	715.49	—
2007	1,352.20	—	—	262.93	—
2008	2,787.13	—	—	650.33	—
2009	3,093.86	—	—	721.90	—
2010	891.64	—	—	672.16	—
2011	954.05	—	—	256.86	—
2012	1,686.42	—	—	230.27	—
2013	715.00	—	—	—	—
历年投资总计	17,077.42	1,913.51	2,661.63	6,903.84	582.80
年度净生态影响价值	19096.91	7202.30	2812.00	15793.50	-4.93
单位面积投资额	292.67	765.40	292.49	135.08	2,661.19
年生态影响价值投资效率	111.83%	376.39%	105.65%	228.76%	-0.85%

4.2 各草地治理措施项目投资效率评价

本研究所讨论的草地治理措施包括人工种草、基本草场、围栏封育、草种基地四种工程措施，其折算为2013年价值的工程投资额如表3-3-18所示。从表中可以看出，工程的单位面积投资额以草种基地最高，达4,030元/mu，扣除水资源消耗及工程运行费用后的年生态影响投资效率为-1.18%，其工程服务草地治理建设草种需求的定位相符。其他的草地治理项目中，基本草场通过建设高产青贮草地，其单位生态影响投资效率最高，达323.42%，通过图3-3-3可看出，基本草场每消耗1元水资源，可以产生2.38元的生物质产出价值。人工草地同样通过消耗水资源来满足其生物质生产需求，平均1元水资源消耗仅可产生1.3元生物质，但同时可提供0.7元的保育土壤价值，即使如此，其年生态影响价值效率仅为37.79%，投资回收期为2.65年。相反通过围栏封育的自然植被恢复过程，其生态影响投资效率达135.97%，其生态影响价值构成较为均衡，是草地治理措施中唯一的有正面涵养水源功能的工程项目（图3-3-10），综合从水资源消耗和生物质产出来看，商都县应当大力发展围栏封育措施，提高工程的可持续性。

表3-3-18 草地治理措施投资效率

Table 3-3-18 Grassland management measures the efficiency of investment

年份	人工种草	围栏封育	基本草场	草种基地
2000	—	—	—	—
2001	688.45	126.38	—	—
2002	1,226.68	116.53	116.53	269.87
2003	1,104.02	662.41	—	294.40
2004		64.57		
2005	130.85	303.13	—	—
2006	122.66	286.20	—	—
2007				
2008	—	433.55	—	—
2009	—	103.13	—	—
2010	—	109.74	—	—
2011	—	—	—	—
2012	—	—	—	—
2013	20.00	—	—	—
历年投资总计	3,292.66	2,205.65	116.53	564.27
年度净生态影响价值	1,244.21	2,999.11	376.90	-6.67
单位面积投资额	297.31	143.69	116.53	4,030.53
年生态影响价值投资效率	37.79%	135.97%	323.42%	-1.18%

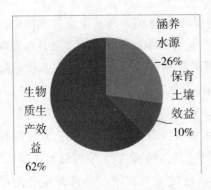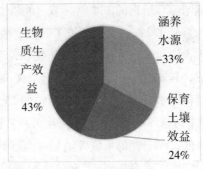

图 3 - 3 - 9　基本草场 a 人工种草 b 生态影响价值构成

Fig. 3 - 3 - 9　Basic pasture a, Artificial grass b Ecological impact value

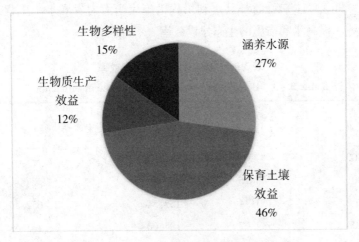

图 3 - 3 - 10　围栏封育生态影响价值构成

Fig. 3 - 3 - 10　Fencing ecological impact value

4.3 各水利措施项目的投资效率评价

本研究搜集了 2000—2013 年商都县水利措施的国家投资和地方配套资金数据。其中，小流域治理为综合水利措施，内部各项目生态影响价值量不再具有性质方面的差异，故作为整体进行投资效率评价。商都县水利措施中，小流域综合治理、水源工程、节水灌溉的占水利措施总投资的比重分别为 73%、14%、13%。从单位面积投资来看，水源工程在其服务范围①内单位投资额 636.41 元，

① 水源工程及节水灌溉服务面积以其服务农地面积计算，按照《京津风沙源治理工程设计方案》每处水源工程或节水灌溉工程所服务农地均为 50 亩。

是小流域综合治理的 1.4 倍，节水灌溉工程的 1.63 倍，而其生态影响价值投资效率为每年 242%，大大超过了其投资额，超过为小流域综合治理及节水灌溉工程的 3.3 倍。水源工程的高投资效率说明水资源仍旧是商都县生态建设中的薄弱环节，其支持防护产出占其净生态影响价值比重达到 125.8%（图 3 - 3 - 3），而其消耗的水资源占其净生态影响的 25.8%，说明水源工程通过消耗 1 元水资源，提供了 4.88 元的农作物产出效益。而节水灌溉工程则通过提高水资源利用率，降低水源工程的水资源消耗对商都县生态环境的影响，发挥涵养水源作用，其工程年投资效率达到 72.76%，投资回收期仅需 1.37 年。小流域综合治理投资效率为 73.52%，与节水灌溉工程基本持平，但其主要生态影响内容有所不同，主要生态影响为保育土壤、涵养水源、净化空气，各项生态影响较为平衡（图 3 - 3 - 7）。总体来看商都县水利工程措施应当大力发展水源工程，结合节水灌溉措施，提高水利措施的生态建设效率。

表 3 - 3 - 19　水利措施投资效率

Table 3 - 3 - 19　Water conservancy investment efficiency

年份	水源工程（万元）	节水灌溉（万元）	小流域综合治理（万元）
2000	—	—	—
2001	548.76	—	888.00
2002	153.34	153.34	2,652.70
2003	582.67	184.00	2,465.63
2004	248.35	230.97	839.43
2005	228.99	342.39	1,450.25
2006	224.87	275.98	868.81
2007	159.64	163.39	469.52
2008	185.81	232.26	356.13
2009	—	44.20	486.18
2010	—	301.79	960.23
2011	—	183.47	122.31
2013	35.00	—	320.00
历年投资总计	2,367.43	2,111.78	11,879.21
年度净生态影响价值	5747.4	1536.57	8733.39

续表

年份	水源工程（万元）	节水灌溉（万元）	小流域综合治理（万元）
单位面积投资	636.41	389.63	452.96
年生态影响价值投资效率	242.77%	72.76%	73.52%

4.4 工程项目投资效率对比

本研究为比较林业措施、草地治理措施及水利水保措施的投资效率，将林业工程措施中的退耕还林、荒山荒地造林、人工造林试点补贴工程的投资按照其与人工造林措施的面积比例进行计算，并汇成人工造林类以计算此类工程措施的工程投资额。以封代造以相同方式汇入封山育林。在对各类措施投资估算的基础上，评价三大工程措施的生态影响投资效率，如图 3 − 3 − 11 所示。

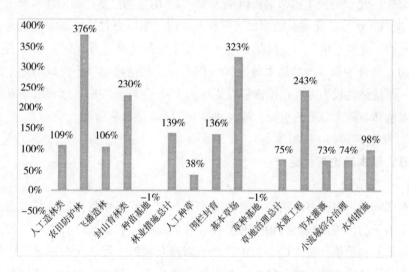

图 3 − 3 − 11　各类工程措施项目生态影响价值效率对比

Fig. 3 − 3 − 11　**Comparison of ecological value efficiency of various engineering measures project**

从中可以看出，林业措施总体的生态影响投资效率较高（138%），其次为水利措施的98%，其投资回收为1年左右，草地治理措施的投资回收期约为1.3年，其年投资回报率为75%。相对于金融市场，商都县林业生态工程的投资回报率高，生态影响效益显著。其中，农田防护林、基本草场、水源工程等有显著生物质生产或支持防护效益的工程项目投资效率最高。其次，是以封山育林和围栏封育为代表的自然植被恢复措施，再次，是人工造林、飞播造林及人工种草等人工植被恢复措施，最后是草种基地、林木种苗等工程配套措施。由此可见，商都县沙源工程应当继续以林业措施为主，草地治理及水利措施相配套，大力开展农田防护林、基本草场及水源工程建设，优化工程结构，提升工程效率。

以上分析中，各项工程措施的投资收益效率均较高，工程的总投资效率为127.8%回收期0.78年，相较于一般投资项目，整体收益率较高，相当于平均国债利率4.92%的25.8倍。对比京津风沙源其他工程治理区的生态影响投资效率，属丘陵水源治理区的北京市昌平区2010年生态影响价值为7127万元（乔娜，2013），年均费用效益为10.1%差距较大。但与同为内蒙古的正蓝旗年均生态效益93918.51万元相近（郭磊2006）。在生态影响价值结构方面，本地区生态影响价值构成中净化空气价值与保育土壤价值占60%，而北京市昌平区则仅占8.55%，北京地区生态影响价值中占55.02%的生物质生产价值在本地区仅占9%，但与正蓝旗、化德县的相关研究相近，说明本研究对生态影响价值的估算是合理的。此外，由于本地区的工程投资最主要的是林业（56%）和水利投资（32%），造林中低成本的灌木林地90%以上，水利措施也以小流域治理中的灌木水土保持林建设为主，单位面积投资仅为150—300元左右，远远低于其他地区乔木造林600元以上的投资，极大地提升了工程的投资效率。

五、基本结论与讨论

1. 主要结论

本研究采用列表清单法对内蒙古商都县沙源工程各项目内容及其对当地各类生态因子的作用过程进行识别和分析，在此基础上，借鉴已有的生态服务价值指标体系和价值计量方法，构建适合于商都县沙源工程的生态影响价值评价体系及价值评价方法。以此分析沙源工程各项措施的生态影响价值结构和相对效率，最终得出以下结论：

（1）结合相关研究成果，通过实地调查、专家访谈等方式对商都县沙源工程各项措施的生态影响进行分析，识别出其主要的生态影响：一、工程对生态系统环境功能产生的影响，主要表现为涵养水源、保育土壤、净化环境、生物质生产、固碳释氧、支持防护、保护和维持生物多样性等方面。二、从影响方向来看，部分工程措施产生了一定的负面生态影响，包括工程项目中人工造林、农田防护林、种苗基地、人工种草、基本草场、水源工程，其工程耗水量超过生态补给量，形成对水资源的净消耗。但从总体上来看，工程的水源涵养功能大于其消耗水资源量。三、商都县沙源工程对生态环境的影响有正面的生态影响。

（2）本研究对商都县沙源工程的生态环境影响进行分析，得出工程实施以来，草地面积增加了 $1.84 \times 10^4 hm^2$，森林面积增长 $12.58 \times 10^4 hm^2$，新增水浇地 $0.24 \times 10^4 hm^2$。工程每年增加 $930.12 \times 10^4 m^3$ 的水资源消耗，同时调节并净化 $2458.98 \times 10^4 m^3$ 径流；减少土壤流失 $715.76 \times 10^4 t$，避免土壤损失氮、磷、钾元素 $0.79 \times 10^4 t$、$0.002 \times 10^4 t$、$0.13 \times 10^4 t$；固定二氧化碳 $3.09 \times 10^4 t$，释放氧气 $2.26 \times 10^4 t$，提高生物质产出 $20.84 \times 10^4 t$。

（3）本研究运用市场价值法、替代市场法、治理成本法、影子工程法、机会成本法等方法，对商都县沙源工程的生态环境影响进行了价值评价，结合工程运营成本及投资成本，从总体上衡量了各工程措施的投资收益，并对各个工程措施的相对效率进行比较。具体来看，保育土壤、净化环境功能的价值最大，均占到30%左右，在商都县所在的北方农牧交错带，净化环境及保育土壤两种生态影响价值属同一过程的两个方面，其影响价值总和达到60%，说明工程主要针对的是风蚀沙化问题。其次为支持防护价值（16%），生物质生产价值（9%），两者对当地农林牧业发展及农牧民生活有直接影响，共占工程生态影响的25%，反映了工程在促进农牧业生产经营方面的作用。生物多样性价值（10%）主要体现为植被病虫害的减少，降低了生态环境风险。最后是固碳释氧和涵养水源价值，分别占3%和2%，说明沙源工程对和自然资源的恢复作用有限。

（4）通过对比商都县沙源工程各工程项目的投资效率，农田防护林、基本草场、水源工程建设投资效率最高，分别为376%、323%、243%，三者主要生态影响为生物质产出或支持防护产出，有较高的直接经济效益，且均消耗一定的水资源。其次，植被自然恢复措施如封山育林、围栏封育的投资效率分别为230%、136%，高于人工植被恢复措施如人工造林、人工种草的109%、38%，应当加强自然植被恢复措施建设力度。最后林业、草地治理、水利措施的投资效率分别为138%、75%、98%，说明应进一步增加林地建设和水利措施比重，提高工程投资效率。

2. 讨论

本文对商都县沙源工程生态环境影响的价值评价只是一个相对粗略的估算，有许多潜在生态影响价值未纳入评价指标体系，一些价值评价方法比较保守。这是因为，一方面工程成果调查所需大量的人力物力，全面地考察各项生态影响过程并不现实，而只能针对涵养水源、保育土壤、固碳释氧、生物质生产、支持防护这五项功能尽可能深入地调查和评价，因为这五项生态影响直接联系与当地主要生态问题和经济效益。对于生物多样性价值仅能采用估算方法进行评价。另一方面，由于生态影响价值评估方法目前尚无定论，许多学者根据不同的评价指标体系和价值评估方法得出的结果差距很大，所以本文采取保守态度，价值评价方法尽量采用当地数据，并以价值的可实现性作为选择价值评价方法的原则，因此本研究所评价的生态环境影响价值可认为只是总体生态影响价值中最低部分。

3. 研究的创新与不足

本文对商都县沙源工程各类措施的生态影响价值进行了探索。结合前人的研究成果，通过实地考察、专家咨询和文献搜集等方式，运用列表清单法对商都县沙源工程的生态影响进行了系统的识别，并选取与当地生态问题和经济发展高度相关的生态影响指标，构建了适合北方农牧交错地带的生态影响价值评价体系。采取相对保守和科学的态度，选取相应的生态经济学价值评价方法，对商都县沙源工程的生态影响价值进行计量。在此基础上，结合各项工程措施的运行费用和投资，首次对工程各项措施的相对效率进行评价，为工程的下一步实施和优化提供参考。

由于当前关于风蚀沙化地区的植被修复工程的生态学规律还缺乏全面的认识，相关数据和资料不足以对工程所涉及的生境类型进行全面和精确的预测，因此，本研究只是对工程产生的生态环境影响的年均价值进行结构性描述和效率评价，得出生态影响价值及其投资效率只是个粗略的估算值，对于生态影响随时间的变化尚未进行考虑，所以本研究所开展的内容尚不能满足全面评估的需要，而仅是一个小小的开端，随着对沙源工程地区植被恢复生态过程的研究的持续，以后还将对动态生态影响价值进行折现，结合工程投资进一步衡量不同工程措施的投资效率。

第四节　河北省康保县京津风沙源治理工程生态效益评估

一、河北省康保县概况及京津风沙源治理工程实施情况

1. 自然地理情况

1.1 地理位置与地形地貌

康保县位于河北省西北部，地处冀蒙结合部内蒙古高原的东南缘，属阴山

穹折带，俗称"坝上高原"，平均海拔 1450 米，地理坐标为东经 114°11′—114°56′，北纬 41°25′—42°08′。

康保地貌大致可分为低山丘陵区、缓坡丘陵区和波状平原区三种类型。总观全境，地势由东北向西南缓缓倾斜，阴山余脉横贯康保县。东北部的镶黄旗山，标高 1784 米，构成该区主峰；西南部的盐淖岸，标高 1282 米，为该区地势最低洼之处。东从镶黄旗山起，西经庙弯子山、人头山直至阿淖山一线，构成全境的分水岭，向南向北逐渐形成低山和缓坡丘陵地形。丘陵地区无高山峻岭，山头秃圆，山坡平缓，山间广布谷地、盆地。南部广大地区为波状平原，地形开阔，地势平坦，岗梁、平滩和盆地相间分布，在低洼积水处形成星罗棋布的浅碟形内陆湖泊（淖）。

1.2 气候特征

康保属东亚大陆性季风气候中温带亚干旱区，夏季凉爽，雨热同期，年均气温 1.2℃，无霜期为 114 天，日照时数 3100 小时，光照资源属全国二类地区，是河北省光照时间最长的县，是全省唯一的无河县。康保县灾害性天气以干旱、风沙、冰雹、霜冻为主，尤以干旱为最，素有"十年九旱"之称。

1.3 自然资源

（1）矿藏资源。康保县矿产资源丰富，已发现煤炭、花岗岩、萤石、铅锌、黄金、钨等矿藏 33 种，开发利用 12 种，探明煤炭保有储量 7840 万吨、花岗岩储量 1.5 亿立方米、萤石矿储量 350 万吨、铅锌矿储量 460 多万吨、黄金储量 2 吨、石英岩储量 5 亿吨，多数未经深度开发。

（2）风能资源。据测风结果显示，10 米高年风速 5.82—7.5 米/秒，有效风速时间 7000—8000 小时，风功率密度 255—480 瓦/平方米。主风向稳定，达到国标四至七级标准，是全国风能资源最好的地区之一。

（3）土地资源。康保县 2007 年拥有林地 120 万亩，草场 170 万亩。累计完成京津风沙源治理等生态工程 300 万亩，在北部沿蒙边界形成了 1500 平方公里的生态综合开发区，构筑起一道绿色生态屏障。

（4）水资源。康保县有季节性河流 5 条，全长 153.32 公里。淖泊 81 个，水面面积 26.4 平方公里。全县水资源总量 1.136 亿立方米，地下水资源量 9983 万立方米，地表水资源量 1902 万立方米，降雨是唯一的补给方式，多年平均降雨量 360 毫米左右，有小型水库 2 座，总库容 710 万立方米。2012 年，全县总用水量为 5809 万立方米，其中农业用水量 4960 万立方米，占 85.4%；工业用水量 175 万立方米，占 3.5%；城乡生活用水量 660 万立方米，占 10.9%；生态用水量 14 万立方米，占 0.2%。

2. 康保县社会经济情况

康保县共计有 15 个乡镇，326 个村庄，总户口数 105913 户，总人口 280547 人，城镇化率为 30.0%，地区总生产总值为 269584 万元，农业生产总值为 237563 万元。国土面积 3365 平方公里，常用耕地面积 145 万亩，粮食总产量 62762 吨。规模以上工业生产总值 56138 万元，财政总收入 13650 万元，城镇人均可支配收入 11833 元，农民人均纯收入 3280 元。

3. 康保县京津风沙源工程实施情况

康保县地处北部坝上高原，是河北省受水力侵蚀、风力侵蚀较严重的县区之一。"十五""十一五"期间，利用国家项目资金的推动，康保县实施了京津风沙源治理工程。工程措施主要包括林业措施、农业措施和水利措施。

3.1 林业措施

康保县所实施的京津风沙源项目林业措施中，包含第一期实施的退耕还林、农田林网、封山育林、人工造林、飞播造林以及从 2008 年开始实施的巩固阶段的补植补造、抚育经营、产业基地。

总体来看，2000—2012 年，康保县共计完成京津风沙源工程林业措施项目 2378000 亩，其中，退耕还林 1103000 亩；农田林网工程 35000 亩；封山育林 195000 亩；人工造林 125000；飞播造林 40000 亩；补植补造 570000 亩；抚育经营 260000 亩；产业基地 50000 亩。具体如图 3 - 4 - 1 所示。

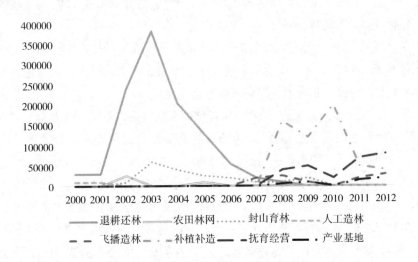

图 3 - 4 - 1　康保县 2000—2012 年京津风沙源治理工程林业措施面积

Fig. 3 - 4 - 1　Forestry measures areas of Beijing – Tianjin sandstorm source control project in Kangbao county 2000—2012

（1）第一期林业措施

从第一期工程来看，所涉及的林业工程项目主要有退耕还林、农田林网、封山育林、人工造林、飞播造林等。从2000年开始试点以来，共计实施一期工程1458000亩。具体如表3-4-1、图3-4-2所示。

表 3 - 4 - 1　康保县 2000 - 2012 年京津风沙源治理工程第一期林业措施面积

Tab. 3 - 4 - 1　Forestry measures areas in the first phase of Beijing-Tianjin sandstorm source control project in

Kangbao county 2000—2012

单位:亩

年份	2000	2001	2002	2003	2004	2005	2006	2007	2008	2009	2010	2011	2012
退耕还林	30000	30000	240000	384000	204000	130000	55000	20000	10000	0	0	0	0
农田林网	0	0	25000	0	0	10000	0	0	0	0	0	0	0
封山育林	0	0	10000	60000	40000	25000	20000	10000	10000	20000	0	0	0
人工造林	10000	10000	0	0	0	0	0	0	0	0	0	0	0
飞播造林	0	0	0	0	0	0	0	20000	25000	10000	0	20000	30000

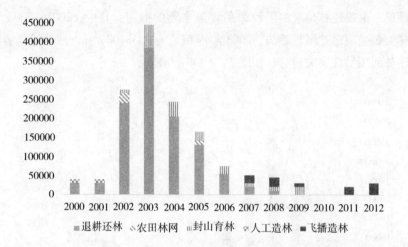

图 3 – 4 – 2 康保县 2000—2012 年京津风沙源治理工程第一期林业措施面积单位：亩

Fig. 3 – 4 – 2 Forestry measures areas in the first phase of Beijing –
Tianjin sandstorm source control project in Kangbao county 2000—2012

从 2000—2012 年京津风沙源项目一期林业措施面积来看，退耕还林工程所占面积最大，为 1103000 亩，占总体比例为 76%；其次为封山育林，实施面积 195000 亩，占总体比例为 13%；飞播造林实施面积 105000 亩，占总体比例为 7%；农田林网实施面积 35000 亩，占总体比例为 3%；人工造林实施面积 20000 亩，占总体比例为 1%。具体如图 3 – 4 – 3 所示。

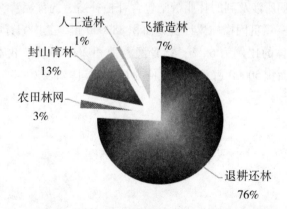

图 3 – 4 – 3 2000—2012 年康保县京津风沙源工程第一期林业措施面积

Fig. 3 – 4 – 3 Forestry measures areas in the first phase of Beijing –
Tianjin sandstorm source control project in Kangbao county 2000—2012

　　显见，退耕还林是京津风沙源工程最主要的措施，其中，2001—2003年退耕还林面积呈现迅速增长趋势，2003年面积最大达384000亩，其后每年实施的退耕还林面积呈现递减趋势，如图3-4-4所示。

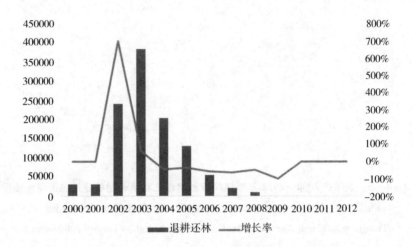

图3-4-4　2000—2012年康保县退耕还林实施面积及增长率

Fig. 3-4-4　Areas and growth rate of RGLF in Kangbao county 2000—2012

（2）巩固期林业措施

　　为了巩固京津风沙源工程治理效果，2008年开始实施京津风沙源治理工程巩固措施。巩固期所涉及到的林业措施包含补植补造、抚育经营、产业基地等。2008—2012年，三项巩固措施累计实施面积880000亩，其中累计补植补造面积570000亩，占总体的比例为65%；抚育经营面积260000亩，占总体的比例为29%；产业基地面积50000占总体的比例为6%。具体如表3-4-2、图3-4-5、图3-4-6所示。

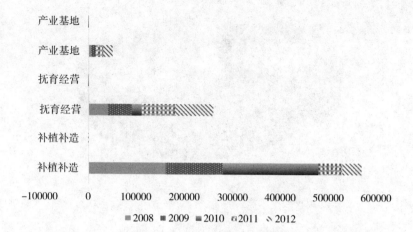

3 - 4 - 5　康保县2008—2012年京津风沙源治理工程巩固阶段林业措施面积单位：亩

Fig. 3 - 4 - 5　Forestry measures areas in the results consolidation stage of Beijing - Tianjin sandstorm source control project in Kangbao county 2008—2012

表 3 - 4 - 2　康保县2000—2012年京津风沙源治理工程巩固阶段林业措施面积

Tab. 3 - 4 - 2　Forestry measures areas in the results consolidation stage of Beijing - Tianjin sandstorm source control project in Kangbao county 2000—2012

单位：亩

年份	2000	2001	2002	2003	2004	2005	2006	2007	2008	2009	2010	2011	2012
补植补造	0	0	0	0	0	0	0	0	160000	120000	200000	50000	40000
抚育经营	0	0	0	0	0	0	0	0	40000	50000	20000	70000	80000
产业基地	0	0	0	0	0	0	0	0	5000	10000	0	15000	20000

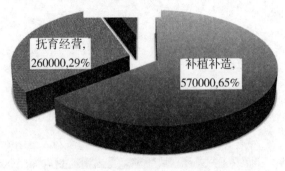

产业基地,50000,6%

抚育经营,260000,29%

补植补造,570000,65%

■补植补造 ■抚育经营 ■产业基地

图 3 - 4 - 6 康保县 2000—2012 年京津风沙源
治理工程巩固阶段累计林业措施面积及比例

Fig. 3 - 4 - 6 Accumulative forestry measures areas and ratio in
the results consolidation stage of Beijing - Tianjin sandstorm
source control project in Kangbao county 2000—2012

　　补植补造是康保县京津风沙源巩固阶段实施的最主要的林业措施,2008—2012 年,康保县累计实施补植补造面积 570000 亩,补植补造面积呈现先减少后增加再减少的变化趋势,如图 3 - 4 - 7。

　　从增长率的角度来看,2008—2012 年,抚育经营和产业基地工程量也呈现波动变化的趋势,从图 3 - 4 - 7 可以看出其增长率变化情况。

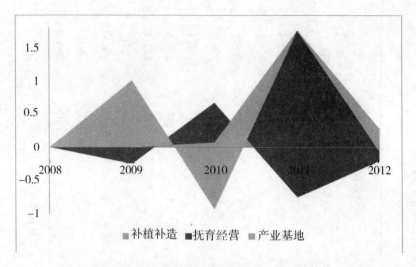

图 3 - 4 - 7　2008—2012 年康保县京津风沙源巩固阶段林业措施工程量增长率趋势图

Fig. 3 - 4 - 7　Growth rate of forestry measures in the results
consolidation stage of Beijing - Tianjin sandstorm source
control project in Kangbao county 2008—2012

总体来看，2000—2012 年，康保县京津风沙源工程项目林业措施中形成了在第一期以退耕还林为主，封山育林、农田林网等措施为辅，巩固期以补植补造为主，抚育经营和产业基地为辅助措施的京津风沙源工程项目实施特点。随着年份的变化，巩固期京津风沙源项目工程总量呈现波动增长的总体变化趋势。

3.2 农业措施

（1）建设内容

康保县京津风沙源治理工程所采取的农业措施有草地治理、禁牧、暖棚建设、饲料机械等。2000—2012 年，康保县共计完成草地治理 120.4 万亩、禁牧 679.5 万亩、暖棚建设 28.4 万平方米、饲料机械 1615 套。为了巩固退耕还林成果，进一步治理草原沙化问题，康保县从 2002 年开始推行禁牧等政策。在草原区畜牧业生产要推行舍饲圈养，并根据禁牧舍饲的实际需要，加大畜禽结构调整力度，通过引进、改良畜禽品种，优化畜禽群体结构，增大良种奶牛和肉用绵羊的比例。加强饲料基地建设，扩大优良饲料作物种植面积，提高农林副产品、农作物秸秆的处理利用率。具体如表 3 - 4 - 3 所示。

表 3 - 4 - 3　康保县京津风沙源工程农业措施建设内容

Tab. 3 - 4 - 3　Agriculture measures of Beijing-Tianjin sandstorm source control project in Kangbao county

年份	草地治理					禁牧	暖棚建设	饲料机械	合计
	人工种草	飞播牧草	围栏封育	基本草场	草种基地				
2000	4	1	5	4	0.5	0	0	0	14.5
2001	4	1.5	4	1.5	0	0	0	0	11
2002	2	1	5	1	0	30.9	2.5	110	152.4
2003	2	0	8	4	0.2	135.9	5	240	395.1
2004	0	0	5	2	0.2	135.9	5.1	160	308.2
2005	0	0	30	0	0.2	135.9	0	390	556.1
2006	0	4	15	2	0.2	135.9	0	0	157.1
2007	1	0	3	0	0.1	105	1.5	147	257.6
2008	0	0	3	2	0	0	1.7	216	222.7
2009	0	0	1	1	0	0	8	241	251
2010	0	0	2	0	0	0	3.6	18	23.6
2011	0	0	0	0	0	0	1	93	94
合计	13	7.5	81	17.5	1.4	679.5	28.4	1615	2443.3

说明：数据来源于二手资料搜集；草地治理和禁牧单位为万亩，棚圈建设单位为万平方米，饲草机械单位为套。

实施禁牧政策以后，会对牛、羊等牲畜存栏数以及出栏数形成一定的影响。如图4-4-8所示，从2002年开始实施禁牧政策以后，羊出栏数增长速度放缓后形成剧烈下降又稳步回升的趋势。从2003年开始，康保县加大禁牧、暖棚建设、饲料机械的工作力度，羊出栏数经历了快速增长阶段，2007年以后降低了禁牧力度，进一步通过引导加大暖棚建设、饲料机械力度，羊出栏数稳步回升。再从羊存栏数变化情况来看，1999—2003年，受市场影响，羊存栏数一直保持平稳变化趋势，而从2003年开始，康保县增加了对于禁牧、暖棚建设等的工作力度羊存栏数经历了短暂的增长以后呈现微小波动变化趋势。通过观察比较羊存栏数和出栏数的变化率曲线可以发现，存栏数变化曲线与出栏数变化曲线基本上保持一致变化趋势。

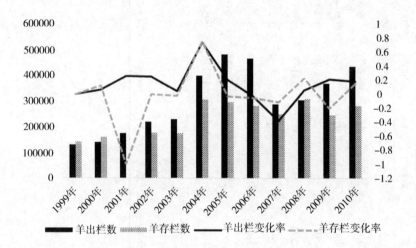

图3-4-8 1999—2010年康保县羊出栏数、存栏数、出栏变化率、存栏变化率对比

表3-4-4显示了1999—2010年康保县牛、羊出栏数、存栏数、产值及增长率情况。

表 3 - 4 - 4　1999—2010 年康保县牛、羊出栏数、存栏数、产值及增长率

	1999	2000	2001	2002	2003	2004	2005	2006	2007	2008	2009	2010
牛出栏数	17012	17849	23257	27937	29490	31065	34568	35704	29401	31441	33501	35650
牛出栏变化率	—	4.92%	30.30%	20.12%	5.56%	5.34%	11.28%	3.29%	-17.65%	6.94%	6.55%	6.41%
羊出栏数	131456	139805	175998	220075	229654	400103	482849	466422	288500	304677	368662	435019
羊出栏变化率	—	6.35%	25.89%	25.04%	4.35%	74.22%	20.68%	-3.40%	-38.15%	5.61%	21.00%	18.00%
牛存栏数	35549	37440	—	45945	51741	61733	72148	71961	59886	69238	67474	78998
牛存栏变化率	—	5.32%	—	—	12.62%	19.31%	16.87%	-0.26%	-16.78%	15.62%	-2.55%	17.08%
羊存栏数	143081	160790	—	178244	174564	305925	296397	281540	250200	307951	245327	282656
羊出栏变化率	—	12.38%	—	—	-2.06%	75.25%	-3.11%	-5.01%	-11.13%	23.08%	-20.34%	15.22%
牛产值	884	841	875	1030	2138	2225	10298	9954	7645	12974	15879	19635
牛产值增长率	—	-4.86%	4.04%	17.71%	107.57%	4.07%	362.83%	-3.34%	-23.20%	69.71%	22.39%	23.65%
羊产值	921	973	1176	1448	1857	3082	13760	11707	7242	10299	20240	25100
羊产值增长率	—	5.65%	20.86%	23.13%	28.25%	65.97%	346.46%	-14.92%	-38.14%	42.21%	96.52%	24.01%

数据来源：康保县 2011 年统计年鉴。

如图 3 - 4 - 9 所示，1999—2003 年，牛羊产值都经历了稳定增长阶段。2004—2005 年牛羊产值迅速增长其后又经历了下滑，2007 年达到最低点后开始反弹，并一直保持稳步增长趋势。可以说明，京津风沙源治理工程实施以后，尤其是 2003 年开始实施禁牧政策，对牛羊产值造成了一定的影响，并在 2007 年触底以后，2008 年开始进入稳定增长阶段。

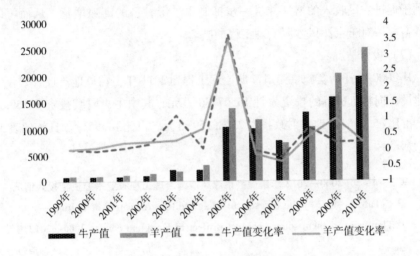

图 3 - 4 - 9　1999—2010 年康保县牧业中牛、羊产值及其变化率

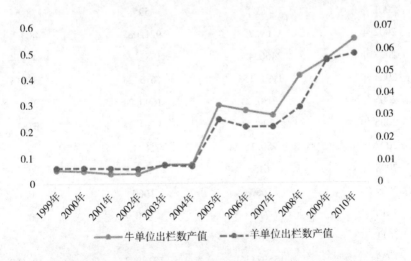

图 3 - 4 - 10　1999—2010 年康保县牧业中牛、羊单位出栏数产值

再从单位出栏数产值角度分析。如图 3 - 4 - 10 所示，京津风沙源治理工程开始实施以后，2000—2004 年，主要牲畜牛羊的单位出栏数产值都基本上保持稳定变化，而 2004 年以后，主要牲畜牛羊的单位出栏数产值都明显增加，分析可能的原因是随着 2003 年开始实施禁牧政策以后，配套的暖棚建设、饲料机械投入以及牲畜品种调整所产生的效益开始凸显，大大提升了单位出栏数的产值，有利于促进农民收入的增加并进一步抑制牛羊等牲畜的高速增长，从而可以减少牲畜养殖对于京津风沙源治理工程的破坏。

（2）投资情况

从 2000 年开始实施京津风沙源治理工程到 2011 年，在草地治理、禁牧、暖棚建设、饲料机械等的投资累计 15507.36 万元，其中中央财政投资 13189.2 万元，占比 85.05%；地方财政投资 2318.159 万元，占比 14.95%。具体如表 3 - 4 - 5 所示。

表 3 - 4 - 5　2000—2012 年康保县京津风沙源治理工程农业措施资金投入情况

Tab. 3 - 4 - 5　The investment of agriculture measures of Beijing - Tianjin sandstorm source control project in Kangbao county 2000—2012

单位：万元

年份	总投资	中央投资	地方配套
2000 年	1382.86	1060	322.86
2001 年	773.5	595	178.5
2002 年	1169.757	921.087	248.67
2003 年	2466.454	1982.24	484.214
2004 年	1991.155	1615.24	375.915
2005 年	2080.24	1690.24	390
2006 年	1708.24	1390.24	318
2007 年	750.15	750.15	0
2008 年	615	615	0
2009 年	1660	1660	0
2010 年	710	710	0
2011 年	200	200	0
总计	15507.36	13189.2	2318.159

数据来源：康保县二手资料搜集。

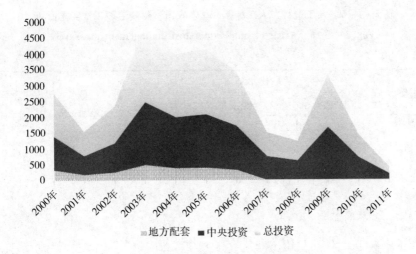

地方配套 ■中央投资 总投资

图 3 - 4 - 11 2000—2011 年康保县京津风沙源治理工程农业项目投资

Fig. 3 - 4 - 11 The investment of agriculture measures of Beijing -
Tianjin sandstorm source control project in Kangbao county 2000—2011

从图 3 - 4 - 11 可以看出，2000—2011 年，康保县京津风沙源治理工程农业项目投资中以中央财政投资为主地方财政投资配套为辅，且在 2003 年投资额度达到最大值起手开始呈现下降趋势。2003 年开始，为了巩固京津风沙源治理工程成效，开始实施禁牧、暖棚建设、饲料机械等，投资额度明显增加。其后，投资额度呈现下降趋势。

3.3 水利措施

康保县京津风沙源治理工程所采取的水利措施有小流域治理工程和水利配套工程，而小流域治理工程主要包含人工造林、人工种草、基本农田、封禁治理、小型蓄排工程等；水利配套工程包括水源工程、节水工程等。

（1）小流域治理工程建设内容

小流域治理工程措施主要包括人工造林、人工种草、基本农田、封禁治理、小型蓄排工程等。表 3 - 4 - 6 显示了 2000—2012 年康保县人工造林、人工种草、基本农田、封禁治理等项目工程实施面积情况。

表3-4-6　人工造林、人工种草、基本农田、封禁治理工程实施面积

Tab. 3-4-6　Areas of small watershed management measures

单位：公顷

年份	人工造林				人工种草	基本农田	封禁治理
	乔木林	灌木林	经济林	小计			
2000	150	1051.4	0	1201.4	290	220	288.6
2001	80	843	0	923	40	477	160
2002	11.1	1923.9	42.3	1977.3	55.3	367.4	0
2003	12.3	850.5	23.9	886.7	40	73.3	0
2004	476.33	703.47	0	1179.8	72.2	48	0
2005	173.3	1471.3	0	1644.6	0	55.4	0
2006	233.3	266.7	0	500	0	0	0
2007	713.7	1253	0	1966.7	0	33.3	0
2008	800	1900	0	2700	0	34	266
2009	503.5	1106.2	0	1069.7	0	54	836.3
2009 年扩大	523.9	664.6	0	1188.5	0	0	311.5
2010	458.6	344.7	0	803.3	0	0	196.7
2011	522.3	169.8	0	692.1	0	50	257.9
2012	0	0	0	0	0	0	0
合计	4658.3	12548.6	66.2	16733.1	497.5	1412.4	2317

数据来源：康保县二手资料搜集。

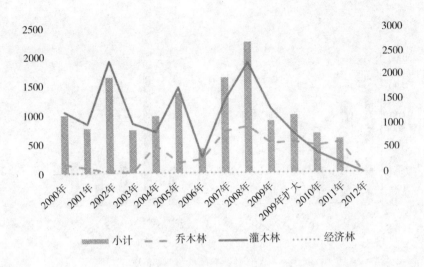

图 3 - 4 - 12　康保县 2000—2012 年人工造林情况

Fig. 3 - 4 - 12　Forest plantation of small watershed management measures
in Kangbao county 2000—2012

从图 3 - 4 - 12 可以看出，2000—2012 年康保县人工造林面积发生了波动变化。总体而言，造林面积中，灌木林面积要远大于乔木林造林面积，而经济林造林面积所占比例最小。2000—2012 年，康保县累计造林 17273.1 公顷，乔木林面积 4658.33 公顷，灌木林面积 12548.57 公顷，经济林面积 66.2 公顷。康保县属于降水少的干旱地区，在京津风沙源治理工程中所造林木树种主要为耐旱树种。

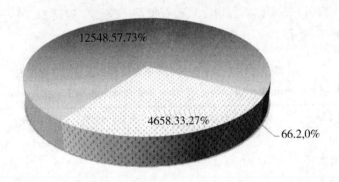

图 3 - 4 - 13　康保县 2000—2012 年乔木林、灌木林、经济林累计面积

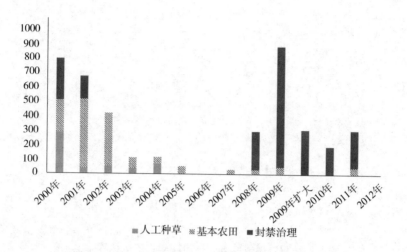

图 3 - 4 - 14　2000—2012 年康保县人工种草、基本农田、封禁治理情况

Fig. 3 - 4 - 14 agriculture measures of small watershed management in

Kangbao county 2000—2012

如图 3 - 4 - 14 所示，2000—2012 年，康保县累计完成人工种草面积 497.5 公顷，基本农田 1412.4 公顷，封禁治理 2317 公顷。每年任务量呈现非规律性变化趋势。

小型蓄排工程是小流域治理的另外一项工程措施。从 2000—2012 年康保县累计完成 1011 座干砌石谷坊，浆砌石护坝 2 座，工程路 81.95 千米。具体请见表 3 - 4 - 7 所示。

表 3 - 4 - 7　2000—2012 年康保县小型蓄排工程情况

Tab. 3 - 4 - 7　Small engineering of store and drainage in Kangbao county 2000—2012

年份	截水沟/千米	干砌石谷坊/座	浆砌石护坝/座	工程路/千米
2000 年	0	0	0	45
2001 年	0	26	0	0
2002 年	0	490	0	0
2003 年	0	130	2	0
2004 年	0	233	0	10

年份	截水沟/千米	干砌石谷坊/座	浆砌石护坝/座	工程路/千米
2005 年	0	100	0	8.35
2006 年	0	0	0	0
2007 年	0	0	0	16.1
2008 年	0	16	0	2.5
2009 年	0	16	0	0
2009 年扩大	0	0	0	0
2010 年	0	0	0	0
2011 年	0	0	0	0
2012 年	0	0	0	0
累计	0	1011	2	81.95

（2）水利配套工程建设情况

康保县2000—2012年实施了水利配套工程，截至2012年，共计新建完成435口机井，实施喷灌面积2850公顷。具体如表3-4-8、图3-4-15所示。

表3-4-8 康保县2000—2012年水利配套工程实施情况

Tab. 3-4-8 Water conservancy project in Kangbao county 2000—2012

年份	新建机井	喷灌（公顷）
2000	7	60
2001	8	15
2002	40	60
2003	100	300
2004	100	450
2005	0	600
2006	0	150
2007	60	210
2008	60	450
2009	0	285
2009 年扩大	30	30
2010	0	90

续表

年份	新建机井	喷灌（公顷）
2011	30	0
2012	0	150
累计	435	2850

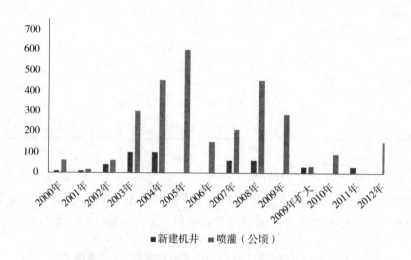

■新建机井　■喷灌（公顷）

图 3 – 4 – 15　康保县 2000—2012 年水利配套工程实施情况

Fig. 3 – 4 – 15　Water conservancy project in Kangbao county 2000—2012

二、生态效益评估指标体系构建与评估方法

根据康保县京津风沙源治理工程建设实际以及当地的自然条件、经济发展程度和社会人口状况，在充分考虑指标的适用性和可操作性的前提下，构建了康保县京津风沙源治理工程生态效益的评价指标体系，包括保护水资源效益、固土保肥效益和固碳制氧效益 3 个大的方面，有以下 6 个主要指标：涵养水源效益、净化水质效益、固土效益、保肥效益、固碳效益、释放氧气效益。

1. 涵养水源效益

计算京津风沙源治理工程涵养水源效益价值采用影子工程法，即把京津风沙源治理工程拦蓄的水量转换成水利工程需要拦蓄这些水量所需要的费用。根据水量平衡法可推出京津风沙水源涵养量和水源涵养效益的计算公式如下。

$$W = H \times S \tag{3-4-1}$$

$$V = W \times P \qquad\qquad (3-4-2)$$

式中：W—京津风沙源治理工程涵养水源量；

H—京津风沙源治理工程涵养水源能力；

S—京津风沙源治理工程效益计算面积；

V—京津风沙源治理工程涵养水源效益；

P——单位库容造价。

2. 净化水质效益

计算京津风沙源治理工程净化水质效益价值采用影子工程法，根据工业净化水成本来计算改善水质效益，推出京津风沙源治理工程净化水质效益的计算公式如下。

$$V = W \times P \qquad\qquad (3-4-3)$$

式中：V—京津风沙源治理工程净化水质效益；

W—京津风沙源治理工程涵养水源量；

P—单位体积水的净化费用。

3. 固土保肥效益

京津风沙源治理工程形成的森林草地，由于其林冠层、枯枝落叶层和地下庞大的根系层，拦截、分散、滞留及过滤地表径流，增强了土壤腐殖质及水稳性团聚体含量，起到了保持土壤、减少土壤养分流失、改良土壤理化性质等保育土壤的作用。因此，森林植被保育土壤效益主要从减少土壤侵蚀效益和减少养分流失效益加以考虑。现在由于测定森林资源与土壤特性相结合的技术参数方法缺乏，一般采用土壤侵蚀模数作为计算森林保育土壤的基本计量指标。当前森林土壤保持效益评价步骤：首先确定森林减少土壤侵蚀量，计算森林减少土壤侵蚀的价值。其次，根据计算出的森林保土量分别计算森林减少土壤肥力流失价值。

（1）森林减少土壤侵蚀物质量评价方法

现在，计算森林每年减少土壤侵蚀量一般有 3 种方法：根据无林地土壤侵蚀量计算（忽略森林土壤侵蚀量）；根据无林地与有林地的土壤侵蚀差异计算；根据潜在侵蚀量与现实侵蚀量的差值计算。本研究借鉴第三种方法，京津风沙源治理工程土壤侵蚀核算采用公式 3-4-4。

$$M_S = S \times (D_1 - D_2) \times 10^{-6} \qquad\qquad (3-4-4)$$

式中：M_S—土壤侵蚀减少量（万 t）；

S—京津风沙源治理工程发挥生态效益面积（hm^2）；

D_1—潜在侵蚀量（t/（$km^2 \cdot a$））；

D_2—现实侵蚀量（t/（km^2.a））；

10^{-6}—单位换算系数。

（2）减少土地废弃面积评价方法

根据森林减少土壤侵蚀的总量和土地耕作层的平均厚度和平均容重，计算出森林减少土壤侵蚀的总量相当于耕作利用的土地面积。其计算方法见公式3－4－5。

$$S_e = M_e \div vp1l \qquad\qquad (3-4-5)$$

式中：S_e—减少土地废弃面积；

M_e—减少土壤侵蚀量；

p—当地土壤容量；

l—土地耕作层的平均厚度；

10^2—单位换算系数。

（3）减少土壤侵蚀价值评价方法

京津风沙源治理工程形成林草地减少了侵蚀性降雨对土壤的冲蚀，增强了土壤抗蚀能力，有效控制了水土流失，其效益的物质量即减少的流失土壤总量，可通过将所减少的土壤折算为一定面积的土地资源进行换算成货币。森林减少土壤侵蚀价值可以根据机会成本来计算。首先确定不同地区森林被破坏以后，土地可能的利用方式及其持续时间；其次，确定废弃土地的机会成本来实现森林减少土壤侵蚀效益的物质量的货币化，其计算方法见公式3－4－6。

$$V_{S1} = C_e \cdot S_e \times 10^{-4} \qquad\qquad (3-4-6)$$

式中：V_{S1}—减少土壤侵蚀价值万元（万元）；

C_e—单位面积的机会成本（元/hm^2）；

S_e—减少土地废弃面积（hm^2）；

10^{-4}—换算系数（元换算为万元）。

（4）减少土壤养分流失价值评价方法

在各种植被类型中，森林具有最大的保土作用，尤其是在原生和次生演替序列的过程中，能够累积大量的枯枝落叶而形成腐殖质层，不仅增加了土壤的有机质，而且还加厚了土壤层，并成为土壤的一部分。这种枯枝落叶层和有机质层，具有最大的保水性能和过滤作用，使土壤免遭侵蚀。此外，还有构成森林群落各层次的草本植物、灌丛和乔木的庞大根系，它们的盘结度增强了土壤的抗侵蚀性能。土壤侵蚀还会带走表土中很多营养物质，如N、P、K、有机质等以及下层土壤中的部分可溶解物质。

京津风沙源治理工程实施，不但控制了水土流失，而且有效地减少了土壤中 N、P、K 和有机质的流失。森林减少养分流失物质量评价，可根据土壤侵蚀量与土壤表层 N、P、K 含量，确定土壤流失的养分。然后折算为尿素、过磷酸钙、氯化钾的量。森林减少土壤氮、磷、钾、有机质损失的经济价值可根据"影子价格"来估算，即根据现行化肥价格来确定。其计算方法见公式 3 - 4 - 7。

$$V_{S2} = D \times S \times \sum_{i=1}^{n} P_{1i} \times P_{2i} \times P_{3i} \times 10^{-6} \qquad (3-4-7)$$

式中：V_{S2}—京津风沙治理工程保肥效益；

$\quad\quad D$—单位面积水土流失量；

$\quad\quad S$—京津风沙源治理工程效益计算面积；

$\quad\quad P_{1i}$—土壤中 N、P、K 的含量；

$\quad\quad P_{2i}$—纯 N、P、K 折算成化肥比例；

$\quad\quad P_{3i}$—各种化肥市场价（元/t）；

$\quad\quad 10^{-6}$—换算系数。

4. 固碳效益

计算固定 CO_2 效益的方法采用碳税率法，根据京津风沙源治理工程固碳量及碳税率计算效益。根据植物光合作用反应方程式。

$$6CO_2 + 6H_2O + 28317320J = CH_{12}O_6 + 6CO_2$$

推算出每制造 1 t 生物量要固定 1.63 t CO_2，因纯碳占 CO_2 比重为 0.2727，即 1 t 干物质可固定 0.4399 t 纯碳。固碳效益计算公式如下：

$$V = 0.4399 \times \sum W_i \times P \qquad (3-4-8)$$

式中：V—京津风沙源治理工程固碳效益；

$\quad\quad \sum W_i$—京津风沙源治理工程各年生物量生长之和；

$\quad\quad P$—工业固碳成本。

5. 释放氧气效益

京津风沙源治理工程释放 O_2 的效益计算采用生产成本法，森林释放的 O_2 量根据 O_2 工业生产成本费用计算效益。根据光合作用方程式，生产 1 t 干物质可释放 1.1724 tO_2。释放 O_2 效益计算公式如下：

$$V = 1.1724 \times \sum W_i \times P \qquad (3-4-9)$$

式中：V—京津风沙源治理工程释放氧气效益；

$\quad\quad \sum W_i$—京津风沙源治理工程各年生物量生长之和；

$\quad\quad P$—氧气工业成本。

三、结果与分析

由于现在的定点监测站的条件以及技术水平和评价手段的限制，本研究只能利用现有的相关数据和经验数据，对京津风沙源工程区的水源涵养、土壤保护数据进行对照分析，推测京津风沙源治理工程的生态效益。康保县京津风沙源治理工程主要以林业措施为主，通过调查造林后三年基本郁闭成林，可发挥涵养水源、水土保持等生态效益。同时在调查中发现，退耕还林种植的树木并不能完全存活，按照补植补造累计面积计算得知，康保县退耕还林的成活率为48.32%，所以在效益面积计算中按照48.32%的有效面积进行计算，而补植补造的面积则按照100%的成活率进行计算。

表 3 - 4 - 9　康保县 2000—2012 年生态效益计算面积

Tab. 3 - 4 - 9　the areas for ecological benefit in Kangbao county 2000—2012

年份	林业措施造林/hm²	水利措施造林/hm²	累计造林/hm²	效益计算面积/hm²
2000	2666.67	1201.40	3868.07	0
2001	2666.67	923.00	3589.67	0
2002	18333.33	1977.30	20310.63	0
2003	29600.00	886.70	30486.70	2834.47
2004	16266.67	1179.80	17446.47	5390.53
2005	11000.00	1644.60	12644.60	17432.37
2006	5000.00	500.00	5500.00	34688.99
2007	3333.33	1966.70	5300.03	45106.97
2008	3000.00	2700.00	5700.00	53272.64
2009	2000.00	2258.20	4258.20	56877.71
2010	0.00	803.30	803.30	61488.67
2011	1333.33	692.10	2025.43	77510.81
2012	2000.00	0.00	2000.00	89769.01
合计	97200.00	16733.10	113933.10	444372.16

1. 保护水资源效益

目前，根据研究森林所能涵养水源总量及水的价格进行森林涵养水源价值的评估是对森林涵养水源价值的主要评估方法。因此，有效、准确地确定涵养水源的物质量是关键。土壤蓄水量法：林地中土壤非毛管孔隙度决定了林地土壤的蓄水能力，根据荒地非毛管孔隙度和林地土壤的非毛管孔隙度计算出林地土壤的蓄水量。计算方法见公式：3 - 4 - 10：

$$W = \sum_{i=1}^{n} (P_i - T) H_i S_i r \qquad\qquad (3-4-10)$$

式中，W—林地土壤贮水效益（t）；

P_i—第 i 种林地土壤非毛管孔隙度（%）；

T—对照地荒地土壤非毛管孔隙度（%）；

H_i—第 i 种土壤深度；

S_i—i 种土壤的面积（hm^2）；

r—水的比重（t/m^3）。

根据康保县林业局提供资料结合以上公式，计算得出康保县京津风沙源治理工程单位林地土壤贮水效益为 0.19345 万 t/hm^2。由于森林拦蓄水与水库蓄水的本质类似，经计算，康保县京津风沙源治理工程实施 2012 年累计林地涵养水源总量为 85963.79 万 m^3。根据水库工程的蓄水成本来确定森林拦蓄水效益，即其蓄水价值应根据蓄积 1m^3 水的建造水库费用为标准。根据《森林生态系统服务功能评估规范》2005 年平均水库库容造价为 6.117 元/m^3，依据物价指数估算 2012 年平均水库库容造价为 7.81 元/m^3，根据公式可计算出康保县 2000—2012 年林地涵养水源价值为 671377.23 万元，具体如表 3-4-10 所示。

据周冰冰等人（2000）的调查研究，考虑物价等综合因素，现在单位净化价格取 2.3 元/m^3。根据公式计算出康保县 2000—2012 年林地净化水质价值为 197716.73 万元。

表 3-4-10　康保县京津风沙源治理工程发挥效益年度林地涵养水源价值

Tab. 3-4-10　Water conservation value of Beijing – Tianjin sandstorm source control project in Kangbao county

发挥效益年份 （年）	效益计算面积 （hm^2）	涵养水源量 （万 m^3）	涵养水源价值 （万元）	净化水质效益 （万元）	保护水源效益 （万元）
2003	2834.47	548.33	4282.44	1261.15	5543.59
2004	5390.53	1042.80	8144.26	2398.44	10542.69
2005	17432.37	3372.29	26337.60	7756.27	34093.87
2006	34688.99	6710.58	52409.66	15434.34	67844.01
2007	45106.97	8725.94	68149.62	20069.67	88219.29
2008	53272.64	10305.59	80486.68	23702.86	104189.54
2009	56877.71	11002.99	85933.37	25306.88	111240.25
2010	61488.67	11894.98	92899.82	27358.46	120258.29
2011	77510.81	14994.47	117106.78	34487.27	151594.05

续表

发挥效益年份 （年）	效益计算面积 （hm²）	涵养水源量 （万 m³）	涵养水源价值 （万元）	净化水质效益 （万元）	保护水源效益 （万元）
2012	89769.01	17365.81	135627.01	39941.37	175568.38
合计	444372.16	85963.79	671377.23	197716.73	869093.96

综合计算得出，2000—2012 年康保县累计保护水源效益为 869093.96 万元。

2. 固土保肥效益

根据欧阳志云（1999）等对我国无林地土壤侵蚀模数的研究，无林地的土壤中等程度的侵蚀深度为 15—35mm/年，侵蚀模数为 150—350m³/（km².a）。定点观测结果表明，康保县土壤容重平均为 1.48t/m³，侵蚀模数最低限 22249t/（km².a），康保县京津风沙源治理工程林地潜在土壤侵蚀的最低量为 481037.62 万 t。京津风沙源治理工程林地的实际侵蚀模数为 1640t/（km².a），根据公式 4－4 可以计算出可计算出康保县京津风沙源治理工程林地减少土壤侵蚀量为 9158.07 万 t。

以我国耕作土壤的平均厚度 50cm 作为林地的土层厚度，根据公式 3－4－5 可计算出 2013 年来康保县京津风沙源治理工程林地减少土地废弃面积 12375.76hm²。根据国家统计局资料，我国林业生产的平均收益为 563.58 元/hm².a）（2012 年价格），根据公式 3－4－6，可计算出 2013 年来康保县京津风沙源治理工程林地减少土壤侵蚀价值 697.47 万元。

土壤侵蚀带走了大量的土壤营养物质，主要是土壤有机质、氮、磷和钾。康保县林地表层土壤有机质含量平均为 2.29%，氮含量平均为 0.19%，磷含量为 0.02%，钾含量为 0.08%。碳酸氢胺含氮量为 17.5%，过磷酸钙含磷量为 19.5%，硫酸钾含钾量为 48.0%。我国市场价有机质 860 元/t、碳酸氢胺 1400 元/t、过磷酸钙 2800 元/t、硫酸钾 3403 元/t，根据公式 3－4－7，可计算得出减少土壤养分流失价值 78931.68 万元。

13 年来，康保县京津风沙源治理工程固土保肥价值为 79629.15 万元，其中减少土壤侵蚀价值 697.47 万元，减少土壤养分流失价值 78931.68 万元。康保县京津风沙源治理工程实施 13 年来林地固土保肥效益详见表 3－4－11。

表 3 – 4 – 11　康保县京津风沙源治理工程发挥效益年度林地固土保肥效益价值

Tab. 3 – 4 – 11　Soil conservation value of Beijing –

Tianjin sandstorm source control project in Kangbao county

发挥效益年份（年）	效益计算面积（hm^2）	减少土壤侵蚀量（万吨）	减少土地废弃面积（hm^2）	减少土壤侵蚀价值（万元）	减少土壤养分流失价值（万元）	固土保肥价值（万元）
2003	2834. 47	58. 42	78. 94	4. 45	503. 47	507. 92
2004	5390. 53	111. 09	150. 13	8. 46	957. 49	965. 96
2005	17432. 37	359. 26	485. 49	27. 36	3096. 43	3123. 79
2006	34688. 99	714. 91	966. 09	54. 45	6161. 64	6216. 08
2007	45106. 97	929. 61	1256. 23	70. 80	8012. 13	8082. 93
2008	53272. 64	1097. 90	1483. 64	83. 62	9462. 56	9546. 18
2009	56877. 71	1172. 19	1584. 04	89. 27	10102. 91	10192. 19
2010	61488. 67	1267. 22	1712. 46	96. 51	10921. 94	11018. 45
2011	77510. 81	1597. 42	2158. 68	121. 66	13767. 87	13889. 53
2012	89769. 01	1850. 05	2500. 07	140. 90	15945. 23	16086. 13
合计	444372. 16	9158. 07	12375. 76	697. 47	78931. 68	79629. 15

3. 固碳释氧效益

根据《森林生态功能与经营途径》研究结果（周晓峰，1999），每公顷森林平均年释放氧气 3. 09 吨，固定二氧化碳 3. 65 吨，以此为依据，计算得出康保县京津风沙源治理工程可固定二氧化碳 103. 63 万吨，同时生产氧气 87. 73 万吨，可见森林在维持 O_2 和 CO_2 平衡，防治温室效应，减缓全球气候变暖的速度等方面具有极其重要的作用。按照工业固碳价为 273. 3 元/吨，工业制氧价为 369. 7 元/吨计算（转引《中国森林资源生态效益价值评估》报告中计量标准），康保县京津风沙源治理工程的释放 O_2 效益为 59963. 80 万元，固定 CO_2 效益为 44328. 12 万元，总计固碳释氧效益为 104291. 92 万元。

表 3 – 4 – 12　康保县京津风沙源治理工程发挥效益年度固碳制氧效益
Tab. 3 – 4 – 12　Carbon fixation and oxygen release value of Beijing –
Tianjin sandstorm source control project in Kangbao county

发挥效益年份	效益核算面积/hm²	释放 O_2/万吨	固定 CO_2/万吨	释放 O_2 效益/万元	固定 CO_2 效益/万元	固碳释氧效益/万元
2003	2834.47	0.88	1.03	382.48	282.75	665.24
2004	5390.53	1.67	1.97	727.40	537.73	1265.13
2005	17432.37	5.39	6.36	2352.33	1738.96	4091.29
2006	34688.99	10.72	12.66	4680.95	3460.38	8141.33
2007	45106.97	13.94	16.46	6086.76	4499.62	10586.38
2008	53272.64	16.46	19.44	7188.64	5314.19	12502.82
2009	56877.71	17.58	20.76	7675.11	5673.81	13348.91
2010	61488.67	19.00	22.44	8297.31	6133.77	14431.08
2011	77510.81	23.95	28.29	10459.35	7732.05	18191.40
2012	89769.01	27.74	32.77	12113.47	8954.86	21068.34
合计	444372.16	137.31	162.20	59963.80	44328.12	104291.92

4. 康保县京津风沙源治理工程生态效益总值

以上分析计算了康保县 2000—2012 年京津风沙源治理工程生态效益，总生态效益为 1053015 万元，其中保护水源效益为 869093.96 万元，占总生态效益的比例为 82%；固土保肥效益为 79629.15 万元，占总生态效益的比例为 8%；固碳释氧为 104291.92 万元，占总生态效益的比例为 10%。具体如图 3 – 4 – 16 所示。

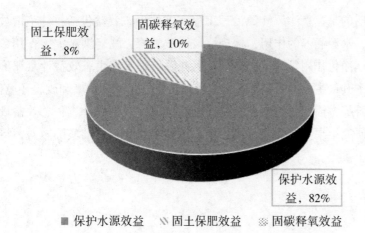

固土保肥效益，8%

固碳释氧效益，10%

保护水源效益，82%

■ 保护水源效益　　╲ 固土保肥效益　　▨ 固碳释氧效益

图 3 - 4 - 16　康保县京津风沙源治理工程生态效益构成
Fig. 3 - 4 - 16　The composition of ecological benefit for Beijing -
Tianjin sandstorm source control project in Kangbao county

四、基本结论与讨论

本文选取河北省康保县作为案例点，通过实地调查、二手资料收集，整理、分析，建立一套科学、合理、符合当地实际情况的康保县京津风沙源治理工程生态效益评价体系并对其生态效益进行了核算。基本结论如下：康保县 2000—2012 年京津风沙源治理工程总生态效益为 1053015 万元，其中保护水源效益为 869093. 96 万元，占总生态效益的比例为 82%；固土保肥效益为 79629. 15 万元，占总生态效益的比例为 8%；固碳释氧为 104291. 92 万元，占总生态效益的比例为 10%。由此可见，康保县京津风沙源治理工程从开始实施到 2012 年，所发挥的生态效益中，最主要的为保护水源效益，这对于素有"十年九旱"之称的康保县来说，具有非常积极的意义。随着林龄的增大，工程所形成的森林资源将发挥更大的生态效益。

京津风沙源治理工程形成的林分给物种创造了良好的休养生息环境条件，森林群落的组成会发生深刻的变化，物种数量将显著增加。京津风沙源治理工程保护多种森林生态系统，还可以增加生物多样性。但是生物多样性很难量化，国内外目前对此类林业生态工程保护生物多样性效益价值评估方面指标的设置差异很大，缺乏统一公认的评价体系。如何对京津风沙源治理工程增加生物多样性价值进行精准有效的计量评价，值得思考和探索。

　　需要说明的是，京津风沙治理工程实施的生态效益包括：林草植被的土壤保持作用，水源涵养的作用，林草植被消减洪峰、减轻洪涝灾害作用，改善小气候和环境净化作用等。本文在京津风沙源治理工程生态效益计量评价研究中，只计算了其最主要的水源涵养、土壤保持效益、改良土壤和改善环境作用，在减灾、旅游等方面的效益未予涉及，可能造成了效益评价工程总效益量的偏低，如何使研究结果更能反映京津风沙源治理工程实施后的实际效益，将是今后研究的一个重点。

第四章　京津风沙源治理工程后续相关政策研究

第一节　基于相关利益者视角的京津风沙源治理 工程及政策评价——以山西省大同县为例

为了改善京津地区的大气质量，遏制沙尘危害，2000 年 6 月 5 日，国务院决定紧急启动京津风沙源治理工程试点，2002 年正式启动实施，一期工程至 2012 年结束。但由于工程区生态环境仍然十分脆弱，局部地区生态继续恶化的趋势还没有从根本上扭转，国家将继续推进实施建设期 2013—2022 年为期 10 年的京津风沙源治理二期工程。工程区范围由一期工程的北京、天津、河北、山西、内蒙古 5 个省（区、市）的 75 个县（旗、市、区）扩大至包括陕西在内 6 个省（区、市）的 138 个县（旗、市、区）。

京津风沙源治理工程采取以林草植被建设为主的综合治理措施，主要包括封沙育林、飞播造林、人工造林、退耕还林、草地治理等生物措施和小流域综合治理、生态移民等工程措施等。为保证工程的顺利实施，国家也相继出台和实施了一系列相关政策，主要包括退耕还林补助政策，生态移民补偿政策，个体、私营等多种经济组织承包荒山、荒沙、荒地造林种草发放国家补贴政策等。这些政策的实施涉及到众多相关利益者，也关系到工程建设成果能否得到有效的巩固。因此，在一期工程结束、二期工程开始实施之际，全面了解不同层面的利益相关者，尤其是作为重要利益相关者的农户对工程及主要政策的认知和态度，对于全方位、多角度地了解京津风沙源治理工程在实施过程中存在的问题及原因，进一步明确改进方向，进一步完善后续相关政策，确保二期工程更加高效的实施具有重要意义。

本研究以山西省大同县为例，采用问卷调查、半结构访谈与关键人物访谈相结合的方式，以京津风沙源治理工程主要相关利益者为调查对象，在了解各利益相关者看法和诉求的基础上，总结出目前存在的主要问题并提出相关政策建议。

一、调研对象与研究方法

本研究从京津风沙源治理工程实施所涉及到的各个层面利益相关者角度，了解不同利益相关者对京津风沙源工程及主要政策的态度与认知。基于对大同县京津风沙源治理工程及政策实施情况的实地调研，本研究界定县级林业管理层、乡镇林业工作者、村级负责人和造林承包户，以及基层农户为利益相关主体。

在县级林业管理者层面，主要采取开放式访谈、座谈会的方式，向涉及京津风沙源治理工程的相关部门和有关人员了解其对工程各项具体措施的实施及相关政策的态度与认知。乡镇林业站、村委会和造林承包户层面，主要采用半结构访谈和关键人物访谈方法了解其对京津风沙源治理工程的看法和实施过程中遇到的现实问题。在基层农户层面，采取问卷调查和半结构访谈相结合的方式，了解退耕（生态移民）农户对京津风沙源治理工程实施及相关政策的态度与认知，深入了解农户对退耕还林和生态移民政策的看法和利益诉求，以及工程实施给当地农户生产生活带来的影响等。按照当地的地形地貌和生产经营特征，并依据大同县所辖乡镇的社会经济发展状况，选取了西坪镇、峰峪乡、聚乐乡、吉家庄乡等四个乡镇的 14 个村作为样本村，其中，峰峪乡小王村为典型调查村，其他 13 个村（下甘庄、下沟庄、下高庄、中高庄、下榆涧、徐疃村、窑子头、西后口、峰峪村、兼场村、西关、吉家庄、南栋庄）为随机选取样本村。本次调研时间是 2013 年 3 月，共有调查问卷 230 份，其中有效问卷 196 份，问卷有效率为 85.2%。

二、不同利益相关者对京津风沙源治理工程及政策的态度和认知

1. 相关利益者主体

京津风沙源治理工程是一项集合植被保护、植树种草、退耕还林还草、小流域及草地治理、生态移民等多种生物措施和工程措施的综合治理工程，不同的治理措施涉及到的利益相关主体也不尽相同。大同县京津风沙源治理一期工程从 2000 年起开始实施，工程区涉及全县的 10 个乡镇，工程治理涉及林业措施、农业措施、水利措施以及生态移民等四个方面，其中林业措施中的退耕还林和生态移民措施与基层农户息息相关，其他措施主要由县乡两级负责实施。具体措施和利益相关者见表 4 - 1 - 1。

表4-1-1 大同县京津风沙源治理工程各项措施及相关利益主体

Tab. 4-1-1 The measures and stakeholders of Beijing -
Tianjin sandstorm source control project in Datong county

类　别	具体项目	利益相关者		
		县　级	乡、村级、承包户	农　户
林业措施	人工造林、飞播造林、封山育林、种苗	√	√√	
农业措施	草地治理、暖棚建设、饲料机械购置	√	√	
水利措施	小流域综合治理、水源工程、节水灌溉	√	√	
生态移民	生态移民	√	√	√
林　业	退耕还林	√	√	√

2. 县级层面的态度与认知

受访者认为,当地的生态问题主要是水土流失问题,京津风沙源工程的实施确实在涵养水源、减少水土流失、防风固沙方面产生了正向的生态影响,但由于大同县造林树种主要为油松、樟子松、柠条,工程实施期限相对较短,其他方面的生态影响和效益相对不明显。

受访者同时也认为,随着京津风沙源治理工程的进一步实施,资金、技术和管理等方面也面临着一些困难,具体体现在:

(1) 自然条件限制。这主要表现在造林树种选择、造林难度和水利项目的实施上。受访者表示种植乔木既可以获得生态效益,又能使经济效益外显,但是乔木对立地条件要求高。为了更快使得生态效益外显,大同县选择了种植油松、樟子松和柠条,但是柠条存在后续利用问题,目前不能给当地带来经济效益。

随着造林面积的增大,造林难度越来越大,主要是受到当地立地条件和气候条件的限制。受访者认为,大同县易于造林的土地已经全部植树种草,受立地条件限制,剩余土地造林的难度加大,需要改变造林方式,如爆破造林。另外,大同县降雨量少,即便在雨季7、8、9月,降雨量仍然偏少。在这样的气候条件下实施封山育林，植被自然恢复较慢，短期内效果不明显。

除此之外，水利措施受自然条件的限制也较大，越是立地条件差、干旱的地方水利项目实施难度越大。

（2）资金不足。这主要表现在两个方面，一是工程预算少，2000年规划实施京津风沙源工程造林资金为15元/亩，但是十多年来社会经济发展状况变化较大，2000年的规划预算已不能满足目前的实际需要。调查也表明，目前当地劳动力价格平均80—90元/天，技术工则150元/天；二是管护费用少，"三分造，七分管"是植树造林的共识，但工程规划安排中的工程管护经费较少，县林业部门为了保证造林质量，每年都要多方筹措资金用于植被管护，工程管护的压力较大。草地治理项目也是如此，没有抚育便不出草，实施效果大受影响。另外，禁牧的难度也较大。

（3）生态移民的生活质量有待提高。生态移民是京津风沙源治理工程重要措施之一。大同县主要通过统一建移民房和分散移民两种方式实施生态移民，对于移民户来说，由于原住地没水、没电、没学校，绝大多数生态移民愿意离开原住地，现在的主要问题就是退耕补助是其主要生活来源，尽管住宿条件得到改善，但生活质量有待提高。

（4）退耕补偿低及农户管护和成果巩固意愿不高。从退耕建设期的粮补到成果巩固期的钱补，随着物价不断升高，农户得到的实际补偿在降低。退耕农户基本不管护林木，在现在粮食价格和农业补贴都在提高的情况下，退耕农户也存在复耕的可能。

3. 乡、村及造林承包户层面的态度与认知

受访者认为，京津风沙源治理工程实施的生态效果明显，沙尘减小了，起风不起尘了，水土保持和生物多样性效果明显。此外，通过发展后续产业项目还带动农户种植干果经济林，仅2008年一年，全县就种植了6000亩杏树林，主要分布在聚乐、周士庄、西坪、瓜园、杜庄等乡镇，增加了农民收入。工程实施后存在的一些问题主要包括：

（1）工程管理粗放，监督不足。随着造林面积的增大，工程后期的管护难度（如对放牧、人为破坏（开垦种地）、防火等）也在逐年增大。相对于工程建设期，管护期的管理比较粗放，没有可以依照的统一的规章制度，且缺乏监督。如为了确保造林成活率和保存率，每年都要组织退耕农户补植补造，且将补植补造的效果与退耕补助挂钩，但是并没有控制农户的补植补造成活率。

（2）农户参与后续产业发展的意愿不高。受访者认为，后续产业发展的本意是带动退耕户增收，在大同县主要是发展干果经济林，并以杏树为主。但由

于干果经济林立地条件要求高,管理精细,再加上项目要求规划连片,同时在项目补助基础上农户也要有一些投入,使得农户参与度有限。

(3)生态移民生活质量有待提高。受访者反映,为了使生态系统脆弱区得到恢复和提高农户的生活水平,在工程期内大同县共有1310人搬离了原来的居住地,根据农户自己的意愿,有统一移民,也有分散移民。因为失去了土地,年轻的生态移民大多外出打工,留守的老年人生活来源只有退耕补助和政府低保收入,生活质量受到较大的影响。另一方面,有些分散移民会受到原居住农户的排斥。

(4)退耕还林补偿标准低。受访者反映,农业补贴是永久的,退耕补贴则从有到变少再到很快到期,而且物价不断上涨,退耕农户生产生活受到影响,是存在复耕倾向的。

4. 农户层面的态度与认知

本次调查有效问卷196份,受访者主要是男性户主,占91.33%;受访者年龄主要集中在50—60岁,占42.86%;受访户中,有生态移民20户;受访者教育程度主要集中在初中水平,占61.22%;党员占12.76%,村干部占9.18%;56.63%的户主曾外出打工,其中27.55%的受访者在外打工时间在9—12个月;大多数农户收入在3万元以下;多数农户收入来源于政府补贴、农业种植和外出打工。另外,调查数据显示退耕户的平均退耕面积为21.58亩/户。

在对京津风沙源工程现行政策的认知方面,受访农户主要关心的是与其自身关系密切的退耕还林政策和生态移民政策。

(1)农户对退耕还林补助政策的态度与认知。在被问及您对退耕还林相关补助政策的认知和满意情况时,15.30%的农户对现行政策非常了解,39.80%的农户表示不清楚;对现行政策满意的农户占5.10%,不满意的占88.78%(见表4-1-2),访谈中了解到,农户不满意的主要原因是退耕补助金额的降低,因为农户大部分甚至全部土地(生态移民)都已经退耕,补助金额的降低直接影响到农户的生产生活。

表4-1-2 农户对退耕还林补助政策的认知与满意度

Tab. 4-1-2 Farmers' awareness and satisfaction on the compensation policy in RGLF

项目	特征	户数	比例
政策了解程度	非常了解	30	15.30%
	比较了解	88	44.90%
	不清楚	78	39.80%

项目	特征	户数	比例
政策满意度	非常满意	0	0.00%
	满意	10	5.10%
	无所谓	12	6.12%
	不满意	174	88.78%

相对于工程实施初期的 160 元直补，现行的补助政策是对农户直补 90 元，剩下的 70 元用于开展基本口粮田建设，能源林建设和后续产业项目，解决农户吃饭、烧柴和增收的问题。但访谈表明，农户只感知到直补金额的降低，对基本口粮田等成果巩固措施带来的有利之处感知不深，因而农户对提高补助标准，延长补助期的呼声很高。

（2）农户的退耕成果保持意愿。在被问及如果停止退耕补助，农户是否会毁林复耕时，45.9% 的受访者表示不会复耕，表示有复耕意愿的农户占 54.1%。至于原因，不会复耕的农户中，50.00% 的农户认为，在退耕地种植粮食产量低、经济效益低，38.89% 的农户认为保持退耕有利于环境改善，还有 26.67% 的农户则是因为年纪大，复耕没有劳动力。表示有复耕意愿的农户中，79.24% 的农户认为农业补助多，28.00% 的农户则因为种植农产品收入高，15.09% 的农户认为种田有粮食吃，具体见表 4 - 1 - 3。

表 4 - 1 - 3　农户退耕成果保持意愿状况

Tab. 4 - 1 - 3　Farmer's willingness to maintain the results from
Returning farmland to forest

项目	特征	户数	所占比例/%
农户退耕成果保持意愿	无复耕意愿	90	45.90
	有复耕意愿	106	54.10
选择不会复耕的原因	有利于环境改善	35	38.89
	退耕地产量低	45	50.00
	外出务工，没时间	12	13.33
	经济林效益好	5	5.56
	种田受累	7	7.78
	年纪大，没有劳动力	24	26.67

续表

项目	特征	户数	所占比例/%
	农业补助多	84	79.24
选择复耕的原因	种田有粮食吃	16	15.09
	农产品收入高	28	28.00

从表中数据可以看出，农业与退耕还林的比较收益是决定农户是否复耕的关键。受访者普遍反映，在国家一系列惠农政策的激励下，农民种粮的积极性提高，大同县种粮补助在 60 元/亩左右，加上近年粮食价格持续走高，种粮收益已经高于前期退耕补助标准，更高于现行补助标准，部分农户表示在退耕补助期满后有复耕倾向。

（3）农户对退耕还林后续产业政策的态度与认知。大同县发展的后续产业主要是干果经济林，调查数据显示有 22.45% 的农户参与了该项目，他们表示种植干果经济林是有长期收益的，但前期投入成本较大，主要是前三年要施肥、修剪、打药、浇水，因而政府给予种植经济林一次性 350 元/亩的补贴并不具有吸引力。

（4）农户对生态移民政策的态度与认知。生态移民是大同县京津风沙源治理工程的一项重要措施，迄今为止，共有 1310 人搬离了原居住地。聚乐乡的西关村是原东羊坊村统一移民的新村，调研小组走访了西关村的 20 户生态移民，调查数据显示，生态移民平均年龄 57 岁，受教育程度主要集中在小学水平，占45.0%；党员占 30%，村干部占 30%，其中 3 人曾外出打工；过半生态移民家庭年收入在 1 万元以下，占 55%；多数生态移民收入来源于政府退耕补助和低保收入。此外，调查数据显示生态移民的平均退耕面积达到 31.9 亩/户，且均是全部退耕。

农户对生态移民政策实施的必要性是认可的，受访农户表示相比于原居住地，现在生活的基础设施得到了改善，如原居住地没有水电和学校，房屋也比较陈旧，交通也不发达。但是对于现在的生活，农户们也有自己的担忧，一是土地已经全部退耕，移民补助已经全部用于新建房屋等，一旦停止退耕补助，农户的生活将受到很大影响；二是移民中较为年轻的已经搬进县城或其他城市，留守的都是老年人，身体情况越来越差，与周围农户的交流也较少，生活质量受到较大影响。

在被问及"如果停止退耕补助，是否会毁林复耕"时，受访者表示不会复耕，主要的原因是离自己的退耕地较远，且退耕地均为陡坡地，年轻的移民不愿靠农业种植为生，年老的移民则无力耕种。

三、基本结论与建议

1. 京津风沙源治理工程及相关政策直接或间接地影响着各方利益相关者，同时这些利益相关者的决策选择和博弈结果也决定着政策的实施效果和效率。

2. 不同利益相关者对京津风沙源治理工程及政策实施过程中存在问题的关注既有共同点（如退耕补偿标准低等），也有不同点，如县级层面更关注工程实施中存在的问题和实施效果，而作为微观主体的农户，则更关注与自身利益紧密相关的政策及产生的影响。

3. 综合各方面利益相关者的受访结果，工程建设投资标准低和工程后期缺乏管护是京津风沙源治理工程林业措施及政策实施过程中存在的主要问题。由于工程实施期限相对较长，近年来，受物价上涨等因素影响，人工工资、苗木费等逐年上升，工程成本也随之增加，但工程单位面积投资定额较低，与工程建设实际需要的差距较大，建议应依据一定标准逐年增加工程单位面积投资定额，提高治理标准，确保治理效果。另外，"三分造，七分管"，对于工程后期的补植、抚育、护林防火等，也应制定可依据的标准并增加相应的管护经费和加大管护力度，建立灾害应对机制，以保证工程质量和实施效果。

4. 农户访谈结果表明，退耕农户发展后续产业的积极性不高，有限的后续产业项目还未能切实解决退耕农户的增收问题；粮食价格上涨和国家种粮补助等惠农政策提高了农民种粮的比较效益，退耕还林补助标准减少降低了退耕还林的比较效益，两者结合在不同程度上动摇了农户巩固退耕还林成果的决心，使退耕农户在土地利用的比较收益下有毁林复耕的倾向。建议应有效协调各部门出台实施的各项相关政策，避免政策之间的矛盾与冲突，降低制度成本。京津风沙源治理项目区后续产业发展问题应予以高度重视，除通过加大宣传力度，让更多农户了解退耕还林成果巩固政策，提高农户参与度，让更多退耕农户受益外，还应重视如大规模发展山杏的结果如何，怎样形成一个完整的产业链，以及柠条的加工利用等问题，保证后续产业项目和工程的实施效果。同时，考虑到退耕还生态林在生态恢复、水土保持以及未来应对气候变化中的重要作用，也考虑到工程实施 10 年后我国社会经济环境已发生了巨大的变化，建议在退耕还林补助再延长一个周期的政策结束后，如果不允许采伐，应将退耕还生态林逐步纳入生态公益林补偿范围之内，补偿标准至少不低于现在的补助标准。

5. 生态移民的生活质量有待提高是受到各方利益相关者共同关注的一个问

题，生态移民为生态恢复和生态环境保护的大局做出了牺牲，各级政府应高度重视生态移民效果和存在问题，关注农户移民后的生产生活，尤其对困难农户，应提供更加完善的生活保障和针对性的帮助指导。

第二节 京津风沙源治理区退耕农户发展后续产业 意愿及影响因素研究——以内蒙古商都县为例

退耕还林治理措施是京津风沙源生态工程的重要治理措施，也是世界上最大的生态恢复项目—退耕还林工程的重要组成部分。2007 年进入退耕成果巩固期之后，中央特别强调"切实落实有关退耕农户的补偿政策，鼓励地方结合农村产业结构调整和特色优势农业开发，发展有市场、有潜力的后续产业，解决好退耕农户的长远生计问题"。然而现在退耕地区后续产业的发展多是政府主导规划，农户参与的模式，作为实施主体的农户的意愿没有得到足够的重视。

在理论界，促进农户参与发展后续产业也被认为是实现农民增收、进而有效巩固退耕成果的重要途径。如前文文献回顾所述，一些学者对后续产业的发展模式、存在的问题和发展的对策与思路进行了研究（孟全省等，2005；罗洪，2009；杨晓玲等，2007），还有一些学者研究了退耕还林后续产业发展产生的生态影响和经济影响（陈珂等，2007；孙策等，2007；赵丽娟，2011），但从现有文献看，从农户角度研究农户发展后续产业意愿的研究较少，陈珂等（2011）以辽宁省为例，基于发展预期和二分类 Logistic 模型，得出农户参与后续产业预期不高，农户参与后续产业既受到地块特征等自然因素的影响，也受到户主受教育程度等家庭因素的影响，农户的决策行为表现为有限理性。郭慧敏等（2012）利用二分类 Logistic 模型分析得出劳动力数量、耕地距公路最近的距离、年龄、对发展后续产业的收益预期对农户参与意愿有显著影响。不难看出，研究结论有较大的差异性。

从长远看，发展后续产业政策的有效实施将能够增加退耕农户收入，从而利于退耕还林成果的巩固。但是在当前社会，经济状况发生较大变化，以及在农村大多数年轻劳动力都外出打工的背景下，退耕农户还有没有发展后续产业的意愿，在什么条件下有发展后续产业的意愿，影响因素是什么？这都是关系到未来后续政策制定和退耕成果能否得到切实巩固的重要问题。因此，在退耕还林延长补助期政策即将到期情况下，有针对性地从农户角度关注并系统研究农户退耕还林后续产业发展意愿及其影响因素这一问题，有助于充分了解退耕农户的想法和利益诉求，为未来后续政策的制定和完善，以及新一轮退耕还林工程的启动实施提供科学依据和支撑，具有重要的现实意义。

为此，本文以内蒙古商都县为研究对象，从微观主体农户的意愿选择出发，探讨分析农户发展后续产业的意愿现状及其影响因素。本研究的边际贡献在于验证在当前我国社会经济发展环境变化较大且农村年轻劳动力多外出打工的背景下，发展后续产业还会不会、在什么条件下会成为有效巩固退耕成果的重要途径，以及探讨不同退耕地区农户发展后续产业意愿的影响因素，并试图将更多影响因素纳入研究范围内。研究方法方面，基于调研地区特点，采用有序Logit模型进行实证分析。

一、数据来源

本研究使用数据来源于2013年5月内蒙古商都县的农户调查。商都县全县辖6个镇3个乡，土地总面积645.6万亩。本次调查地点涉及七台镇、十八顷镇、三大顷乡、玻璃忽镜乡4个乡镇的东坊子、西坊子、袁家村、七大村、陈家村、吴家村、头号村、玻璃村8个行政村，基本覆盖了当地不同的地形地貌、生产经营特征，具有较好的代表性。问卷反映的是当地农户家庭、生产经营、退耕地、对现行退耕还林政策的认知和满意度、农户退耕成果保持意愿、参与政府规划后续产业情况及其发展后续产业意愿等方面的情况。本次调查共发放问卷200份，其中有效问卷178份，问卷有效率为89%。有效样本中，七台镇51户，十八顷镇50户，三大顷乡40户，玻璃忽镜乡37户。

二、商都县退耕还林后续产业发展现状与农户参与情况

商都县位于内蒙古乌兰察布市后山地区，气候干旱风大、水土流失严重；距北京仅360公里，是风沙南侵的必经之路。特殊的自然地理环境决定了商都县2001年被列入京津风沙源工程项目县，其中退耕还林是重要治理措施之一。截至2007年年底，全县累计完成退耕还林61万亩，其中退耕地还林31万亩，三荒造林28万亩，以封代造2万亩。退耕还林地全部为生态林，主要以种植柠条为主。

调查中了解到，自2007年进入退耕成果巩固期后初期，商都县曾试图发展文冠果能源林、林草兼种等后续产业项目，但因各种原因，成效不佳。截至调查时点，涉及农户参与的后续产业只有低产低效田改造、后续产业政策支持下发展的肉羊养殖、设施蔬菜三大项目。

调查表明，尽管商都县后续产业发展取得了初步成效，探索出了一些行之有效的产业发展模式，但也存在着后续产业发展配套资金不足、舍饲圈养肉羊养殖成本高、政策缺乏长期性和导向不明确、政府主导项目覆盖面窄、农户参与度低以及未能有效调动农户发展后续产业积极性等问题。在178户受访农户中，仅有17户农户参与了低产低效田改造，29户参与了后续产业—肉羊养殖业，分别占受访农户的9.55%和16.29%。没有受访农户参与过设施蔬菜项目。农户参与政府主导的后续产业项目主要特点表现为：一是被动参与；二是农户担心风险，自主参与性不高。

三、退耕农户发展后续产业意愿及其影响因素分析

在当前社会经济状况发生较大变化，以及在农村大多数年轻劳动力都外出打工的背景下，退耕农户还有没有发展后续产业的意愿，影响因素是什么？如果农户愿意发展，他们最希望发展什么类型的后续产业项目，希望获得政府哪些方面的支持？弄清这些问题，有利于制定出尊重农户意愿，符合农户实际情况的退耕还林后续政策，以使退耕成果得到有效保持的同时又能使农户生计问题得到有效的解决。

1. 理论框架与研究假设

作为决策者，农户是理性的，有否发展后续产业的意愿，实质上是一个农户基于自身情况判断来追求家庭收益最大化的选择过程，所有可能影响农户自身收益的因素都可能影响农户发展后续产业的意愿，如户主基本特征和家庭经营特征等。此外，农户对退耕还林现有后续产业相关政策的认知和满意情况也会直接影响农户发展后续产业的意愿。这表明，农户发展后续产业意愿既受自身和主观因素的影响，也受客观和外部因素的制约，是一个多种因素综合作用的结果。基于实地调研和已有研究成果，本文将可能影响农户发展后续产业意愿的因素归纳为以下五个部分：户主特征因素，家庭经营特征因素，退耕还林因素，主观价值判断因素和其他外部因素。

首先，由于户主是家庭生产经营活动的决策者和主要参与者，因此，包括户主年龄和受教育程度在内的个人特征、以及其对现有后续产业政策的主观价值判断对发展后续产业的意愿会有直接影响。其家庭经济和人口状况，应是农户发展后续产业意愿选择的基础。而农户生产经营状况，决定着农户的收入来源及水平，必然是影响农户意愿选择的重要因素。农户退耕还林的状况，也是农户平衡土地利用收益的基本因素。而村里其他人的行为和所在村的状况等外部因素也都会在一定程度上影响农户的选择意愿。由此构建的分析模型为：

农户发展后续产业的意愿 = f（户主特征因素、家庭经营特征因素、退耕还林因素、主观价值判断因素、其他外部因素）

模型中，农户发展后续产业的意愿为被解释变量，通常为"愿意"与"不愿意"的二分变量，但为更全面反映农户发展后续产业的意愿，也为后续政策制定提供依据，本文将农户发展后续产业的意愿分为三类："不愿意""视情况而定""愿意"，三者之间有选择次序的关系，分别用 Y_1、Y_2、Y_3、表示。

而可能的解释变量组成为：户主特征因素：包括户主的性别、年龄、受教育程度、是否党员、是否村干部、是否兼业及兼业时间等 6 个变量。家庭经营特征因素：包括家庭人口数、劳动力人数、外出打工人数、主要外出打工地点、家庭拥有土地面积、家庭年收入、各种主要收入来源（农业种植、圈养牲畜、放养牲畜、林业收入、打工收入、经营性收入、政府补贴）占家庭总收入的比例等 13 个变量。退耕还林因素：包括退耕地面积、退耕地沙化程度、农户参与现有巩固退耕成果项目情况等 3 个变量。主观价值判断特征因素：主要包括三个方面，一是对后续产业相关政策的认知程度及满意度，二是对退耕还林巩固期延长补助期及降低直接补助标准政策的认知及满意度，三是农户退耕成果保持意愿。其他外部因素：主要包括农户所在村及该村的水资源丰富程度等 2 个变量。这是因为商都县水资源丰富程度相差很大，西北部、中部地区多为半农半牧区，东南部为农作物和蔬菜种植区，而不同的生产经营方式很可能影响农户的选择意愿，因而本文将水资源情况作为一个潜在的影响变量。

由于本文研究的因变量是三分类离散变量，且三者之间有选择次序的关系，且影响因素的样本数据也多为定性数据，因而选择有序 Logit 模型进行分析。

2. 变量的描述统计分析

（1）退耕农户发展后续产业的意愿

178 份有效样本中，有 19.67% 的农户表示不愿意发展后续产业；视情况而定的占比 61.80%，其中，89 个受访农户表示如果有资金支持会考虑发展；21 个受访者表示如果有技术支持会考虑发展。18.54% 的农户表示，愿意发展后续产业。农户愿意发展后续产业的主要原因是增加收入，而不愿意发展的原因则是多方面的，主要是没有剩余劳动力、对后续产业的预期收入不确定等。对于农户愿意发展后续产业的项目类别，调查数据显示，大部分农户愿意发展肉羊养殖后续产业，其次是设施蔬菜后续产业（图 4 - 2 - 1）。

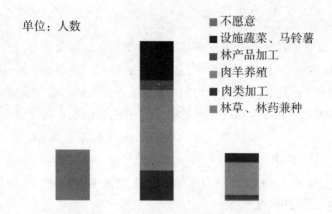

图 4 – 2 – 1 退耕农户发展后续产业意愿状况

Fig. 4 – 2 – 1 farmer households' willingness to participate in the development of follow – up industry

（2）户主个人特征

从表 4 – 2 – 1 可以看出，性别方面，男性受访者占 97. 19%；年龄方面，45—60 岁以上的人数最多，占 47. 19%；受访者的受教育程度主要集中在小学和初中两个水平；党员占 19. 66%，村干部占 14. 61%；几乎所有的受访者都有兼工，但 79. 78% 的受访者兼工时间集中在 0—3 个月。

表 4 – 2 – 1 户主特征因素描述性分析

Tab. 4 – 2 – 1 Descriptive analysis of characteristics for the head of household

影响因素	特征	户数	所占比例	影响因素	特征	户数	所占比例
性别	男	173	97. 19%	是否党员	是	35	19. 66%
	女	5	2. 81%		否	143	80. 34%
年龄	<45 岁	25	14. 04%	是否村干部	是	26	14. 61%
	45—60 岁	84	47. 19%		否	152	85. 39%
	≥60 岁	69	38. 76%				
受教育程度	文盲	22	12. 36%	是否兼工	未兼工	1	0. 56%
	小学	66	37. 08%		0—3 月	142	79. 78%
	初中	65	36. 52%		3—6 月	14	7. 87%
	高中及高中以上	25	14. 04%		6—9 月	7	3. 93%
					9—12 月	14	7. 87%

（3）家庭经营特征

从表4-2-2可以看出，62.36%的农户家庭规模在2人及以下，劳动力人数为2人的占56.74%，73.60%的农户都没有外出务工，外出务工地点县内县外参半。家庭拥有土地面积方面，人均拥有土地面积10.46亩，平均每户拥有26亩，其中人均农地面积8.4亩，人均林地（退耕地）面积2亩。家庭年收入方面，农户收入在1万以下的居多，占54.49%。从收入来源来看，农业种植、圈养牲畜和外出务工所占比重最大。平均来说，农业种植收入约占总收入的54.55%，圈养牲畜约占总收入的19.38%，外出务工收入约占总收入的12.70%，如图4-2-2所示。

表4-2-2　家庭特征因素描述性分析
Tab. 4-2-2　Descriptive analysis of the family characteristics

影响因素	特征	户数	所占比例	影响因素	特征	户数	所占比例
家庭人数	≤2 人	111	62.36%	主要外出打工地点	县内	27	15.17%
	>2 人	67	37.64%		县外	20	11.24%
劳动力人数	≤1 人	60	33.71%	家庭拥有土地面积	≤30 亩	138	77.50%
	= 2 人	101	56.74%		>30 亩	40	22.50%
	>2 人	17	9.55%				
外出打工人数	=0 人	131	73.60%	家庭年收入	<1 万	97	54.49%
	=1 人	42	23.60%		1—5 万	78	43.82%
	>1 人	5	2.81%		>5 万	3	1.69%

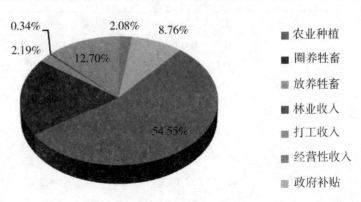

图4-2-2　农户家庭收入结构图
Fig. 4-2-2　the structure of the households' income

（4）退耕还林因素

据调查，受访农户中 57.87% 的农户退耕地面积在 5 亩及以下，50.56% 的农户表示土地无沙化，如图 4 - 2 - 3 所示。

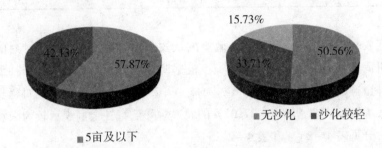

图 4 - 2 - 3 　农户拥有退耕地面积和退耕地沙化程度

Fig. 4 - 2 - 3 　Farmers' converstion area of farmland to

forest and the degree of its desertification

现有巩固退耕成果项目参与方面，参与补植补造的农户占 30.33%，参与基本口粮田建设的农户占 44.94%，参与低产低效田改造的农户占 9.55%，参与棚圈建设的农户占 16.29%。

（5）主观价值判断因素

农户是否选择发展后续产业，很大程度上受对现行后续产业相关政策的认知程度与满意度状况、其他相关政策的认知和满意状况以及退耕成果保持意愿等的影响。据调查，对现行后续产业政策的认知和满意度方面，了解现有后续产业政策的农户占 52.25%，60.12% 的农户对现行后续产业政策较为满意或非常满意。如表 4 - 2 - 3 所示。

表 4 - 2 - 3 　农户对现有后续产业政策的认知及满意度

Tab. 4 - 2 - 3 　Farmer households' awareness and satisfaction of subsequent industrial policy

农户认知	户数（户）	户数占比（%）	农户满意度	户数（户）	户数占比（%）
完全不了解	13	7.30	非常不满意	8	4.49
比较不了解	72	40.45	不满意	27	15.17
一般了解	48	26.97	无所谓	36	20.22

续表

农户认知	户数（户）	户数占比（%）	农户满意度	户数（户）	户数占比（%）
比较了解	25	14.04	比较满意	65	36.52
非常了解	20	11.24	非常满意	42	23.60
合计	178	100.00	合计	178	100.00

关于农户对后续产业其他相关政策的认知及满意度方面，主要针对的是退耕还林巩固期补助期及补助标准政策，根据调查结果，非常了解延长补助期和降低直补金额政策的农户分别占61.24%、47.75%，98.31%的农户对延长补助期政策较为满意或非常满意，37.07%的农户对降低直补金额表示较为满意或非常满意。分见表4-2-4和表4-2-5。

总的来说，农户对延长补助期政策认知程度最高，对后续产业政策的认知程度最低；农户对延长补助期政策满意程度最高，对降低直补金额政策的满意度最低。

表4-2-4　农户对延长补助期政策的认知及满意度

Tab. 4-2-4　Farmers' awareness and satisfaction of extending subsidy expiration date

农户认知	户数（户）	户数占比（%）	农户满意度	户数（户）	户数占比（%）
完全不了解	0	0.00	非常不满意	0	0.00
比较不了解	0	0.00	不满意	2	1.12
一般了解	10	5.62	无所谓	1	0.56
比较了解	59	33.15	比较满意	75	42.13
非常了解	109	61.24	非常满意	100	56.18
合计	178	100.00	合计	178	100.00

表4-2-5　农户对降低补助标准的认知及满意度

Tab. 4-2-5　Farmers' awareness and satisfactionof reducing subsidy

农户认知	户数（户）	户数占比（%）	农户满意度	户数（户）	户数占比（%）
完全不了解	0	0.00	非常不满意	0	15.73
比较不了解	0	0.00	不满意	2	28.09
一般了解	27	15.17	无所谓	1	19.10
比较了解	66	37.08	比较满意	75	16.85

续表

农户认知	户数（户）	户数占比（%）	农户满意度	户数（户）	户数占比（%）
非常了解	85	47.75	非常满意	100	20.22
合计	178	100.00	合计	178	100.00

农户退耕成果保持意愿方面，52.80%的农户愿意保持退耕成果，但也有近半的农户表示如果补助结束会部分复耕或全部复耕，如图4-2-4所示。

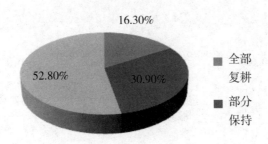

16.30%

52.80%   30.90%

■ 全部
复耕

■ 部分
保持

图4-2-4 退耕农户退耕还林成果保持意愿图
Fig. 4-2-4 Farmer's willingness to maintain the results from
Returning farmland to forest

（6）其他外部因素

本文选取的外部因素包括农户所在村及该村的水源丰富程度，主要是因为农户的选择意愿可能受到村里其他人的认知、行为的影响；调查数据表明，地处丰水区的农户占56.74%，贫水区的农户占43.26%。

3. 退耕农户发展后续产业意愿的影响因素分析

3.1 变量确定与预估

综上可知，影响农户发展后续产业意愿的潜在影响因素众多，为了避免模型估计失效，本文首先通过 Pearson 相关检验找出与退耕农户发展后续产业意愿关系密切的因素，结果见表4-2-6。由表中数据可以看出，农户受教育程度、是否党员、家庭年收入、外出打工收入占比、政府补贴收入占比、农户对补助期政策认知、农户对补助标准政策认知、农户对后续产业政策认知、农户对补助标准满意度、农户对后续产业政策的满意度、退耕还林成果保持意愿、是否参与成果巩固措施、地区水资源丰富程度等变量与农户发展后续产业意愿呈正相关，而退耕地面积和退耕地沙化程度与农户发展后续产业意愿呈负相关。

表 4 – 2 – 6　农户发展后续产业意愿与潜在影响因素的 Pearson 相关分析

Tab. 4 – 2 – 6　Pearson correlation analysis between farmers' willingnessand

affecting factors

农户发展意愿	受教育程度	是否党员	家庭年收入	外出打工收入占比	政府补贴收入占比
Pearson Correlation	0. 195 * *	0. 238 * *	0. 153 *	0. 177 *	0. 212 * *
Sig. (2 – tailed)	0. 009	0. 001	0. 042	0. 018	0. 004
	退耕地面积	退耕地沙化程度	是否参与成果巩固措施	补助期政策认知	补助标准认知
Pearson Correlation	– 0. 240 * *	– 0. 182 *	0. 170 *	0. 244 * *	0. 247 * *
Sig. (2 – tailed)	0. 001	0. 015	0. 023	0. 001	0. 001
	后续产业政策认知	补助标准满意度	后续产业政策满意度	退耕成果保持意愿	水资源是否丰富
Pearson Correlation	0. 265 * *	0. 205 * *	0. 410 * *	0. 167 *	0. 296 * *
Sig. (2 – tailed)	0. 001	0. 006	0. 000	0. 026	0. 000

注：a * 表示 Correlation is significant at the 0. 05 level (2 – tailed)；

B * * 表示 Correlation is significant at the 0. 01 level (2 – tailed)。

根据相关分析结果，本文选取以上 15 个因素作为解释变量，并结合各变量的经济意义，对各变量的影响方向进行预估，结果见表4 – 2 – 7。

表4-2-7 变量定义、描述及影响方向预估

Tab. 4-2-7 Variable definition, description and possible affect

	变量名	变量定义	预估效应
	发展后续产业意愿（Y）	1 = 不愿意；2 = 视情况而定；3 = 愿意	
户主特征	受教育程度（X_1）	0 = 文盲；1 = 小学；2 = 初中；3 = 高中及以上	+
	是否党员（X_2）	0 = 否；1 = 是	+
家庭特征	家庭年收入（X_3）	1 = 1万以下；2 = 1—5万；3 = 5—10万；4 = 10万以上	+
	外出打工收入占比（X_4）	外出打工收入/家庭年收入	+
	政府补贴收入占比（X_5）	政府补贴收入/家庭年收入	−
退耕还林特征	退耕地面积（X_6）	具体调查数据	−
	退耕地沙化程度（X_7）	1 = 无沙化；2 = 沙化较轻；3 = 沙化严重	−
	是否参与巩固措施（X_8）	0 = 否；1 = 是	+
主观价值判断	补助期政策认知（X_9）	1 = 非常不了解；2 = 较为不了解；3 = 一般了解；4 = 比较了解；5 = 非常了解	+
	补助标准政策认知（X_{10}）	1 = 非常不了解；2 = 较为不了解；3 = 一般了解；4 = 比较了解；5 = 非常了解	+
	后续产业政策认知（X_{11}）	1 = 非常不了解；2 = 较为不了解；3 = 一般了解；4 = 比较了解；5 = 非常了解	+
	补助标准满意度（X_{12}）	1 = 非常不满意；2 = 比较不满意；3 = 无所谓；4 = 比较满意，5 = 非常满意	+
	后续产业政策满意度（X_{13}）	1 = 非常不满意；2 = 比较不满意；3 = 无所谓；4 = 比较满意，5 = 非常满意	+
	退耕成果保持意愿（X_{14}）	1 = 全部复耕；2 = 部分保持；3 = 全部保持	+

	变量名	变量定义	预估效应
外部因素	水资源是否丰富（X_{15}）	0 = 否；1 = 是	+

3.2 模型估计

在此基础上，运用 Stata12.0 统计软件进行有序 Logit 回归的处理。为了避免自变量之间的多重共线性，本文在数据处理过程中选用逐步回归法（以为选入变量的标准，以为剔除变量的标准）进行模型估计。此外，考虑到截面数据回归时可能存在异方差，本文在回归时采用稳健标准差修正异方差，消除或减小异方差对模型的影响。模型估计结果见表 4 - 2 - 8。

表 4 - 2 - 8　模型回归结果

Tab. 4 - 2 - 8　the results of regression model

变量	回归系数	稳健标准差	Z 值	P 值
退耕地沙化程度（X_7）	- 0.779	0.280	- 2.780	0.005 * *
补助期政策认知（X_9）	0.880	0.380	2.300	0.021 * *
补助标准政策认知（X_{10}）	0.462	0.214	1.910	0.057 *
后续产业政策满意度（X_{13}）	0.941	0.181	5.400	0.000 * *
退耕成果保持意愿（X_{14}）	0.462	0.243	2.160	0.031 * *
水资源是否丰富（X_{15}）	2.469	0.503	4.910	0.000 * *
α_1	8.455	2.324		
α_2	12.878	2.530		
Wald chi^2（6）= 47.51		Prob > chi^2 = 0.0000		
Log pseudo likelihood = - 119.7648		Pseudo R^2 = 0.2763		

注：*、* * 分别表示估计的系数不等于 0 的显著性水平为 10% 和 5%；

α_1、α_2 表示解释变量均为 0 时，在某一固定的 Y 下，另外两类情况发生的概率之比的对数值。

模型结果显示，最后进入模型的 6 个变量分别是退耕地的沙化程度、退耕农户对补助期政策的认知、对补助标准政策的认知、对后续产业政策的满意度、退耕成果的保持意愿以及水资源是否丰富。根据表 4 - 2 - 8 中的数据，模型估计的结果为：

(0.280) (0.380) (0.214) (0.181) (0.243) (0.503)

Z = (-2.780) (2.300) (1.910) (5.400) (2.160) (4.910)

累积比数模型结果为：

$$P\left(y\frac{i}{x}\right)$$

得分检验结果表明，对于全部自变量的得分检验 $\chi^2 = 10.37$，自由度 =6，P =0.11，表示模型通过检验，各自变量是平行的，检验结果如表 4-2-9。另外，从模型估计结果看出，模型的伪判决系数为 0.28，极大似然估计值为 -119.76，沃尔德卡方值为 47.51，且检验的 P 值明显小于 0.01，说明模型的估计效果好。

表 4-2-9 平行线假设的得分检验结果

Tab 4-2-9 the test results of parallel lines hypothesis

自变量	卡方值	自由度	P 值
All	10.37	6	0.11

3.3 模型结果分析

（1）根据模型估计结果可知，所有户主个人特征、家庭特征类变量对农户发展后续产业的意愿选择均没有显著影响。这一分析结果与研究假设不一致，可能原因是样本村年轻劳动力均外出打工，受访农户大多是 50 岁以上的男性，家庭结构及生产收入结构较为相似，反映户主个人特征和家庭特征的各变量差异性不大所致。

（2）退耕还林特征变量中，退耕地沙化程度对农户发展后续产业意愿有显著的负影响，即比数比小于 1，这表示土地沙化程度较轻的情况下，农户越愿意发展后续产业，即土地质量越好，农户发展后续产业的意愿越强烈。可能原因是土地沙化程度会影响农户利用土地资源的难度。

（3）在所有影响农户发展后续产业意愿的变量中，主观价值判断类特征变量最多，农户对延长补助期政策、补助标准政策的认知程度对后续产业发展意愿具有正影响，比数比大于 1，即表明农户对这两项政策越了解，发展后续产业的意愿越强烈，其中，延长补助期政策的认知对农户意愿影响更大，可见农户对后续产业发展意愿依赖于农户对补助政策期限的预期。调查也表明，农户都希望退耕还林，包括发展后续产业政策是一项长期稳定的政策，并在相应的政策扶持下发展具有一定成本投入的后续产业。因而制定出长期有效的后续产业政策，且让农户充分了解后续产业相关政策的稳定性是非常必要的。

变量"农户对现行后续产业政策的满意度"对农户发展意愿具有很强的正影响，P值接近于0，说明影响程度非常显著。由比数比大于1可以看出农户对该政策的满意度越高，农户就越倾向于发展后续产业。这表明农户对后续产业政策满意度直接影响到农户对后续产业发展的成本收益分析的预期，农户对政策越满意，预期越乐观，发展意愿就越强烈。

农户的退耕成果保持意愿对后续产业发展意愿的影响也较为显著，比数比仍大于1，这表明农户对退耕成果的保持意愿和发展后续产业意愿是一致的，即农户选择保持退耕成果就会有通过选择发展后续产业来弥补收入损失的意愿。

（4）其他外部因素特征类变量中，水资源是否丰富变量对农户选择意愿影响非常显著，且系数最大，表明其他因素不变的情况下，受当地现有发展后续产业项目示范影响和其他资源利用的限制，水资源越贫乏的村落，农户发展后续产业越容易受到技术限制，发展后续产业的意愿就低。

四、主要结论与建议

1. 调查样本表明，现有政府主导的后续产业项目农户覆盖率不高，农户的总体参与度也不高。在现在年轻农村劳动力均外出打工的现实背景下，有18.54%的受访农户表示愿意发展后续产业，19.67%的受访农户表示不愿意发展后续产业，还有过半农户表示"视情况而定"，如有资金和技术支持会考虑发展后续产业。这一方面在一定程度上表明政策设计中将发展后续产业作为巩固退耕成果的重要途径具有一定的不确定性，另一方面也表明需要有政策扶持，如为农户提供资金贷款和技术指导才能吸引和诱导农户发展后续产业。

2. 影响农户发展后续产业意愿的因素多种多样，但模型结果表明，退耕地沙化程度、农户对补助政策的认知、对后续产业政策的满意度、退耕成果保持意愿、水资源丰富程度变量对农户发展后续产业意愿影响显著。其中，主观价值判断特征类变量最多。这表明，农户发展后续产业对政策还有一定的依赖性，也表明针对当地实际情况农户发展后续产业的难度和不确定性，因此，未来除重视制定促进后续产业发展政策外，还应做好宣传工作，提升退耕农户对发展后续产业及相关政策的认知，提高农户的参与度。

3. 根据优势比 $OR = \exp\left[\beta_j\,(b-a)\right]$ 可知，影响因素增加一个单位，退耕农户意愿增加一个单位的概率比是 e^{β_j}，根据所有显著正影响因素的系数绝对值排序，可以发现 $|\beta_{15}| > |\beta_{13}| > |\beta_9| > |\beta_{14}| = |\beta_{20}|$，这说明上述五个

显著影响因素中对农户是否愿意发展后续产业影响最大的因素是自然条件；其次是农户对后续产业政策的满意度；最后是农户对其他政策的认知程度和农户退耕成果的保持意愿。换句话说，农户是否发展后续产业的首要条件还是当地的自然条件和生产资源状况，其次是鼓励后续产业发展的相关政策，尤其是资金、技术的支持政策，以及其他相关政策。而农户退耕成果保持意愿则与是否发展后续产业意愿密切相关。这也进一步充分反映了农户是理性的，农户是否发展后续产业是基于自身家庭及生产资源状况衡量而追求家庭经济利益最大化的选择。因此，在构建退耕还林成果巩固的长效机制中，应有所侧重的着重考虑这些因素。

第三节 京津风沙源治理区农户退耕还林成果保持意愿及影响因素研究——以山西省大同县为例

退耕还林是京津风沙源生态工程的重要治理措施，现在处于成果巩固阶段（2007—2015 年），主要通过包括发展后续产业在内的各项措施，确保退耕还林成果得到切实巩固，确保退耕农户长远生计问题得到有效解决。

农户是退耕还林的重要参与者，在一定程度上决定着退耕成果的可持续性。因此，在延长补助期政策实施即将到期的背景下，全面关注和了解农户退耕成果保持意愿及影响因素，充分反映农户的想法和利益诉求，对政府制定和完善后续政策及方案使退耕成果切实得到有效巩固具有重要的现实意义。

自退耕还林实施后，由于其投资巨大及实施的复杂性，退耕成果能否得到有效巩固就一直是倍受政府和学术界关注的问题，其中，如前文文献回顾所述，有学者从农户退耕成果保持意愿及影响因素角度进行了研究（张静，2010；王术华等，2010；金世华，2011；李桦等，2011），但退耕农户成果保持意愿是一个较为复杂的问题，所受影响因素众多，而且不同实施区域影响因素也不尽相同；另外，所使用的研究方法不同，结果也会有较大差别，上述文献分析已证明了这一点。为此，本研究使用来自于 2013 年 3 月京津风沙源治理区山西省大同县的实地调查数据，通过建立 Probit 和 Logit 模型，分析了农户退耕成果保持意愿及影响因素，为政府制定后续政策和方案有效激励农户巩固退耕成果提供了科学的依据。

一、研究方法

根据文献研究和实地调查发现，农户对退耕成果保持意愿的选择，实质上是一个农户基于自身角度比较土地利用选择收益进而追求收益最大化的问题。理论上，凡是影响到农户进行比较土地利用选择收益的因素，都应是农户退耕成果保持意愿的影响因素。具体地，由于户主是家庭生产经营活动的决策者和主要参与者，因此，包括户主年龄和受教育程度在内的个人特征对其土地利用决策会有直接影响。家庭经济和人口状况，应是农户进行土地利用选择的基础。而农户的生产经营状况，决定着农户的收入来源及水平，必然是影响农户维护退耕成果意愿选择的重要因素。退耕地的状况，也是农户平衡土地利用收益的基本因素。另外，其他外部因素，如后续产业发展政策、村里其他人的行为、所在村的情况也都会在一定程度上影响农户的选择意愿。由此，本研究重点探讨户主特征、家庭特征、农户生产经营特征、退耕地特征、其他外部因素等五个方面因素对农户退耕成果保持意愿的影响，并在此基础上构建实证分析模型为：

$$Y = f（户主特征，家庭特征，生产经营特征，退耕地特征，其他外部因素）$$

模型中，因变量 Y 代表农户退耕成果保持意愿，为 0 - 1 二值变量，取值 1 代表愿意保持退耕成果，取值 0 代表不愿意保持退耕成果。

根据上述分析，模型中，影响农户成果保持意愿各因素的变量构成为：户主特征因素包括户主的性别、年龄、受教育程度、是否党员、是否村干部、是否兼工及兼工情况、补助形式倾向等 8 个变量。针对当地实际情况，家庭特征因素包含了是否生态移民、家庭人口数和劳动力务工情况、家庭健康状况和收入来源状况共 13 个变量。农户生产经营特征因素，包括家庭拥有土地面积状况、收入状况、参与后续产业状况等 9 个变量。退耕地特征因素，包括退耕地面积占农户拥有土地面积的比例、退耕地位置、是否坡地、贫瘠地等 5 个变量。其他外部因素，包括对现行退耕还林政策的认知和满意程度、所处村庄等 4 个变量。结合问卷设计，具体变量定义见表 4 - 3 - 1。

对所有影响变量预估影响方向的分析判断，以受教育程度为例，如果户主的受教育程度较高，其接受信息的能力会较强，可供选择的发展机会也会较多，则对退耕地的依赖会减少，可能更倾向于维护退耕成果，所以，户主的受教育程度可能对保持退耕成果意愿具有正向影响。表 4 - 3 - 1 中， + 代表正向影响， - 代表负向影响， + / - 代表影响方向不确定。

表4 – 3 – 1 影响因素的变量定义及预估影响方向

Tab. 4 – 3 – 1 Variable definition, description and possible affect

变量	定义	预估影响方向
	X_1	性别（男 =1；女 =0）	+／ -
	X_2	年龄（岁）	+／ -
	X_3	受教育程度（文盲 =0；小学 =1；初中 =2；高中及以上 =3）	+
个人特征	X_4	党员（是 =1；否 =0）	+
	X_5	村干部（是 =1；否 =0）	+
	X_6	是否外出务工（是 =1；否 =0）	+
	X_7	外出务工时间（未外出 =0；0—3 个月 =1；3—6 个月 =2；6—9 个月 =3；9—12 个月 =4）	+
	X_8	补助形式倾向（粮补 =1；钱补 =2；钱补加后续产业 =3）	+／ -
	X_9	生态移民（是 =1；否 =0）	+
	X_{10}	家庭人数（人）	+／ -
家庭特征	X_{11}	劳动力人数（人）	+／ -
	X_{12}	外出务工人数（人）	+
	X_{13}	男孩（有 =1；没有或男孩年龄 ≧ 27 =0）	–
	X_{14}	男孩年龄（岁）	–
	X_{15}	家人健康状况（很健康 =1；偶尔生病 =2；经常生病 =3）	–
	X_{16}	土地面积（亩）	+
	X_{17}	人均农地面积（亩／人）	+
	X_{18}	家庭年收入（1 万以下 =1；1—3 万 =2；3—5 万 =3；5—10 万 =4；10 万以上 =5）	+
	X_{19}	人均收入（5000 以下 =1；5000—1 万 =2；1—1.5 万 =3；1.5—2 万 =4；2 万以上 =5）	+
生产经营特征	X_{20}	收入来源—农业种植（是 =1；否 =0）	–
	X_{21}	收入来源—圈养牲畜（是 =1；否 =0）	+
	X_{22}	收入来源—经济林（是 =1；否 =0）	+
	X_{23}	收入来源—外出打工（是 =1；否 =0）	+
	X_{24}	收入来源—经商收入（是 =1；否 =0）	+
	X_{25}	收入来源—政府补贴（是 =1；否 =0）	+／ -
	X_{26}	参与后续产业（是 =1；否 =0）	+

续表

变量	定义	预估影响方向
	X_{27}　　后续产业——干果经济林（是 = 1；否 = 0）	+
	X_{28}　　后续产业——补植补造（是 = 1；否 = 0）	+
	X_{29}　　后续产业——职业技术培训（是 = 1；否 = 0）	+
	X_{30}　　退耕地面积占家庭土地总面积的比例（%）	–
退耕地特征	X_{31}　　退耕地离住家距离（1 里以内 = 1；1—3 里 = 2；3—10 里 = 3；10 里以外 = 4）	+
	X_{32}　　退耕地离公路距离（1 里以内 = 1；1—3 里 = 2；3—10 里 = 3；10 里以外 = 4）	+
	X_{33}　　坡地（是 = 1；否 = 0）	+
	X_{34}　　贫瘠地（是 = 1；否 = 0）	+
其他外部因素	X_{35}　　乡镇（西坪 = 1；峰峪 = 2；聚乐 = 3；吉家庄 = 4；其他 = 5）	+ / –
	X_{36}　　行政村（下甘庄 = 1；下沟庄 = 2；下高庄 = 3；中高庄 = 4；下榆涧 = 5；徐疃村 = 6；小王村 = 7；窑子头 = 8；西后口 = 9；峰峪村 = 10；兼场村 = 11；西关 = 12；吉家庄 = 13；南栋庄 = 14；其他 = 15）	+ / –
	X_{37}　　对现行政策了解程度（非常了解 = 1；比较了解 = 2；不清楚 = 3）	+ / –
	X_{38}　　对现行政策满意度（非常满意 = 1；满意 = 2；无所谓 = 3；不满意 = 4）	–

由于被解释变量为 0/1 二值变量，故选用 Probit 和 Logit 模型进行模型参数估计。

二、数据来源与描述统计分析

1. 数据来源

本研究使用的数据来源于 2013 年 3 月在京津风沙源治理区山西省大同县进行的实地调查。大同县地处山西省北部，全县辖 10 个乡（镇），175 个行政村，17.13 万人口。总土地面积 224.66 万亩。自 2000 年起，大同县开始实施京津风沙源治理生态工程，截至 2012 年年底，其中的退耕还林项目分布 10 个乡镇 148 个村庄，涉及 8627 户，完成退耕还林 20.3 万亩，其中退耕地 11.3 万亩，配套荒山造林 9 万亩。

问卷调查主要涉及 4 个乡镇 14 个村（详见表 4 - 3 - 1），其中，峰峪乡小王村总人口947人，户数297户，几乎所有家庭都参与退耕还林，且退耕地比例达到79.45%，是大同县退耕还林的典型村，因此为本研究重点样本村。除小王村外，本研究还结合当地实际情况选择了其他13个样本村，基本覆盖了当地不同的地形地貌、生产经营特征，具有较好的代表性。共有调查问卷230份，其中有效问卷196份，问卷有效率为85.2%。调查问卷设计中，共涉及7个方面的问题，分别为受访者个体情况、家庭情况、退耕地特征、对现行退耕还林政策的认知和满意情况、农户的复耕意愿及原因、参与后续产业情况及其参与意愿。

2. 描述统计分析

（1）农户退耕成果保持意愿

在196份有效问卷中，表示愿意维护退耕成果的农户占45.9%，表示有复耕意愿的农户占54.1%。至于原因，愿意保持退耕成果的农户中，50.00%的农户认为在退耕地种植粮食产量低、经济效益低，38.89%的农户认为保持退耕有利于环境改善，还有26.67%的农户则是因为年纪大，复耕没有劳动力。表示有复耕意愿的农户中，79.24%的农户认为农业补助多，28.00%的农户则因为种植农产品收入高，15.09%的农户认为种田有粮食吃，详见表4-3-2：

表4-3-2 样本农户退耕成果保持意愿状况

Tab. 4-3-2 Farmer's willingness to maintain the results from
Returning farmland to forest

项目	特征	户数	所占比例%
农户退耕成果 保持意愿	愿意	90	45.90%
	不愿意	106	54.10%
选择维护退耕 成果的原因	有利于环境改善	35	38.89%
	退耕地产量低	45	50.00%
	外出务工，没时间	12	13.33%
	经济林效益好	5	5.56%
	种田受累	7	7.78%
	年纪大，没有劳动力	24	26.67%
选择复耕的原因	农业补助多	84	79.24%
	种田有粮食吃	16	15.09%
	农产品收入高	28	28.00%

注：农户意愿选择的原因为多选项。

（2）受访者个人特征

从表 4 - 3 - 3 可以看出，户主主要为男性，占 91. 33% 。受访者年龄主要集中在 50—60 岁，占 42. 86% ；受教育程度主要集中在初中水平，占 61. 22% ；党员占 12. 76% ，村干部占 9. 18% ；56. 63% 的户主曾外出打工，其中 27. 55% 的受访者在外打工时间在 9—12 个月。

表 4 - 3 - 3　受访者个人特征描述

Tab. 4 - 3 - 3　**Descriptive analysis of characteristics for the head of household**

项目	特征	户数	比例
户主性别	男	179	91. 33%
	女	17	8. 67%
户主年龄	50 岁以下	47	23. 98%
	50—60 岁	84	42. 86%
	60 岁以上	65	33. 16%
受教育程度	文盲	6	3. 06%
	小学	33	16. 84%
	初中	120	61. 22%
	高中及以上	37	18. 88%
党员	党员	25	12. 76%
	非党员	171	87. 24%
村干部	村干部	18	9. 18%
	非村干部	178	90. 82%
外出务工	外出务工	111	56. 63%
	未外出务工	85	43. 37%
外出务工时间	0—3 个月	20	10. 20%
	3—6 个月	18	9. 18%
	6—9 个月	19	9. 69%
	9—12 个月	54	27. 55%
补助形式倾向	粮补	2	1. 02%
	钱补	174	88. 78%
	钱补，后续产业	15	7. 65%
	其他	5	2. 55%

（3）家庭特征

从表4-3-4可以看出，生态移民家庭占受访农户的10.20%，农户家庭规模多为1—4人，家庭劳动力人数1—3人的占51.02%，有1人外出务工的占43.88%，有男孩的农户占37.76%，男孩年龄在16—24岁的占有男孩农户的58.10%，在这个年龄段家庭压力比较大。家人健康方面，42.35%的农户表示家人偶尔生病，还有17.86%的农户表示家人经常生病，这与受访者年龄普遍较大有关。

表4-3-4 家庭特征描述

Tab. 4-3-4 Descriptive analysis of the family characteristics

项目	特征	户数	比例
生态移民	是	20	10.20%
	否	176	89.80%
家庭人数	2人及以下	91	46.43%
	2—4人	88	44.90%
	4人以上	17	8.67%
劳动力人数	1人及以下	83	42.35%
	1—3人	100	51.02%
	3人以上	13	6.63%
外出务工人数	无	74	37.76%
	1人	86	43.88%
	1人以上	36	18.37
男孩	有男孩	74	37.76%
	无男孩或男孩 ≧ 27岁	122	62.24%
男孩年龄	16岁及以下	21	10.71%
	16—24岁	43	21.94%
	24岁以上	11	5.61%
家人健康状况	很健康	78	39.80%
	偶尔生病	83	42.35%
	经常生病	35	17.86%

（4）农户生产经营特征

从表4-3-5可以看出，受访农户拥有30亩及以下土地的占52.04%，拥有人均农地面积 3 亩及以下的占 59.18%；调查数据显示大多数农户收入在 3 万以下；多数农户收入来源于政府补贴、农业种植和外出打工；从后续产业的参与情况来看，22.45% 的农户参与了干果经济林项目，8.67% 的农户参与了补植补造项目，16.84% 的农户参与了职业技术培训。

表 4-3-5　农户生产经营特征描述

Tab. 4-3-5　Descriptive analysis of farmer's production and management characteristics

项目	特征	户数	比例
土地面积	30 亩及以下	102	52.04%
	30 亩以上	94	47.96%
人均农地面积	3 亩/人及以下	116	59.18%
	3 亩/人以上	80	40.82%
家庭年收入	1 万以下	56	28.57%
	1—3 万	97	49.49%
	3—5 万	27	13.78%
	5—10 万	13	6.63%
	10 万以上	3	1.53%
收入来源	农业种植	119	60.71%
	圈养牲畜	10	5.10%
	经济林	9	4.59%
	外出打工	91	46.43%
	经商收入	4	2.04%
	政府补贴	124	63.27%
后续产业	未参与	102	52.04%
	干果经济林	44	22.45%
	补植补造	17	8.67%
	职业技术培训	33	16.84%

注：收入来源为多选。

（5）退耕地特征

从表 4-3-6 可以看出，退耕地占土地面积 50% 以上的占 71.94%（其中生态移民家庭全部退耕）。从退耕地理位置来看，40.31% 的退耕地离住家距离 3—10 里，39.29% 的退耕地离公路 3—10 里；从退耕地特征看，61.73% 的退耕地是坡地，38.27%的退耕地是贫瘠地。

表 4 - 3 - 6　退耕地特征描述
Tab. 4 - 3 - 6　Characteristics of converstion area of farmland to forest

项目	特征	户数	比例
退耕地比例	50% 及以下	55	28.06%
	50% 以上	141	71.94%
退耕地离住家距离	1 里以内	22	11.22%
	1—3 里	76	38.78%
	3—10 里	79	40.31%
	10 里以外	19	9.69%
退耕地离公路距离	1 里以内	23	11.73%
	1—3 里	58	29.59%
	3—10 里	77	39.29%
	10 里以外	38	19.39%
坡地	是	121	61.73%
	否	75	38.27%
贫瘠地	是	75	38.27%
	否	121	61.73%

（6）其他外部因素特征

从表 4 - 3 - 7 可以看出，15.31%的农户对现行政策非常了解，39.80%的农户表示不清楚；对现行政策满意的农户占 5.10%，不满意的占 88.78%，访谈中了解到农户不满意的主要原因是补助金额的降低，因为农户大部分甚至全部土地（生态移民）都已经退耕，补助金额的降低直接影响到农户的生产生活。

表 4 - 3 - 7　其他外部特征描述

Tab. 4 - 3 - 7　Descriptive analysis of other influencing factors characteristics

项目	特征	户数	比例
乡镇	西坪	34	17.35%
	峰峪	141	71.94%
	聚乐	5	2.55%
	吉家庄	15	7.65%
	其他	1	0.51%
行政村	下甘庄	12	6.12%
	下沟庄	3	1.53%
	下高庄	5	2.55%
	中高庄	14	7.14%
	下榆涧	4	2.04%
	徐疃村	6	3.06%
	小王村	97	49.49%
	窑子头	9	4.59%
	西后口	16	8.16%
	峰峪村	5	2.55%
	兼场村	4	2.04%
	西关	5	2.55%
	吉家庄	10	5.10%
	南栋庄	5	2.55%
	其他	1	0.51%
政策了解程度	非常了解	30	15.31%
	比较了解	88	44.90%
	不清楚	78	39.80%
政策满意度	非常满意	0	0.00%
	满意	10	5.10%
	无所谓	12	6.12%
	不满意	174	88.78%

三、模型的估计结果与分析

根据表4-3-1对变量的定义，利用Stata12.0估计模型，结果见表4-3-8：

表4-3-8　农户退耕成果保持意愿影响因素的模型估计结果

Tab. 4-3-8　The results of regression model

解释变量		Probit 模型			Logit 模型		
		系数	Z 值	dy/dx[b]	系数	Z 值	dy/dx[b]
户主个人特征	X_1^a	0.4228	0.99	0.1623	0.7645	0.93	0.1792
	X_2	0.0061	0.21	0.0023	0.0207	0.38	0.0048
	X_3	2.8506*	2.25	0.4858	4.6984*	2.11	0.4653
	X_4^a	0.3616	0.37	0.1420	0.7814	0.46	0.1905
	X_5^a	1.6448	1.19	0.5554	2.9061	1.14	0.5809
	X_6^a	2.3168**	3.05	0.7416	3.9573**	2.92	0.7428
	X_7	0.0237	0.12	0.0091	0.0829	0.24	0.0194
	X_8	-0.3335	-0.33	-0.1281	-0.3416	-0.19	-0.0800
	X_{10}	-0.3345	-1.09	-0.1284	-0.5776	-1.08	-0.1354
	X_{11}	-0.1341	-0.43	-0.0515	-0.2579	-0.46	-0.0604
家庭特征	X_{12}	1.4137*	2.44	0.5428	2.5149*	2.40	0.5893
	X_{13}^a	0.6527	0.58	0.2507	1.1547	0.61	0.2715
	X_{14}	-0.0031	-0.05	-0.0012	-0.0087	-0.09	-0.0020
	X_{15}	-0.4144	-1.03	-0.1591	-0.7291	-1.01	-0.1708
	X_{16}	0.0367	1.67	0.0141	0.0680	1.77	0.0159
	X_{17}	0.1767*	1.99	0.0679	0.2549*	2.11	0.0597
	X_{18}	0.3280	0.71	0.1259	0.3917	0.47	0.0918
	X_{19}	2.4578*	2.04	0.4758	2.8516*	1.98	0.4996
生产经营特征	X_{20}^a	-1.6257*	-2.22	-0.5810	-2.7478*	-2.01	-0.5911
	X_{21}^a	2.6278*	2.37	0.4472	4.4438*	2.20	0.4273
	X_{22}^a	-5.7885**	-3.08	-0.4959	-9.6755**	-2.78	-0.4833
	X_{23}^a	-0.9774	-1.39	-0.3598	-1.8213	-1.46	-0.4005
	X_{25}^a	-1.8842**	-2.75	-0.6537	-3.3009**	-2.68	-0.6774
	X_{26}^a	-0.9126	-0.8	-0.3334	-2.1244	-1.01	-0.4479
	X_{27}^a	1.2678	1.11	0.4731	2.6494	1.23	0.5765

解释变量		Probit 模型			Logit 模型		
		系数	Z 值	dy/dx[b]	系数	Z 值	dy/dx[b]
退耕地特征	X_{28}^a	−0.0102	−0.01	−0.0039	0.5535	0.17	0.1348
	X_{29}^a	−1.1950	−1.32	−0.3706	−1.9757	−1.25	−0.3545
	X_{30}	−0.8230	−0.48	0.0679	−1.6023	−0.52	−0.3755
	X_{31}	0.2618	0.7	0.1005	0.5150	0.76	0.1207
	X_{32}	0.1647	0.49	0.0632	0.3222	0.53	0.0755
	X_{33}^a	2.1798**	2.64	0.6715	3.8906**	2.47	0.6892
其他外部因素	X_{34}^a	3.0768*	3.59	0.8756	5.5724**	3.47	0.8834
	X_{35}	−2.0183	−1.69	−0.7750	−3.5308	−1.64	−0.8274
	X_{36}	0.7325**	2.67	0.2813	1.2948*	2.55	0.3034
	X_{37}	−0.0062	−0.02	−0.0024	0.0886	0.13	0.0208
	X_{38}	−1.2450*	−2.03	−0.4781	−2.1871*	−2.00	−0.5125
	C	−1.5105	−0.28		−3.9136	−0.40	
		Log likelihood = −40.3719			Log likelihood = −40.4044		
		Prob > chi² = 0.0000			Prob > chi² = 0.0000		
		Pseudo R² = 0.6620			Pseudo R² = 0.6618		

注：a 表示虚拟变量的边际概率（dy/dx），反映该变量从 0 到 1 的离散变化；b 表示边际概率（dy/dx）在变量的均值处估计，即当其他变量取均值时，自变量单位变化所带来的因变量的变化。* 表示置信度为 0.05 时显著，* * 表示置信度为 0.01 时显著。X_9、X_{24} 两个变量能够 100% 预测，因而不在模型中。

从模型拟合优度检验看，两个模型的极大似然估计值分别为 −40.3719 和 −40.4044，在 1% 水平上显著，伪判决系数分别为 0.6620 和 0.6618。两个模型在估计结果上一致，只是因为服从的分布不同略有差异，且最终模型的整体拟合效果良好，回归结果具有可信性。

由于两种模型结果具有一致性，限于篇幅，本文仅分析和报告 Probit 模型的估计结果。

从模型的估计结果来看，在 0.05 的显著性水平上，受访者的受教育程度、是否外出务工、家庭外出务工人数、收入来源（农业种植、圈养牲畜、经济林、政府补贴）、人均农地面积、人均年收入、退耕地是否坡地、是否贫瘠地、政策满意度和所在行政村等 13 个变量对农户退耕成果保持意愿影响显著，其中，收入来源（农业种植、经济林、政府补贴）的影响方向为负，其他因素的影响方向与预估方向一致；另外 25 个变量的影响不显著。具体地：

在受访者个人特征变量中，受教育程度和是否外出务工对农户退耕成果保持意愿有正向影响，表明农户的受教育程度越高，外出务工越多，退耕成果保持意愿越强，可能的原因是受访者的受教育程度越高，外出务工越多，见识越广，可选择的发展机会相对较多，对退耕地的依赖减少。另外，对退耕成果保持重要性的认可度也可能较高。而包括受访者年龄在内的其他个人特征变量对农户成果保持意愿没有显著影响，可能的原因是被调查村落年轻劳动力均外出打工，受访农户多是 50 岁以上的男性，反映受访者个人特征的各变量在此方面的差异性不大。

在家庭特征变量中，仅有外出务工人数对农户退耕成果保持意愿有显著正向影响，原因可能在于，外出打工人数越多，家庭收入越高，对退耕地的依赖就会减小；同时因劳动力缺乏，也无法复耕进行农业生产。而包括家庭人口数、劳动力人数在内的其他变量对农户退耕成果保持意愿影响不显著，可能的原因是样本农户多为 50 岁以上的男性，且家庭结构较为相似所致。

在农户生产经营特征变量中，人均农地面积、人均收入对退耕成果保持意愿具有正向影响，表明人均农地面积越多、人均收入越高，退耕成果保持意愿越强，原因是对退耕地的依赖可能会比较小。在收入来源中，农业种植、经济林、政府补贴变量对退耕成果保持意愿具有负向影响，表明来自这三方面的收入越多，农户退耕成果保持意愿越低，或农户复耕意愿越强，这与调查的实际情况相符，由于近年来政府补贴中的农业补贴不断增加，农产品价格不断提高，部分乡镇的经济林（杏林）发展较好，收益较高，农户必然倾向于复耕。而圈养牲畜变量对退耕成果保持意愿具有正向影响，表明来自圈养牲畜的收入越多，对退耕地的依赖越小；而农户是否参与后续产业、参与项目变量对农户退耕成果保持意愿无显著影响。原因主要是当地后续产业发展的连片规划、资金短缺使得农户的参与有限。

在退耕地特征变量中，退耕地是否坡地、贫瘠地变量对退耕成果保持意愿具有正向影响。从边际效应来看，相对于平地或粮食产量较高的土地，农户对于陡坡或贫瘠地的复耕概率降低 0.6—0.9；而退耕地地理位置和退耕地面积比例则未表现出显著性影响关系，这主要是因为当地农户的退耕地离住家和公路都较近（10 里以内，只有生态移民的退耕地较远），且样本农户退耕地比例普遍较大所致（退耕地比例在 50% 以上的占 71.94%）。

在其他外部因素变量中，农户对现行退耕成果巩固期政策的满意程度变量对退耕成果保持意愿具有负向影响。从边际效应来看，对退耕政策满意程度较高 1 个等级的农户，继续退耕的概率增加 0.4781，即对政策越不满意，复耕的可能性越大。调查也显示农户对退耕还林政策的最大关注主要集中在补助政策上，绝大多数农户希望继续钱补。农户所在行政村变量有正向影响，表明实施退耕的行政村越多，农户保持成果的意愿越高，可能原因是群体效应的体现。而农户对现行政策的了解程度和所在乡镇两个变量未表现出显著影响关系，原因是现行政策实施时间已经过半，无论农户怎样的认知，对其意愿选择影响已不大；而所在乡镇变量对农户的影响不直接。

四、结论与启示

1. 数据描述统计结果表明，过半农户表示如果停止补助将有复耕意愿，农户退耕成果保持意愿存在较大差异。其中，愿意保持退耕成果的主要原因依次是：退耕地种植粮食产量低；有利于环境改善；因为年纪大，复耕没有劳动力。选择复耕的原因依次是：农业补助多；种植农产品收入高；种田有粮食吃。

2. 计量分析结果表明，受访者的受教育程度、是否外出务工、家庭外出务工人数、人均农地面积、人均年收入、放养牲畜占家庭收入的比例、退耕地是否坡地、是否贫瘠地、所在行政村等 9 个变量对农户退耕成果保持意愿具有正向影响；收入来源中的农业种植、经济林、政府补贴比例、政策满意度 4 个变量具有负向影响。其中，来自农业种植、经济林、政府农业补贴的收入越多，农户的复耕意愿越强；而农户对退耕还林政策的最大关注仍主要集中在补助政策上，绝大多数农户希望继续钱补。

这些研究结论表明，退耕成果巩固的难度依然较大，农户退耕成果保持与否主要取决于土地利用收益的比较，因而在未来政策制定、出台和优化过程中，应注意各部门政策之间的协调与评估，并充分重视农户现实的生产生活状况，以合理的方式继续补偿农户所提供的生态服务，确保参加退耕农户的经济利益，使退耕成果得到切实有效的巩固。

第四节 基于农户意愿的退耕还林后续
补偿问题研究——以河北省为例

我国在退耕还林实施之初即对退耕农户实行定额补贴，在第一轮退耕补贴到期时，国家及时出台政策决定继续对退耕农户实行第二轮的退耕补贴。现在，在一些实施退耕还林较早的地区，经济林第二轮的补贴已经到期，生态林第二轮补贴也即将到期，到期之后是否还应该继续给予退耕农户补偿？如果不再继续补偿，对退耕农户会有多大的影响？已有的退耕还林成果是否还能够继续维持？如果继续补偿，补偿标准定为多少才合理？是采取直接的现金补偿方式还是采取其它间接补偿的方式？这些问题直接关系到退耕农户的利益，也关系到退耕还林已经取得的成果能否得到有效的巩固。在这种背景下，全面了解退耕农户对于补偿政策的看法，深入考察退耕农户的后续受偿意愿和影响因素，对于国家制定和完善退耕还林后续补偿政策、维护退耕农户的利益以及巩固退耕还林成果具有重要的现实意义。

为此，本研究站在退耕还林两轮补贴即将到期的时点上，对补偿期结束后的情况给予两种不同的假定，通过对河北省张北县和易县退耕农户实地调查所获数据，分析农户对退耕补偿政策的评价及对未来补偿政策可能变化的响应；此外，退耕还林已经实施了十几年，社会经济环境、劳动力转移情况、农业补贴情况等都发生了很大变化，退耕农户的生活水平、收入结构、对退耕地的管护行为、管护成本以及退耕地的收益情况等也在随之变化，并可能对农户后续受偿意愿产生影响，因此，本研究将进一步对农户后续受偿意愿的影响因素进行探讨并做定量分析。

一、调查区域和研究方法

1. 调查区域

本研究所使用的数据主要来源于课题组在河北省的张北县和易县进行的实地调查。张北县位于河北省西北部、内蒙古高原的南缘，地处高寒半干旱农牧交错带，属河北省六大沙区的坝上沙区，辖 18 个乡镇、366 个行政村，总人口 37 万，2000 年开始实施退耕还林，主要退耕还林树种为沙棘、榆树、柠条等。易县地处太行山北端东麓，是一个七山一水二分田的山区林业大县，辖 28 个乡镇处，469 个行政村，总人口 56 万，2002 年开始实施退耕还林，主要退耕还林树种为杨树、柿树、核桃、板栗等。调查区域退耕还林第一轮补贴年限为生态林 8 年，经济林 5 年，草地 2 年，每年补助金额（粮食折算为现金）合计为 160 元/亩；第二轮补贴与第一轮补贴年限相同，补贴金额为 90 元/亩。

2. 研究方法

本研究在实地调查中采用问卷调查法和关键人物访谈法。调查组对河北省的 310 位退耕农户进行了问卷调查，得到有效问卷 298 份（张北县 151 份，易县 147 份），问卷有效率为 96%。此外，在调查中还对张北县和易县林业局的负责人以及各调查村的主任或支书进行了访谈，详细了解了该地区退耕还林实施情况、退耕还林巩固措施情况、退耕补助发放情况以及当前存在的主要问题等。

在分析过程中，主要采用描述统计方法和多元线性回归分析的方法。

二、退耕农户对退耕补偿政策的评价及对后续补偿政策变化的响应

1. 退耕农户对以往退耕还林补偿政策的评价

调查区域退耕还林第一轮补贴年限为生态林8年，经济林5年，草地2年，每年补贴金额（粮食折算为现金）合计为2400元/公顷；第二轮补贴与第一轮补贴年限相同，补贴金额为1350元/公顷，同时，国家建立了巩固退耕成果专项资金，用于退耕农户的基本口粮田建设、农村能源建设、生态移民、发展后续产业以及补植补造等。

退耕还林补贴政策不同，对农户利益的影响就会不同，农户对政策的反映和评价也会因此而产生差异。本研究从以下五个方面比较了农户对于退耕还林第一轮和第二轮补贴政策的评价。具体统计结果见表4-4-1。

第一，对补偿政策的了解程度。由表4-4-1所示的统计结果可知，对第一轮和第二轮补偿政策都各有超过半数的农户表示非常不了解或比较不了解。对"非常不了解""比较不了解""一般""比较了解""非常了解"五种程度依次赋予分值1到5，农户对第一轮和第二轮补偿政策了解程度的平均得分分别为2.9和2.8。可见，农户对第一轮和第二轮补偿政策的了解程度相差不大，从总体上来看，农户对退耕还林补偿政策的了解程度还比较低。

第二，补贴金额是否能弥补种地的纯收入。对于第一轮补贴金额，有51.0%的农户认为补贴金额过低，不能弥补种地获得的纯收入，而对于第二轮补贴金额，该比例上升为79.5%；认为第一轮补贴金额能够弥补种地纯收入的，即认为补贴金额与种地纯收入基本持平或补贴金额高于种地纯收入的农户接近一半，而对于第二轮补贴金额，该比例仅为20.5%。由此可见，大部分农户认为退耕还林补贴金额过低，不如原来种地的收入高，另外，补贴额度的降低确实影响了农户的利益，尤其是对于种植林种为生态林的农户，损失较大。

第三，对补贴金额的满意度。大部分农户对第一轮补贴金额表示"比较满意"或"非常满意"，这部分农户共占54.3%，仅有不到两成的农户对第一轮补贴金额表示"比较不满意"或"非常不满意"；而对于第二轮补贴金额表示"比较满意"或"非常满意"的农户之和仅占18.1%，超过半数的农户对第二轮补贴金额"比较不满意"或"非常不满意"。可见农户对于两轮补贴金额的满意度有较大的差别，对于第二轮补贴金额的满意度有明显降低。

第四，对补偿方式的满意度。第一轮补偿政策主要是对退耕农户进行直接补贴，包括粮食补贴或现金补贴，第二轮补偿政策降低了现金补贴的额度，同时中央建立了巩固退耕成果专项资金，用于退耕农户的基本口粮田建设、农村能源建设、生态移民、发展后续产业以及补植补造等，两轮补偿的方式有所不同。从调查结果来看，超过六成的农户对第一轮补偿的方式感到"比较满意"或"非常满意"，感到"比较不满意"或"非常不满意"的大约只占到一成；而对于第二轮的补偿方式，近半数的农户表示"比较不满意"或"非常不满意"，表示"比较满意"或"非常满意"的只有不到两成，远远少于第一轮，尤其是选择"非常满意"的农户，仅有1%。可见，大部分农户对于第二轮补偿方式满意度较低，主要原因一是由于实际享受到基本口粮田建设、能源建设、发展后续产业等巩固退耕成果措施的农户非常少，二是第二轮现金补偿金额也降低了。其中个别退耕还生态林的农户，基本口粮不够维持生计，且退耕地无经济收益，生活保障成为问题。

第五，退耕补贴对生活水平的影响大小。对于两轮补贴，各有超过半数的农户认为对其生活水平的影响程度"一般"；有22.2%的农户认为第一轮补贴对其生活水平影响"比较大"或"非常大"，对第二轮补贴，该比例为16.1%。对影响程度"非常小""比较小""一般""比较大""非常大"五个选项依次赋予分值1到5，第一轮补贴和第二轮补贴对农户生活水平的影响程度大小的平均得分分别是2.9和2.7，表明第二轮补贴对农户生活水平的影响略低于第一轮，可能是由于退耕补贴额度的减少和农民生活水平的提高所带来的结果。调查表明，大部分农户的家庭主要收入来源并不依靠退耕补贴，退耕补贴在家庭收入中占的比例较小，因此对退耕补贴的依赖性并不大，但是也仍有相当一部分农户认为退耕补贴对其生活水平影响较大。

基于以上分析，对于第二轮补偿，由于补贴金额的降低，并且退耕还林其他巩固措施给农户带来的实际利益较少，综合来看，退耕农户的利益受到了一定的损害，农户对政策的满意度明显降低，为了巩固退耕还林成果，切实维护退耕农户的利益，有必要制定后续的补偿政策，继续给予农户合理的退耕补偿。

表4-4-1　农户对退耕还林两轮补偿政策的评价对比

Tab. 4-4-1　Comparison of farmers' evaluation for the two rounds

compensation policy of RGLF

评价内容	选项	第一轮		第二轮	
		频数	频率	频数	频率
对两轮补偿政策的了解程度	非常不了解	34	11.4%	37	12.4%
	比较不了解	120	40.3%	122	40.9%
	一般	25	8.4%	29	9.7%
	比较了解	80	26.8%	75	25.2%
	非常了解	39	13.1%	35	11.7%
补贴金额能否弥补种地纯收入	补贴低于种地纯收入	152	51.0%	237	79.5%
	补贴与种地纯收入基本持平	92	30.9%	37	12.4%
	补贴高于种地纯收入	54	18.1%	24	8.1%
对补贴金额的满意度	非常不满意	12	4.0%	46	15.4%
	比较不满意	45	15.1%	120	40.3%
	一般	79	26.5%	78	26.2%
	比较满意	136	45.6%	49	16.4%
	非常满意	26	8.7%	5	1.7%
对补偿方式的满意度	非常不满意	10	3.4%	38	12.8%
	比较不满意	23	7.7%	110	36.9%
	一般	83	27.9%	92	30.9%
	比较满意	158	53.0%	55	18.5%
	非常满意	24	8.1%	3	1.0%
退耕补贴对生活水平的影响大小	非常小	23	7.7%	37	12.4%
	比较小	53	17.8%	52	17.4%
	一般	156	52.3%	161	54.0%
	比较大	55	18.5%	36	12.1%
	非常大	11	3.7%	12	4.0%

2. 退耕农户对参与退耕还林的总体满意度评价

此外，本研究还针对农户参加退耕还林的总体损益情况评价和总体满意度评价进行了调查。调查统计结果如表4-4-2所示。当问及农户从开始退耕还林到现在，总体上来看自己参加退耕还林的损益情况时，有超过一半的农户认为自己参加退耕还林是"收益和损失基本持平"的，有 24.8% 的农户认为是"损失大于收益"，还有 20.8% 的农户认为是"收益大于损失"。从该结果来看，农户参加退耕还林的总体损益情况是损失略大于收益。在问及农户对参加退耕还林的总体满意度时，选择人数最多的选项是"比较满意"，占 43.3% 的比例，其次是满意程度"一般"，占 32.6%，对参加退耕还林表示"比较不满意"或"非常不满意"的较少，仅占 13.8%。可以看出，尽管农户参加退耕还林的总体损益情况是损失略大于收益，但是总体来说，农户对于退耕还林还是比较满意的，从对农户的访谈中得知，有许多农户考虑到了退耕还林对于改善生态环境的重要作用，综合各方面考虑，对退耕还林的满意度还是较高的。

表 4 - 4 - 2　农户参加退耕还林的总体损益情况评价和总体满意度评价

Tab. 4 - 4 - 2　Farmers' evaluation on the overall profit and loss in RGLF

评价内容	选项	频数	频率
对参加退耕还林的总体损益情况评价	有损失	74	24.8%
	无收益、无损失	162	54.4%
	有收益	62	20.8%
对参加退耕还林的总体满意度评价	非常不满意	11	3.7%
	比较不满意	30	10.1%
	一般	97	32.6%
	比较满意	129	43.3%
	非常满意	31	10.4%

3. 补偿期结束后国家不再继续补偿情况下对农户生活的影响及农户的响应

第二轮退耕补贴到期之后，若国家不再继续给予退耕农户补偿，可能会对退耕农户的生活产生一定的影响。通过分析退耕农户家庭的收入结构，能够较为客观地评价退耕补贴对农户生活的影响程度。

本研究将退耕农户家庭收入的主要来源分为 9 类（均为纯收入），分别是农业种植收入、经济林收入、养殖收入、打工收入、经商收入、农业补贴、退耕补贴、社保和低保、其他收入。本研究对样本退耕农户家庭收入结构的调查结果见表 4 - 4 - 3。可以看出，张北县和易县退耕农户家庭收入结构的差异性是比较大的。从张北县农户样本来看，农业种植收入在家庭总收入中所占的比例最大，平均为 33.31%，从易县农户样本来看，打工收入在家庭总收入中所占的比例最大，平均为 51.91%。张北县样本农户退耕还林类型均为生态林，退耕地几乎无收入，而易县退耕还林有很大比例的生态经济兼用林，因此有一定的经济林收入，该收入在家庭总收入中所占的比例平均为 10.92%。考察全体样本，退耕补贴在家庭总收入中所占的比例平均为 5.40%，在 9 类收入来源中按比例由大到小排在第五位，可见退耕补贴仍是农户家庭中一个不可忽略的收入来源。分别考察张北县和易县样本，可以发现两县的退耕补贴占比差别较大，从调查数据来看，易县退耕农户家庭纯收入中退耕补贴所占的比例平均为 2.36%，在 9 类收入来源中排第八位，而张北县该比例高达 8.37%，约是易县的 3.5 倍，在 9 类收入来源中排第五位。究其原因，虽然张北县农户人均拥有土地面积相对易县较大，但由于农业生产条件等差别，使得张北县农户单位面积土地收入相对易县较低，张北县平均家庭纯收入也低于易县，而由于张北县农户人均退耕地面积较大，其平均家庭退耕补贴收入明显高于易县，因此，两县在退耕补贴占家庭收入的比例上差别较大，停止补偿对于张北县的农户来说受到的影响相对较大。

表 4-4-3　退耕农户家庭各类收入比例均值

Tab. 4-4-3　The average proportion of all kinds of income of farm household

收入类别	张北县样本	易县样本	全体样本
农业种植收入	33.31%	10.95%	22.28%
经济林收入	0	10.92%	5.39%
养殖收入	8.75%	3.59%	6.21%
打工收入	18.29%	51.91%	34.87%
经商收入	3.03%	3.61%	3.32%
农业补贴	7.01%	1.69%	4.38%
退耕补贴	8.37%	2.36%	5.40%
社保和低保	18.36%	8.41%	13.45%
其他收入	2.88%	6.55%	4.69%
总计	100%	100%	100%

注：表格中所涉及的收入均指纯收入。

若现有补偿期结束后国家不再继续给予退耕户补偿，根据对样本区域情况的调查了解，退耕农户存在毁林复耕的可能性。根据问卷调查，对于问题"退耕还林第二轮补贴到期后，如果停止补贴，您是否会复耕"，有 79.9% 的退耕农户表示停止补贴后不会复耕，其不复耕的原因主要是，退耕地已经种了树导致复耕有难度，或家里缺乏劳动力；有14.8%的退耕农户表示会复耕，原因主要是农产品收入高，退耕地不能带来令人满意的收益，想通过复耕来增加收入，还有部分农户是因为剩余的耕地面积比较小，基本口粮不足，停止补贴后可能难以维持生计；除此以外，还有5.4%的农户表示不确定是否会复耕。

在易县退耕农户样本中，有70.1%表示不会复耕，会复耕的占21.1%，而在张北县样本中，表示会复耕的农户仅占8.6%，该比例明显低于易县。究其原因，在张北县，很多退耕地上种植的是沙棘、柠条等，目前，这些几乎不能给农户带来任何收益，而像杨树、榆树等乔木，由于气候条件等原因，长势也并不好，农户对退耕地上的收益预期非常低，大部分农户之所以表示不会复耕，是因为退耕还林地上的植物根系发达，给复耕带来很大的难度，而并不是农户本身不想复耕。尽管张北县农户选择复耕的比例较小，但仍不可轻视退耕成果的维护，张北县由于气候干旱，粮食基本上都是广种薄收，而该县人均退耕面积比较大，导致种植收入大大减少，该县有些年份降雨量极少，粮食几乎绝产，因此，如果停止了补贴，有些农户在难以维持生计时，仍然存在复耕的可能。在易县，虽然很多农户种植的是柿树等兼用林，能够带来一些收益，但由于种植树种太过统一，并且深加工企业较缺乏，再加上道路交通等问题，导致柿子销路存在很大的问题，农户从退耕地上获得的收益并不稳定，有些甚至不能抵消管护林木的花费，而当地主要粮食作物玉米的种植收益相对较为稳定，并且从2013年的情况来看，该县玉米单位面积纯收益高于退耕地种树的单位面积纯收益，这是易县农户会选择复耕的一个重要原因，另外，易县人均耕地面积较小，一些农户参与退耕还林后基本口粮田所剩无几，若由于柿子滞销等问题导致退耕地上没有稳定的收益，对于一些缺乏其它收入来源的农户来说，国家停止补偿之后，为了维持生计，就不得不选择复耕。

表4-4-4 退耕农户的复耕决策选择

Tab. 4-4-4 The farmers' choice of deforestation for farmland reclamation

复耕决策选择	张北县样本	易县样本	全体样本
不会复耕	89.4%	70.1%	79.9%
不确定是否会复耕	2.0%	8.8%	5.4%
会复耕	8.6%	21.1%	14.8%
合计	100%	100%	100%

表4-4-5 退耕农户选择不复耕的原因

Tab. 4-4-5 The reason for farmers not choosing deforestation for farmland reclamation

不复耕原因	张北县样本	易县样本	全体样本
退耕对生态环境好	2.9%	12.9%	7.5%
退耕土地产量不高， 不适合种地	1.4%	0	0.8%
退耕地已经种了树， 复耕有难度	59.4%	55.2%	57.5%
种树收入较高	0	19.0%	8.7%
种田受累	0.7%	0	0.4%
家里缺乏劳动力	16.7%	4.3%	11.0%
其他原因	18.8%	8.6%	14.2%
合计	100%	100%	100%

表4-4-6 退耕农户选择复耕的原因

Tab. 4-4-6 The reason for farmers choosing deforestation for farmland reclamation

复耕原因	张北县样本	易县样本	全体样本
基本口粮不够维持生计	25.0%	25.0%	25.0%
农产品收入高， 想靠复耕来增加收入	68.8%	59.1%	61.7%
缺乏林地管护经验， 习惯靠种地生活	0	2.3%	1.7%
土地肥沃或地势平坦， 更适合种地	0	4.5%	3.3%
其他原因	6.2%	9.1%	8.3%
合计	100%	100%	100%

4. 补偿期结束后国家继续给予补偿情况下的农户受偿意愿

若第二轮补偿到期之后国家继续实行补偿，那么补偿多少以及如何补偿也是需要解决的重要问题，要制定合理的补偿标准和补偿方式，农户的意愿不可忽略。因此，本部分针对农户后续受偿意愿进行了调查和分析，包括受偿金额意愿和受偿方式意愿。

调查结果显示，对于问题"退耕还林第二轮补贴到期后，如果政府继续给予补贴，您认为至少每年应该补贴多少元/公顷"，所有样本农户的意愿金额的均值为2350.91元/（公顷·年），最小值为0元/（公顷·年），最大值为15000元/（公顷·年），具体分布情况见表4-4-7。超过八成的农户愿意接受的最低补偿金额在0—3000元/（公顷·年）之间，最低受偿金额意愿大于4500元/（公顷·年）的农户所占比例较少，为10.1%，另外，根据统计结果，农户最低受偿意愿金额的中位数为1425元/（公顷·年），与当前的补贴额度十分接近。调查还发现，张北县的样本农户与易县的样本农户对于这一问题的回答在数值上有较大的差异。两县样本农户回答的最低值都是0元/（公顷·年），张北县样本农户回答的最高值为4500元/（公顷·年），而易县样本农户回答的最高值为15000元/（公顷·年），张北县和易县的农户意愿金额的均值分别为1706.62元/（公顷·年）和3012.72元/（公顷·年），中位数分别为1350元/（公顷·年）和2400元/（公顷·年），由此可见，易县农户的最低受偿金额意愿明显高于张北县，地区差异十分明显，这与两县的经济发展水平以及农业生产条件的差异有着密切的关系。此外，值得注意的是，调查样本中共有17.4%的农户表示，即使在第二轮补偿期结束后不再继续补偿，也可以接受，即所回答的最低受偿意愿金额为0元/（公顷·年）。考察这一回答的理由，这部分退耕农户中有些表示，现在的生活不依靠退耕补偿，主要收入来源不是种植业，通过打工或者养殖等能够获得不错的收入；还有一些农户表示，退耕地已经有不错的收益，认为即使不再继续补偿也是合理的。但是从整体来看，现在这部分农户的比例还是非常小的。

表4-4-7 农户后续接受补偿的最低意愿金额分布

Tab. 4-4-7 Distribution of farmers' willingness to accept the follow-up compensation

意愿金额 y 区间 （元/公顷·年）	张北县样本		易县样本		全体样本	
	人数	比例	人数	比例	人数	比例
0≤y≤750	30	19.9%	28	19.0%	58	19.5%
750<y≤1500	61	40.4%	44	29.9%	105	35.2%
1500<y≤3000	49	32.5%	31	21.1%	80	26.8%
3000<y≤4500	11	7.3%	14	9.5%	25	8.4%
4500<y≤7500	0	0	22	15.0%	22	7.4%
7500<y≤15000	0	0	8	5.4%	8	2.7%
合计	151	100%	147	100%	298	100%

对于后续补偿方式的意愿，调查表选项中依次设置了"现金补贴""粮食补贴""后续产业支持""招工""创业支持"以及"其他补偿方式"6个选项，该问题为多项选择，数据统计结果如表4-4-8所示，选择人数最多的是"现金补贴"，有89.3%的农户选择了这一选项，其次是"粮食补贴"，选择比例为10.4%，之后依次是"后续产业支持"、"创业支持"、"招工"，选择比例分别为7.4%、3.4%和3.0%。可以看出，绝大部分农户倾向于更为直接的现金补贴的方式，尽管从长远考虑应逐步实现补偿机制由"输血"向"造血"的转换，但农户却更倾向于"输血"模式的现金补贴，从访谈中得知，很多农户对政策实施存在一种不信任感，担心若采取其他方式的补偿可能不一定能够切实给自己带来利益，不如现金补贴实在，这在一定程度上反映了当前退耕还林巩固措施和后续产业发展的不完善。

表4-4-8 农户对于后续补偿方式的意愿

Tab. 4-4-8 Farmers' willingness of the follow-up compensation way

补偿方式	选择人数	选择比例
现金补贴	266	89.3%
粮食补贴	31	10.4%
后续产业支持	22	7.4%
招工	9	3.0%
创业支持	10	3.4%
其他补偿方式	2	0.7%

5. 退耕农户受偿意愿影响因素的计量分析

调查发现，农户在考虑后续受偿意愿时，主要考虑了退耕地机会成本与退耕地目前实际收益的差值，以及当前的补贴金额，除此以外，还有很多其他因素也会影响农户的后续受偿意愿，为了定量考察各类因素对农户后续受偿意愿的影响，本文尝试建立多元线性回归模型进行研究。由于本研究是站在当前退耕还林两轮补贴即将到期的时点上来分析退耕农户的后续受偿意愿及影响因素，因此，回归模型分析采用2013年的截面数据。模型的被解释变量Y为农户后续受偿意愿金额，即农户对"退耕还林第二轮补贴到期后，如果政府继续给予补贴，您认为至少每年应该补贴多少元/公顷"这一问题所回答的具体数值，该变量为连续变量。

5.1 影响因素的选择与分析

从已有文献来看，在我国关于农户行为和意愿的研究中，所选取的影响因素基本来源于农户个人特征、家庭特征、生产经营特征、当地市场政策和经济发展特征等几个层面。本文参考已有研究，并结合调研地的实际情况以及所研究问题的特征，将影响农户后续受偿意愿的因素归纳为以下四类：农户个人因素，家庭生计因素，退耕还林参与特征以及农户主观判断因素。具体选择的变量及分析如下：

本研究考虑的农户个人因素主要是年龄和受教育年限。原因是年轻人往往接受外界信息的能力较强，对土地利用价值的认识较深，退耕还林的受偿意愿可能较高。受教育程度越高的农户，掌握科学技术和生产技术的能力越高，对这些农户来说，土地潜在的机会成本就越高，因而受偿意愿可能较高。

家庭生计因素主要考虑劳动力人数、非农就业比例、家庭人均收入。家庭劳动力人数越多，可能就越有充足的劳动力从事种植活动，对土地的利用能力可能就越强，换句话说，退耕造成的机会成本损失可能就越大，因此受偿意愿可能越高。非农就业比例是指农户家庭中主要从事非农工作的人数占家庭劳动力人数的比例，该比例越高的家庭往往对于农业收入的依赖性相对较低，因而对于退耕补贴的依赖性可能比较低，所能接受的最低补偿金额可能也相对较低。家庭人均收入反映农户家庭的经济水平，人均收入较高的农户对退耕补贴的依赖性可能较低，从而其能够接受的最低补偿金额可能也相对较低。

退耕还林参与特征因素主要考虑农户拥有的退耕地面积、退耕地沙化程度、退耕地目前纯收益（不含退耕补贴）。农户退耕还林的土地面积越大，其农业种植损失也越大，因此对于补偿的需求可能也越大。退耕地沙化程度越严重，农户退耕还林的机会成本越低，受偿意愿可能越低。此外，目前能够从退耕地上获得的纯收益较低的农户，可能越期望通过较高的补贴来弥补损失，从而其受偿意愿可能较高。

农户主观判断因素主要考虑对退耕还林生态效益重要性的认知、对退耕地机会成本的评估、对退耕补贴影响程度的评价。农户对退耕还林生态效益重要性的认知程度越高，表明他能够越清楚地认识到退耕还林所提供的公共价值，因而对于受偿意愿的回答可能也会越高。农户对退耕地机会成本的评估，是指农户考虑退耕地的土地质量并假设退耕地种植农作物，通过估计作物单产、价格、投入等来估算纯收益，作为退耕地机会成本的评估值。农户对自己家的退耕土地机会成本估计值越高，受偿意愿可能也越高。农户感知退耕补贴（这里指第二轮补贴）对其生活水平的影响越大时，可能提出的后续受偿意愿也越高。

综上，本文所选取的解释变量如表4－4－9所示。

表4－4－9　解释变量说明与描述统计

Tab. 4 –4 –9　Explanation and descriptive statistics of explanatory variables

变量名称	变量说明	均值	标准差	预期影响方向
X_1：年龄（岁）	离散变量	57.07	11.32	－
X_2：受教育年限（年）	离散变量	7.05	3.68	＋
X_3：劳动力人数（人）	离散变量	2.24	1.13	＋
X_4：非农就业比例（％）	连续变量	30.40	34.26	＋
X_5：家庭人均纯收入（元/年）	连续变量	7144.30	11126.35	－
X_6：退耕地面积（公顷）	连续变量	0.40	0.39	＋
X_7：退耕地沙化程度	无沙化＝1，沙化程度较轻＝2，沙化程度严重＝3	1.71	0.69	－
X_8：退耕地目前纯收益（元/公顷·年）	连续变量	2458.60	7143.98	－
X_9：退耕还林生态效益重要性认知	非常不重要＝1，比较不重要＝2，一般＝3，比较重要＝4，非常重要＝5	3.89	0.84	＋
X_{10}：退耕地机会成本评估（元/公顷·年）	连续变量	4162.67	3983.93	＋
X_{11}：退耕补贴影响程度	非常小＝1，比较小＝2，一般＝3，比较大＝4，非常大＝5	2.78	0.95	＋

5.2　模型估计结果与分析

使用 Eviews6.0 软件，用最小二乘法对模型进行参数估计，结果见表4－4－10。

表 4 – 4 – 10　回归模型估计结果

Tab. 4 – 4 – 10　Estimates of the regression model

变量	回归系数	标准差	t 统计量值	p 值
C	992. 449	1157. 815	0. 857	0. 392
年龄	− 25. 923	12. 069	− 2. 148	0. 033 *
受教育年限	35. 081	37. 073	0. 946	0. 345
劳动力人数	20. 976	122. 675	0. 171	0. 864
非农就业比例	0. 386	4. 110	0. 094	0. 925
家庭人均纯收入	− 0. 002	0. 011	− 0. 156	0. 876
退耕地面积	− 349. 162	352. 118	− 0. 992	0. 322
退耕地沙化程度	− 483. 401	179. 649	− 2. 691	0. 008 * *
退耕地现在纯收益	0. 048	0. 018	2. 700	0. 007 * *
退耕还林生态效益重要性认知	449. 826	152. 467	2. 950	0. 003 * *
退耕地机会成本评估	0. 103	0. 039	2. 663	0. 008 * *
退耕补贴影响程度	438. 831	132. 695	3. 307	0. 001 * *
F 统计量值　6. 920			R^2　0. 210	
Sig.　0. 000 * *			$\bar{R}^2$　0. 180	

注："*"、"* *"分别表示在 0. 05 和 0. 01 的显著性水平下通过检验。

从上表可以看出，对农户后续受偿意愿具有显著影响的因素有 6 个，包括年龄、退耕地沙化程度、退耕地现在纯收益、退耕还林生态效益重要性认知、退耕地机会成本评估和退耕补贴影响程度。无显著影响的因素包括受教育年限、劳动力人数、非农就业比例、家庭人均收入、退耕地面积。从回归方程整体的显著性来看，F 统计量的值为 6. 920，在 0. 01 的显著性水平下回归方程是显著的。

用 White 检验法对模型是否存在异方差进行检验，得到的结果显示 Obs * R – squared 的值为 84. 425，对应的 P 值为 0. 263，大于 0. 05，表明在 0. 05 的显著性水平下该模型不存在异方差问题。用 LM 检验法（即拉格朗日乘数检验）对回归方程残差序列进行自相关检验，设滞后阶数为 1，得到的检验结果显示，Obs * R – squared 的值为 0. 500，P = 0. 480，大于 0. 05，说明在 0. 05 的显著性水平下不存在自相关问题。

在农户个人因素中，年龄对后续受偿意愿具有显著负影响，与预期影响方向一致；受教育年限影响不显著，可能的原因是调查对象的受教育程度普遍较低，大部分在初中学历以下，个体间差异较小。

在退耕还林参与特征方面，退耕地沙化程度对后续受偿意愿影响显著，沙化程度越高，农户受偿意愿越低，与预期影响方向一致。退耕地现在纯收益对后续受偿意愿具有显著正影响，与预期影响方向相反，可能的原因是该变量取值仅采用了 2013 年退耕地的纯收益，调查中发现，张北县农户的退耕地现在几乎无收益，而易县农户的退耕地现在大部分已经产生收益，主要收益来自于柿树，但是经过进一步访谈了解到，2014 年易县柿子出现滞销问题，柿子价格极低，许多在 2013 年柿树收益较高的农户在 2014 年由滞销造成的损失也较大，使种植柿树的这部分农户退耕地损益波动较大，因此出于降低风险的心理，这部分农户的后续受偿意愿也较高。退耕地面积的影响不显著，可能的原因是调查地区大部分是按农地面积的一定比例来决定退耕面积的，退耕地面积较大的农户其未退耕土地面积也较大，农业种植收益抵消了一部分退耕造成的损失，因此可能削弱了对后续受偿意愿的影响。

代表农户主观判断因素的 3 个变量都是显著的，且都与预期影响方向一致，可见，主观判断因素是影响农户后续受偿意愿的一个重要方面。退耕还林生态效益重要性认知对农户后续受偿意愿有显著的正影响，这意味着在其他条件相同的情况下，对退耕还林生态效益重要性认识越深的农户，能够越清楚地认识到退耕还林所提供的公共价值，因此其后续受偿意愿值越高。此外，对退耕地机会成本评估值较大的、认为退耕补贴对生活水平影响较大的农户，其后续受偿意愿值也较高。

此外，所有家庭生计因素均没有对农户后续受偿意愿表现出显著影响，可以认为，农户后续受偿意愿主要受个人因素、主观判断因素以及退耕还林参与特征的影响，而家庭生计因素对农户后续受偿意愿的影响机制较为复杂，没有对其表现出直接的影响。

6. 基于不复耕目标下的后续受偿意愿

前文中所讨论的受偿意愿金额没有设定具体补偿目标，但实质上可以理解为是基于农户满意目标下的最低补偿金额，而假若后续补偿的目的仅仅在于使农户不复耕，这种情况下进行补偿所花费的成本从理论上来说要比前述情况下的成本小。因为前文所讨论的补偿金额不仅包含了不复耕的目标，还隐含了农户更多的福利需求，例如，为了追求公平，农户所回答的意愿金额可能会尽量达到土地的机会成本，而实际上若给予的补贴金额略低于这一数值，农户也不一定就会复耕。也就是说，令农户不复耕是进行退耕补偿的一个较低的目标，也可以说是一个最基本的目标。

要维护退耕还林的成果，防止毁林复耕行为的发生，应至少尽量满足退耕农户基于不复耕目标下的受偿意愿，并且由于国家财政预算有限，难以对退耕农户进行充分补偿，因此，探求能够令农户维持退耕成果而不复耕的底线补贴金额对于降低补偿成本具有重要意义。

为了探求能够令农户维持退耕成果而不复耕的底线补贴金额，本研究在前述受偿意愿问题的基础上，在问卷中还追加了一个问题，"退耕还林第二轮补贴到期后，如果政府继续给予补贴，至少每年补贴多少元/公顷，您才不会复耕"，这一问题仅针对在前文所述停止补贴后复耕意愿问题中选择了"会复耕"以及"不确定是否会复耕"的农户，而对于选择了"不会复耕"的农户，意味着即使后续补偿金额为0，也能实现不复耕的目标，因此不必再对其追加这一问题。从回答结果来看，大部分农户对基于不复耕目标下的受偿意愿金额的回答值低于前文所述的没有设定具体补偿目标时的回答值，而也有少数农户对这两个问题的回答值是相等的。

下图4-4-1是根据本次调查数据所绘制的两种情况下的补贴金额与累积农户比例关系散点图。该图回答了在给予不同水平的补贴金额时大致有多少比例的农户能够不复耕以及有多少比例的农户能够感到满意。由图可见，若补贴到期后政府不再继续给退耕农户发放补贴，那么大约有八成的退耕农户不会复耕，但是仅有17.4%的农户表示愿意接受停止补贴的政策；如若要使至少90%的退耕农户对补贴金额感到满意，那么补贴标准至少要达到4500元/（公顷·年），而若政策目标仅为令至少90%的农户不复耕，那么补贴标准仅需要大约1800元/（公顷·年）。由此可见，政策目标仅为不复耕时的补偿成本大大降低。

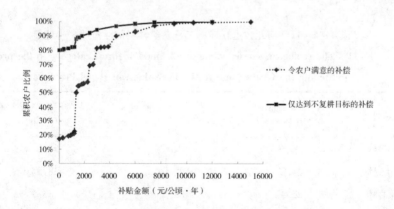

图4-4-1　补贴金额与累积农户比例关系图

Fig. 4-4-1　The relationship between amount of the subsidy and cumulative proportion of farmers

对于退耕还林后续补偿，应制定科学合理的政策目标，控制补偿成本，提高补偿效益。此外，发放补贴毕竟不是推动退耕还林可持续发展的理想方式，而只是在调整农村产业结构、有效增加退耕农户非种植业收入的目标没有完全实现之前用于维护退耕成果并且使退耕农户维持生计的一种手段，因此，在补贴之外，更重要的是要结合基本口粮田建设、发展后续产业、农村能源建设以及促进劳动力转移等措施，多方面协调，从根本上保证退耕成果的巩固。

7. 基于农户受偿意愿的补偿标准的合理性分析

考虑到农户在回答受偿意愿金额时，为了能多获得补偿，可能会采取故意抬高要价的策略性回答，因此，为了分析农户受偿意愿是否合理，是否对实际制定政策具有参考价值，本研究将从退耕还林的生态服务价值以及农户参与退耕还林的机会成本两个方面来做进一步的分析。

7.1 基于生态服务价值的分析

根据当前国内外的研究，一般认为基于生态服务价值的生态补偿标准具有充分的科学依据，也更为公平，但是按这种方法确定的补偿标准往往太高，甚至超出补偿主体的支付能力，因而通常将其作为补偿标准的上限。

对于退耕还林工程的生态服务价值量相关数据，本研究参考国家林业局《2013 退耕还林工程生态效益监测国家报告》。根据该报告，退耕还林所产生的生态效益主要包括保育土壤、涵养水源、净化大气环境、固碳释氧、生物多样性保护以及林木积累营养物质。河北省退耕还林工程各类林种的生态服务价值量见表 4 - 4 - 11。

表 4 - 4 - 11　河北省退耕还林工程各类林种的生态服务价值量

Tab. 4 - 4 - 11　The ecological service value of all kinds of forest category in the project of Returning the Grain Land to the Forestland in Hebei Province

类别	工程实施面积（万公顷）	生态服务价值量（亿元/年）	单位面积生态服务价值量（元/（公顷·年））
生态林	139. 97	813. 24	58101. 02
经济林	24. 27	94. 01	38735. 06
灌木林	22. 43	63. 55	28332. 59
总计	186. 67	970. 80	52006. 21

由表 4 - 4 - 11 中的数据可知，河北省退耕还林工程单位面积生态服务价值

量平均约为52006.21元/（公顷·年），从各林种类型来看，生态林的单位面积生态服务价值量最大，约为58101.02元/（公顷·年），其次是经济林，约为38735.06元/（公顷·年），单位面积生态服务价值量最小的是灌木林，约为28332.59元/（公顷·年）。将本研究调查得到的样本退耕农户的后续受偿意愿金额与退耕还林单位面积生态服务价值量进行比较，样本农户的意愿金额的均值为2350.5元/（公顷·年），中位数为1425元/（公顷·年），最大值为15000元/（公顷·年），可见，不论生态林、经济林还是灌木林，其单位面积生态服务价值量都远远高于农户受偿意愿金额，由此，我们至少可以得出，农户受偿意愿金额没有超出合理补偿标准的上限。

7.2 基于机会成本的分析

基于机会成本的补偿是当前认可度相对较高的一种确定补偿标准的方法。补偿标准至少要能够弥补退耕农户的机会成本损失，此外还要包括农户参与退耕还林的直接实施成本。

为了进一步衡量农户受偿意愿的合理性，本研究分别利用统计年鉴数据和实地调查数据对农户参与退耕还林的成本情况进行分析。

河北省的主要农作物是小麦和玉米，表4-4-12是河北省从2000年开始实施退耕还林工程以来全省小麦和玉米的单位面积成本收益情况，数据来源于《全国农产品成本收益资料汇编》（2001—2014）。其中，产值中不仅包括了农户出售农产品的收入，还包括了未出售的农产品折算为现金的收入，现金成本主要包括了物质与服务费用、雇工费用等，不包括农户家庭劳动力成本，现金收益＝产值－现金成本，现金收益反映了扣除现金成本后农户实际获得的收益。由表中数据可知，河北省2000—2013年期间，小麦和玉米的单位面积产值均呈波动上升的趋势，且单位面积的现金收益也均呈波动上升的趋势，增长速度较快。从2000年的收益情况来看，小麦的单位面积现金收益为1871.85元/公顷，低于退耕还林第一轮补贴金额2400元/公顷，而玉米的单位面积现金收益为2690.55元/公顷，略高于退耕还林第一轮补贴金额；河北省自2008年开始生态林的第二轮补贴，补贴金额1350元/公顷，而2008年河北省小麦和玉米的单位面积现金收益分别为5636.10元/公顷和5817.15元/公顷，远高于退耕还林第二轮补贴金额；2013年，小麦和玉米单位面积现金收益已分别上升到8829.75元/公顷和11846.10元/公顷，远远高于退耕农户的平均受偿意愿水平，并且从现金收益的变化趋势来看，未来可能会继续增长。其中的原因除了农业生产技术的发展和农业生产条件的不断改善之外，还有农产品价格的逐渐上涨。由此看来，随着退耕年限的增长，农户参与退耕还林的机会成本在一定程度上来说是有所增加的。而退耕补贴标准不但没有上升，反而大幅下降，未来甚至可能停止补贴，加上实际享受到基本口粮田建设、能源建设、发展后续产业等巩固退耕成果措施的农户非常少，因此导致了农户对于退耕还林补偿的满意度降低，甚至产生了毁林复耕的想法。

表4-4-12　2000—2013年河北省主要农作物小麦和玉米的成本收益情况

Tab. 4-4-12　The cost-benefit of the main crop maize and wheat in

Hebei Province, 2000—2013

年份	小麦			玉米		
	产值（元/公顷）	现金成本（元/公顷）	现金收益（元/公顷）	产值（元/公顷）	现金成本（元/公顷）	现金收益（元/公顷）
2000	5554.65	3682.80	1871.85	4575.90	1885.35	2690.55
2001	5614.80	3554.85	2059.95	5089.35	2026.65	3062.70
2002	5586.90	3918.00	1668.90	5128.65	2346.75	2781.90
2003	6209.55	3777.75	2431.80	6479.70	2227.05	4252.65
2004	9206.85	3897.75	5309.10	7825.80	2535.30	5290.50
2005	8553.90	4147.50	4406.40	7358.70	2697.00	4661.70
2006	8580.15	4513.20	4066.95	8758.20	2707.05	6051.15
2007	9627.75	4769.70	4858.05	10391.85	2942.85	7449.00
2008	10630.35	4994.25	5636.10	9434.40	3617.25	5817.15
2009	12455.55	5551.65	6903.90	11537.10	3275.55	8261.55
2010	11788.05	5695.95	6092.10	13210.20	3628.65	9581.55
2011	13800.15	6523.95	7276.20	16121.70	4346.25	11775.45
2012	14778.75	7254.60	7524.75	16689.45	4702.50	11986.95
2013	16191.15	7361.40	8829.75	16794.30	4948.20	11846.10

以上是基于统计年鉴数据进行的分析，考虑到该数据所针对的统计总体是全部未退耕的耕地，因此耕地的平均质量要高于参与了退耕还林的耕地的平均质量，从而所统计出的农作物平均单产和收益可能均高于与退耕还林土地质量相当的耕地。为了使数据更具有可比性，本研究在河北省张北县和易县实地调查了与退耕地质量近似的未退耕地的农作物收入情况，获取了一手数据，以此来估计当地农户参与退耕还林的机会成本，并与退耕农户的受偿意愿进行比较分析。

为了反映退耕地机会成本在时间上的变化，本研究选取了三个时间，分别是河北省退耕还林第一轮补贴开始的年份（2000 年）、河北省生态林第二轮补贴开始的年份（2008 年）以及 2013 年。表 4 - 4 - 13 和表 4 - 4 - 14 分别是张北县和易县退耕还林机会成本估计情况，其中，张北县主要农作物是莜麦，因此对张北县主要针对莜麦的成本收益情况进行分析，易县主要农作物是玉米，因此对易县主要针对玉米的成本收益情况进行分析。表格中，毛收入主要计算主产品莜麦或玉米的收入，用单产乘以价格计算得出，价格采用样本农户出售该农产品的价格的平均值，物质与服务费用主要包括农户投入的化肥、种子、农药以及租赁作业的费用等支出，不包括农户家庭劳动力成本，纯收入 = 毛收入 - 物质与服务费用。

如表 4 - 4 - 13 所示，张北县 2000 年退耕还林的机会成本约为 593.58 元/公顷，远远低于第一轮退耕补贴 2400 元/公顷，八年后第二轮补贴开始时，补贴标准降至 1350 元/公顷，此时张北县退耕还林的机会成本约为 892.83 元/公顷，仍然低于退耕补贴，目前，张北县退耕还林的机会成本已经上升至 1080.80 元/公顷，逐步接近当前的退耕补贴标准。张北县退耕农户的后续受偿意愿金额的均值为 1706.62 元/公顷，高于当前的机会成本。表中对机会成本的估计未计算农业补贴，考虑到近年来农业补贴力度逐渐加大，实际上也是退耕还林机会成本的一部分，从张北县政府相关部门得知，目前张北县粮食作物的农业补贴标准为每年 348.45 元/公顷，2013 年计入农业补贴后的机会成本可达到 1429.25 元/公顷，且机会成本随时间大致呈上升趋势，张北县第二轮退耕补贴将从 2016 年起陆续到期，由此看来，张北县退耕农户的后续受偿意愿均值 1706.62 元/公顷与退耕还林的机会成本相差不大。

表 4 - 4 - 13　张北县退耕还林机会成本估计（莜麦）

Tab. 4 - 4 - 13　Evaluation of opportunity cost for conversion land from farmland to forest in Zhangbei County（hulless oat）

时间	单产 （公斤/公顷）	价格 （元/公斤）	毛收入 （元/公顷）	物质与服务费用 （元/公顷）	纯收入 （元/公顷）
2000 年	852.45	1.40	1193.43	599.85	593.58
2008 年	922.35	1.82	1678.68	785.85	892.83
2013 年	1061.70	2.44	2590.55	1509.75	1080.80

表 4 - 4 - 14 是易县退耕还林机会成本估计情况。由表中数据可知，河北省

退耕还林刚开始实施时，易县退耕还林的机会成本约为 2160.72 元/公顷，略低于第一轮退耕补贴标准，2008 年其机会成本上升至 4260.79 元/公顷，大大超过了第二轮退耕补贴标准，现在，易县退耕还林的机会成本已经上升至 7440.90 元/公顷，若再加上当前易县种植玉米的农业补贴 1194.6 元/公顷，则机会成本为 8635.5 元/公顷。易县退耕农户的后续受偿意愿均值为 3012.72 元/公顷，明显低于其机会成本，与张北县情况有所不同。这主要是因为，张北县退耕地主要种植生态林，退耕地上基本都尚无收益，而易县退耕还林有很大一部分种植的是柿树等经济生态兼用林，许多退耕地现在已经开始产生收益，根据调查，易县样本退耕农户 2013 年退耕地平均纯收入约为 5106.68 元/公顷，比机会成本低 3528.82 元/公顷，该差值与易县退耕农户后续受偿意愿均值 3012.72 元/公顷也相差不大。

表 4 - 4 - 14　易县退耕还林机会成本估计（玉米）

Tab. 4 - 4 - 14　Evaluation of opportunity cost for conversion land from farmland to forest in Yi County（maize）

时间	单产 （公斤/公顷）	价格 （元/公斤）	毛收入 （元/公顷）	物质与服务费用 （元/公顷）	纯收入 （元/公顷）
2000 年	4736.85	1.01	4784.22	2623.50	2160.72
2008 年	4865.85	1.52	7396.09	3135.30	4260.79
2013 年	5565.00	2.12	11797.80	4356.90	7440.90

通过以上基于机会成本的分析，可以认为，农户在回答后续受偿意愿金额时并没有过度地抬高要价。调查地区在退耕还林实施初期，退耕补贴能够弥补农户的机会成本损失，而随着机会成本的逐年上升，以及补贴标准的不升反降，农户逐渐开始承担亏损，并且在退耕还林实施期间，国家陆续出台了一系列惠农政策，农业税逐步减免，农业补贴力度逐步加大，这也使得退耕农户承担的亏损进一步增大。因此，从这种角度来说，农户要求国家在补偿期结束后继续给予后续补偿是合理的，并且从机会成本的分析来看，农户所要求的补偿额度也是合理的。

三、结论及建议

1. 农户对第二轮补偿政策的满意度明显低于第一轮，主要是由于现金补贴金额降低，并且基本口粮田建设、能源建设、发展后续产业等退耕成果巩固措施所涉及的农户数非常少，给农户带来的实际利益较少，综合来看，退耕农户的利益受到一定的损害，尤其是种植林种为生态林的农户，损失较大。有些退耕还生态林的农户，基本口粮不够维持生计，且退耕地无经济收益，生活保障成为很大的问题。第二轮退耕补贴到期之后，若国家不再继续给予退耕农户补偿，对于一些人均收入较低、人均退耕面积较大且退耕地上难以产生收益的地区来说，退耕农户的生活会受到相对较大的影响。从当前的实际情况来看，若停止补偿，会降低退耕农户管护林木的积极性，容易发生毁林复耕。

2. 为了巩固退耕还林成果，切实维护退耕农户的利益，国家有必要在第二轮补贴到期后制定新的补偿政策，对农户继续进行补偿。要制定合理的补偿标准和补偿方式，农户的意愿不可忽略。根据调查，退耕农户后续受偿意愿的均值为 2350.91 元/（公顷·年），易县农户的最低受偿金额意愿明显高于张北县，地区差异较明显。绝大部分农户倾向于更为直接的现金补偿方式。农户后续受偿意愿的形成受到多方面因素的影响，其中农户年龄、退耕地沙化程度对后续受偿意愿具有显著负影响，退耕地现在纯收益、农户对退耕还林生态效益重要性的认知、农户对退耕地机会成本的评估和退耕补贴对农户生活的影响程度对后续受偿意愿具有显著正影响。以上受偿意愿可理解为基于农户满意目标下的后续受偿意愿，假若后续补偿的目标仅为让农户不复耕，那么所需要的补偿金额更低。

3. 通过将农户受偿意愿与退耕还林的生态服务价值进行比较得出，不论生态林、经济林还是灌木林，其单位面积生态服务价值量都远远高于农户受偿意愿金额，农户受偿意愿金额没有超出合理补偿标准的上限。进一步对农户受偿意愿与农户参与退耕还林的机会成本进行比较分析，可以认为，农户在回答后续受偿意愿金额时并没有过度地抬高要价，所要求的补偿额度具有一定的合理性。

4. 国家应该继续给予退耕农户适当的补偿，并着力扶持困难退耕农户。进一步加强退耕还林成果巩固工作，根据各地实际情况和需求来安排合适的退耕还林成果巩固项目，加强项目和资金管理，使更多的退耕户能够切实享受到项目带来的利益。地方政府应该充分重视和引导退耕农户发展后续产业，加强经济建设，增加退耕农户的收入，进一步降低农户对退耕补贴的依赖性。对于一些种植经济林或兼用林的地区，政府应该帮助当地农民开拓林产品销售渠道，提供市场信息。此外，应该逐步建立差别化的退耕补偿机制，根据不同地区的农业生产条件以及退耕树种类别的不同来划分不同的等级，制定不同的补偿政策。

第五章 基本结论及建议

第一节 基本结论

本研究在理论和文献分析基础上，实地调查了京津风沙源治理生态工程重点地区4个省（市）的5个县（区），包括北京昌平区、河北康保县、河北张北县、内蒙古商都县、山西大同县。在此基础上，首先识别出调查地京津风沙源工程产生的生态影响，依据京津风沙源治理生态工程的内容及特点，采用科学的方法和手段确定了京津风沙源治理工程生态影响评估方法及其指标体系，并对调查地京津风沙源工程生态影响进行价值评估，最后尝试使用费用效益分析等方法，对工程产生的效益和费用进行了比较分析；基于相关利益者尤其是农户角度对京津风沙源治理工程主要政策、农户退耕成果保持意愿、农户参与后续产业发展情况和参与意愿、两轮退耕补偿政策到期后农户的受偿意愿等重要问题进行了研究，根据调查数据和研究结果得出如下基本结论：

一、结合理论研究成果，通过实地调查、相关工作人员访谈以及对调查地京津风沙源工程措施分析，识别出工程实施后产生的生态影响主要表现为两个方面，一是对生态系统结构的影响，包括土地利用结构变化、植被资源变化、水资源的变化，二是对生态系统环境功能产生的影响，主要表现为生产生物资源、减少水土流失、水源保护（涵养水源、净化水质）、改良土壤、净化环境、防护功能、改善小气候、固碳释氧、保护和维持生物多样性、景观与社会文化功能等方面。

二、京津风沙源治理工程生态影响总体为正向影响。相关利益者评价和生态影响评估结果均表明，工程的实施加快了生态恢复的步伐，提高了森林覆盖率，减少了风沙危害和水土流失，遏制了土地沙化趋势，改善了局部小气候和人们生存的外部环境。

工程实施后产生的生态影响主要表现为对生态系统结构和生态系统环境功能的影响。从影响性质看，主要表现为正影响，体现在增加植被资源、减少水土流失、涵养水源、净化水质、改良土壤、净化环境、防风固沙、改善小气候、固碳释氧等方面。

三、京津风沙源工程生态环境影响较为显著。调查数据与评估结果表明，调查地京津风沙源工程生态环境影响较为显著。以昌平区为例，自工程实施以来，沙化土地面积减少 584hm²；草地面积增加了 1365.4hm²，森林面积增长 50.34%，活立木蓄积量增加了 31.22%，森林覆盖率为提高 13.06%。工程减少土壤流失 38.82 万吨；固碳 44337.15 吨，释放氧气 32368.84 吨。此外，工程实施后，区域的生态环境得到了极大的改善，昌平区空气质量二级和好于二级的天数指标由 2003 年的 68.2% 达到 2010 年 78.9%，春季扬沙和浮尘的总天数，从 2000 年的 19 天减少到 2010 年的 3 天，空气中 SO_2、NO_2 含量逐步下降；降尘也由由每月 14.5 吨/平方公里下降到 10.3 吨/平方公里。

四、京津风沙源工程实施所带来的生态环境效益显著。运用市场价值法、影子工程法和成果参照法等方法，对调查地京津风沙源工程生态环境影响产生的价值进行货币量化。以北京昌平区和山西大同县为例，计算出截至 2010 年昌平区京津风沙源工程实施以来产生的生态环境影响总价值为 43068.02 万元。具体来看，生产生物资源和涵养水源功能的价值最大，分别占 55.02% 和 29.61%；次之是净化环境和固碳释氧价值，分别占 5.61%、5.59%；其他功能价值所占比例相差不大且比较小。根据当地社会经济发展水平，采用恩格尔系数法对生态环境影响价值进行修正，最终得出修正后的昌平区京津风沙源工程生态环境影响价值为 33964.06 万元，效益费用比为 1.01。由于数据等方面的原因，工程所带来的保护和维持生物多样性功能和景观与社会文化功能没有计量，也没有计算植被消耗水资源的价值量，因此，所计算出的生态环境影响价值仅是个估算值。

截至 2012 年，大同县京津风沙源治理一期工程实施期间带来的生态系统服务总价值为 242073.1 万元，与大同县地区生产总值的比例为 13.8%。其中供给服务价值为 13195.8 万元，调节服务价值为 146038.9 万元（涵养水源服务价值为 26031.7 万元，保育土壤服务价值为 20496.6 万元，净化空气服务价值为 99510.6 万元），支持服务价值为 82838.4 万元（固碳服务价值 29746.9 万元，释氧服务价值 53091.5 万元）；大同县京津风沙源治理工程生态系统服务中净化空气服务的价值比重最高，为 41.4%，其次为固碳释氧服务价值，所占比重为 34.2%，涵养水源服务和保育土壤服务的价值占比分别为 10.8% 和 8.4%，供给服务价值占比最低为 5.5%。各类生态系统服务价值大小依次为净化空气服务价值 > 固碳释氧价值 > 涵养水源服务价值 > 保育土壤服务价值 > 供给服务价值。显见大同县京津风沙源治理工程生态系统服务价值中调节服务占比最高（60.3%），其次为支持服务（34.2%），供给服务价值占比最低（5.5%），一定程度上可以反映出京津风沙源治理工程在生态改善方面发挥的重要作用。

商都县沙源工程一期工程实施后年均生态影响价值为 8.77 亿元，其中各类生态影响价值排序为保育土壤 > 净化环境 > 支持防护 > 生物多样性价值 > 生物质生产 > 涵养水源效益。

五、京津风沙源治理工程及相关政策直接或间接地影响着各方利益相关者，同时这些利益相关者的决策选择和博弈结果也决定着政策的实施效果和效率。

六、不同利益相关者对京津风沙源治理工程及政策实施过程中存在问题的关注既有共同点（如退耕补偿标准低等），也有不同点，如县级层面更关注工程实施中存在的问题和实施效果，而作为微观主体的农户，则更关注与自身利益紧密相关的政策及产生的影响。

七、综合各方面利益相关者的受访结果表明，由于工程实施期限相对较长，近些年来，受物价上涨等因素影响，人工工资、苗木费等逐年上升，工程成本也随之增加，工程建设投资标准低和工程后期缺乏管护是京津风沙源治理工程林业措施及政策实施过程中存在的主要问题。

八、生态移民的生活质量有待提高是受到各方利益相关者共同关注的一个问题。

九、后续产业发展被认为是巩固退耕成果的有效机制，但样本农户访谈数据和研究结果表明，现有政府主导的后续产业项目农户覆盖率不高，农户的总体参与度也不高；有限的后续产业项目还未能切实解决退耕农户的增收问题；在现在年青农村劳动力均外出打工的现实背景下，政策设计中将发展后续产业作为巩固退耕成果的重要途径具有一定的不确定性；农户发展后续产业对资金和技术支持政策还有一定的依赖性。

十、调查数据和研究结果都表明，粮食价格上涨和国家种粮补助等惠农政策提高了农民种粮的比较效益，退耕还林补助标准减少降低了退耕还林的比较效益，两者结合在不同程度上动摇了农户巩固退耕还林成果的决心，使退耕农户在土地利用的比较收益下有毁林复耕的倾向，退耕成果巩固的难度依然较大。

十一、对河北张北县和易县有关农户受偿意愿的调查和研究结果表明，农户对第二轮补偿政策的满意度明显低于第一轮；第二轮退耕补贴到期之后，若国家不再继续给予退耕农户补偿，对于一些人均收入较低、人均退耕面积较大且退耕地上难以产生收益的地区来说，退耕农户的生活会受到相对较大的影响。两地的退耕农户后续受偿意愿的均值为2350.91元/（公顷·年），易县农户的最低受偿金额意愿明显高于张北县，地区差异较明显。绝大部分农户倾向于更为直接的现金补偿方式。农户后续受偿意愿的形成受到多方面因素的影响，其中农户年龄、退耕地沙化程度对后续受偿意愿具有显著负影响，退耕地目前收益、农户对退耕还林生态效益重要性的认知、农户对退耕地机会成本的评估和退耕补贴对农户生活的影响程度对后续受偿意愿具有显著正影响。另外，有些年龄较大无劳动能力的农户，退耕补贴是其收入来源的主要部分，若停止补偿，生活保障成为很大的问题。

第二节　政策建议

为了有效巩固京津风沙源生态治理工程实施成果，长期发挥其生态效益，相关政策建议如下：

一、在实施京津风沙源治理二期工程时应创新生态恢复模式，在生态恢复过程中重视生态游憩，将生态与旅游休闲相结合，在生态改善的同时提供森林游憩、消遣等生态系统服务；大力发展生态产业，提高生态建设的经济效益。

二、案例县京津风沙源治理工程中使用的植被类型多以灌木（柠条）为主，而单位面积乔木（油松、杨树等）所能提供的净化空气服务价值和固碳释氧价值远远大于灌木，因此建议在实施京津风沙源治理二期工程时应适当增加乔木林所占比重，同时应因地制宜丰富树种类型，提升工程区内的生物多样性水平。

三、建议应依据一定标准逐年增加工程单位面积投资定额，提高治理标准，确保治理效果。另外，"三分造，七分管"，对于工程后期的补植、抚育、护林防火等，也应制定可依据的标准并增加相应的管护经费和加大管护力度，建立灾害应对机制，以保证工程质量和实施效果。

四、生态移民为生态恢复和生态环境保护的大局做出了牺牲，各级政府应高度重视生态移民效果和存在问题，关注农户移民后的生产生活，尤其对困难农户，应提供更加完善的生活保障和针对性的帮助指导。

五、建议未来除了重视制定促进后续产业发展政策，还应做好宣传工作，让更多农户了解退耕还林成果巩固政策，提高农户的参与度；要根据各地实际情况和生产资源优势安排合适的后续产业项目，加强项目和资金管理，尽可能扩大后续产业政策覆盖面，让更多退耕农户受益；还应重视如大规模发展山杏后怎样形成一个完整的产业链，以及柠条的加工利用等问题，保证后续产业项目和工程的实施效果。对于一些种植经济林或兼用林的地区，政府应尽力为当地农民提供市场信息，开拓林产品销售渠道。

六、建议在未来政策制定、出台和优化过程中，应有效协调各部门出台实施的各项相关政策，避免政策之间的矛盾与冲突，降低制度成本；并充分重视农户现实的生产生活状况，以合理方式继续补偿农户所提供的生态服务，确保参加退耕农户的经济利益，使退耕成果得到切实有效的巩固。

七、考虑到退耕还生态林在生态恢复、水土保持以及在未来应对气候变化中的重要作用，也考虑到工程实施10年后我国社会经济环境已发生了巨大的变化，为了巩固退耕还林成果，切实维护退耕农户的利益，建议在退耕还林补助再延长一个周期的政策结束后，如果不允许采伐，有必要在第二轮补贴到期后制定新的补偿政策，继续给予退耕农户适当的补偿，并着力扶持困难退耕农户。或者将退耕还生态林逐步纳入生态公益林补偿范围之内，补偿标准至少不低于现在的补助标准。此外，应该逐步建立差别化的退耕补偿机制，根据不同地区的农业生产条件以及退耕树种类别的不同来划分不同的等级，制定不同的补偿政策。

参考文献

[1] 国家环境保护总局．环境影响评价技术导则——生态影响（HJ19-2011）[M]，北京：中国环境科学出版社，2011．

[2] 高云霄，王汉杰，张建国．环京津风沙源治理工程的城市气候效应研究 [A]．新世纪气象科技创新与大气科学发展——中国气象学会 2003 年年会"城市气象与科技奥运"分会论文集 [C]．中国气象学会，2003：3．

[3] 国家林业局．京津风沙源治理工程社会经济效益监测与评价指标．中华人民共和国林业行业标准 LY/T 1758—2008．

[4] 吴旭实，彭道黎．京津风沙源治理工程监测技术体系初探 [J]．林业调查规划，2009，34（1）：108—111．

[5] 王亚明．京津风沙源治理工程效益分析 [J]．北京林业大学学报（社会科学版），2010（3）：81—85．

[6] 钱贵霞，郭建军．京津风沙源治理工程及生态经济影响解析 [J]．农业经济问题，2007（10）：54—57．

[7] 石莎，邹学勇，张春来，苏格日乐．京津风沙源治理工程区植被恢复效果调查 [J]．中国水土保持科学，2009（2）：86—92．

[8] 王晓东，袁定昌，李金海，王冬梅．北京市京津风沙源治理工程营造林水土保持效益分析 [J]．林业调查规划，2010（2）：126-129+135．

[9] 刘拓．土地沙漠化防治综合效益评价——以京津风沙源治理工程河北省沽源县为例 [J]．绿色中国，2005（22）：26—30．

[10] 胡俊，叶海英，王冬梅，袁定昌．北京市京津风沙源治理工程生态与经济效益研究与评价 [J]．北京农学院学报，2012，27（4）：38—42．

[11] 郭磊，陈建成，王顺彦．正蓝旗京津风沙源治理工程综合效益评价 [J]．经济研究参考，2006（30）：39—44．

[12] 燕楠．北京市京津风沙源治理工程生态效益评价研究 [D]．北京林业大学，2010．

[13] 于忆东. 内蒙古自治区京津风沙源治理工程区林业项目生态系统服务价值评估 [J]. 内蒙古林业调查设计, 2009 (6)：13—14.

[14] 高新中, 姚继广, 董宽虎, 岳文斌, 许庆方, 赵祥. 山西省京津风沙源治理工程草地生态系统服务价值评估 [J]. 草原与草坪, 2010 (5)：30—35, 40.

[15] 赵丽, 张蓬涛, 朱永明. 退耕还林对河北顺平县土地利用变化及生态系统服务价值的影响 [J]. 水土保持研究, 2010 (6)：74—77.

[16] 王新艳. 北京市居民对京津风沙源治理工程环境价值的支付意愿研究 [D]. 中国农业大学, 2005.

[17] 覃云斌, 信忠保, 易扬, 杨梦婵. 京津风沙源治理工程区沙尘暴时空变化及其与植被恢复关系 [J]. 农业工程学报, 2012 (24)：196—204.

[18] 孔凡斌. 退耕还林（草）工程生态补偿机制研究 [J]. 林业科学, 2007, 43 (1)：95—101.

[19] 谭晓梅. 论建立和完善退耕还林的长效生态补偿机制 [J]. 生态经济, 2008, (5)：68—71.

[20] 王闰平, 陈凯. 中国退耕还林还草现状及问题分析 [J]. 水土保持研究, 2006, 13 (5)：188—192.

[21] 杨明洪. 退耕还林（草）利益补充机制研究 [M]. 成都：四川人民出版社, 2002.

[22] 李东玫, 江璟瑜, 马燕娥. 现阶段退耕还林工程出现的几种问题及其生态补偿机制的保障措施 [J]. 中国林副特产, 2008, (3)：86—89.

[23] 冉瑞平. 论完善退耕还林生态补偿机制 [J]. 生态经济（学术版）, 2007, (1)：299—301.

[24] 洪尚群, 胡卫红. 论"谁受益, 谁补偿"原则的完善与实施 [J]. 环境科学与技术, 2000, (4)：44—47.

[25] 张俊飚. 论"一退两还"过程中补偿机制的构建及运行 [J]. 中国农学通报, 2002, 18 (5)：96—97.

[26] 陈晶, 窦红莉, 李红梅. 宁夏山区退耕还林生态补偿机制研究 [J]. 中国乡镇企业会计, 2008 (6)：39—40.

[27] 陈华, 刘思慧, 杨建平. 退耕还林中生态补偿政策存在的问题浅析：以贵州省晴隆县紫马乡为例 [J]. 林业调查规划, 2007, 32 (6)：86—88, 92.

[28] 王成. 浅议生态补偿方式 [J]. 污染防治技术, 2005, 18 (1)：36—37.

[29] 黄河，李永宁. 关于西部退耕还林还草工程可持续性推进问题的几点思考 [J]. 理论导刊，2004, 3 (2)：25—26.

[30] 毛显强，钟瑜，张胜. 生态补偿的理论探讨 [J]. 中国人口·资源与环境，2002, 12 (4)：38—41.

[31] 秦伟，朱清科，赖亚飞. 退耕还林工程生态价值评估与补偿——以陕西省吴起县为例 [J]. 北京林业大学学报，2008, 30 (5)：159—164.

[32] 张蓬涛，张贵军，崔海宁. 基于退耕的环京津贫困地区生态补偿标准研究 [J]. 中国水土保持，2011 (6)：9—12.

[33] 黄富祥，康慕谊，张新时. 退耕还林还草过程中的经济补偿问题探讨 [J]. 生态学报，2002, 22 (4)：471—478.

[34] 秦艳红，康慕谊. 退耕还林（草）的生态补偿机制完善研究——以西部黄土高原地区为例 [J]. 中国人口·资源与环境，2006, 16 (4)：28—32.

[35] 秦艳红，康慕谊. 基于机会成本的农户参与生态建设的补偿标准——以吴起县农户参与退耕还林为例 [J]. 中国人口·资源与环境，2011, 21 (12)：65—68.

[36] 张军连，陆诗雷. 退耕还林工程中补贴政策的经济学分析及相关建议 [J]. 林业经济，2003, 23 (5)：249—252.

[37] 曾玉林，王芳琮. 退耕还林财政补贴政策的经济学透视 [J]. 湖北职业技术学院学报，2003, 6 (4)：82—86.

[38] 王磊. 不完全产权视角下的退耕还林补偿标准及期限研究 [J]. 生态经济，2009, (9)：159—162.

[39] 刘震，姚顺波. 黄土高原退耕还林补偿标准及补偿年限的实证分析 [J]. 林业经济问题，2008, 28 (1)：86—89.

[40] 曹超学，文冰. 基于碳汇的云南退耕还林工程生态补偿研究 [J]. 林业经济问题，2009, 29 (6)：475—479.

[41] 于金娜，姚顺波. 基于碳汇效益视角的最优退耕还林补贴标准研究 [J]. 中国人口·资源与环境，2012, 22 (7)：34—39.

[42] 任静，余劲. 退耕还林工程碳汇生态效益补偿研究 [J]. 湖北农业科学，2013, 52 (8)：1749—1751.

[43] 李海鹏. 补贴延长期西南少数民族退耕户的受偿意愿分析 [J]. 中南民族大学学报，2009, 29 (2)：128—132.

[44] 王艳霞，陈旭东，张素娟，白洁，张义文. 冀北地区生态保护受偿意愿及补偿分担研究 [J]. 安徽农业科学，2011, 39 (19)：11721—11722.

[45] 李荣耀, 张钟毓. 基于农户受偿意愿的林地管护补偿标准研究——以陕西省吴起县为例 [J]. 林业经济, 2013, (10): 70—76.

[46] 冯琳, 徐建英, 邸敬涵. 三峡生态屏障区农户退耕受偿意愿的调查分析 [J]. 中国环境科学, 2013, 33 (5): 938—944.

[47] 韩洪云, 喻永红. 退耕还林生态补偿研究——成本基础、接受意愿抑或生态价值标准 [J]. 农业经济问题, 2014, (4): 64—72.

[48] 满明俊, 罗剑朝. 退耕还林工程差别化补贴模式实证分析——以陕西81个县为例 [J]. 林业经济问题, 2007, 27 (1): 29—33.

[49] 宋莎. 云南省退耕还林生态效益补偿区划研究 [D]. 云南: 西南林业大学, 2010.

[50] 黄文清, 张俊飚. 西部地区延长退耕还林补偿最适期限的灰色预测 [J]. 林业科学, 2008, 44 (4): 144—150.

[51] 蒋海. 中国退耕还林的微观投资激励与政策的持续性 [J]. 中国农村经济, 2003, (8): 30—36.

[52] 支玲, 李怒云, 王娟, 孔繁斌. 西部退耕还林经济补偿机制研究 [J]. 林业科学, 2004, 40 (2): 2—8.

[53] 李文刚, 罗剑朝, 朱兆婷. 退耕还林政策效率与农户激励的博弈均衡分析 [J]. 西北农林科技大学学报: 社会科学版, 2005, 5 (1): 16—17.

[54] 豆志杰, 高平亮. 关于退耕还林还草经济补偿机制的思考 [J]. 内蒙古农业大学学报 (社会科学版), 2005, 7 (2): 45—47.

[55] 陈祖海, 汪陈友. 民族地区退耕还林生态补偿存在的问题与对策思考 [J]. 中南民族大学学报 (人文社会科学版), 2009, 29 (2): 122—127.

[56] 柯水发, 赵铁珍. 农户参与退耕还林行为选择机理分析 [J]. 北京林业大学学报 (社会科学版), 2008, 7 (3): 52—56.

[57] 张静, 支玲, 高淑桃. 新一轮补助下农户退耕还林成果保持的意愿分析 [J]. 西北林学院学报, 2010, 25 (4): 219—222.

[58] 王术华, 支玲, 张媛. 退耕还林后期农户复耕意愿选择研究分析——以甘肃省安定区为例 [J]. 林业经济问题, 2010, 12 (6): 478—481.

[59] 金世华. 后退耕时代农户退耕成果维护意愿及其影响因素分析 [J]. 生态经济 (学术版), 2011, (2): 16—19.

[60] 李桦, 姚顺波, 郭亚军. 新一轮补助下黄土高原农户巩固退耕还林成果意愿实证分析 [J]. 华中农业大学学报 (社会科学版), 2011, (6): 76—81.

[61] 李世东. 中外退耕还林还草之比较及启示 [J]. 世界林业研究, 2002, 15 (2).

[62] 孟全省, 谭鹏, 勒爱仙. 对退耕还林后续产业发展问题的思考 [J]. 西北林学院学报, 2005, 20 (4): 181—185.

[63] 蒋桂红. 百色市退耕还林后续产业开发情况调查 [J]. 广西林业科学, 2003. 12: 220—222.

[64] 龙世谱. 退耕还林后续产业研究, 科技情报开发与经济 [J]. 2004 (9): 98—99.

[65] 罗镪. 加快发展后续产业, 巩固退耕还林成果 [J]. 甘肃林业科技, 2005 (2): 66—68.

[66] 赖作莲, 王建康. 退耕还林后续产业发展的制约因素与对策 [J]. 内蒙古财经学院学报, 2007 (4): 26—30.

[67] 帅克等. 四川省退耕还林后续产业发展研究 [J]. 四川林业科技, 2006. 8: 6—12.

[68] 季元祖. 甘肃省退耕还林后续产业发展的思考 [J]. 甘肃林业科技, 2006. 1: 69—70.

[69] 陈珂, 王秋兵, 杨小军. 退耕还林工程后续产业经济可持续性的实证分析——以辽宁彰武、北票为例 [J]. 林业经济问题, 2007 (6): 238—242.

[70] 张奎. 凤翔县退耕还林后续产业发展研究 [D]. 西北农林科技大学, 2011.

[71] 郭慧敏, 刘宝剑, 吴铁雄. 对冀西北退耕还林后续产业培育的思考 [J]. 农业经济, 2007 (4): 29—30.

[72] 高春, 王岱立, 王胜根等. 达县退耕还林后续产业发展现状与对策 [J]. 河北农业科学, 2008, 12 (10): 90—92.

[73] 张晓磊, 王珠娜, 黄广春等. 郑州市退耕还林后续产业发展对策 [J]. 防护林科技, 2009, 9 (5): 78—80.

[74] 廖冬云. 毕节试验区巩固退耕还林成果实践与探讨 [J]. 林业经济, 2013 (7): 78—81.

[75] 季猛, 刘华存, 李伟等. 成都市退耕还林工程后续产业发展现状及对策 [J]. 四川林业科技., 2013 (4): 91—94.

[76] 文冰, 王莉萍, 娄玉娥等. 云南省退耕还林工程后续产业发展现状与对策研究 [J]. 林业经济问题, 2007 (27): 9—13.

[77] 王珠娜, 张晓磊, 黄广春等. 郑州市退耕还林后续产业发展现状及对

策探讨 [J]．中国农学通报，2009，25（19）：65—68．

[78] 李应中．落实后续产业建设是退耕还林成功的关键 [J]．中国农业资源与区划，2004.6：13—15．

[79] 温立洲，耿凤梅．京津风沙源治理工程后续产业发展分析 [J]．安徽农业科学，2007，35（35）：11585—11586．

[80] 张静．关于保障退耕农户长远发展与巩固退耕还林成果的研究——以四川为例 [D]．四川农业大学，2008．

[81] 米文宝，刘晓鹏，王亚娟等．宁夏南部山区退耕还林还草后续产业发展的初步研究 [J]．水土保持研究，2005（1）：91—94．

[82] 张秉禄．退耕还林后续产业发展的原则和模式 [J]．中国林业，2008（3）：38．

[83] 李国华．伊犁州退耕还林后续产业的发展探讨 [J]．新疆林业，2010（5）：12—14．

[84] 张建红，袁勋，张可．退耕还林地生态林下间种秦艽的探讨 [J]．四川林勘设计，2012，6（2）：44—47．

[85] 郝艳静，叶巧宁．绥德县培植退耕还林后续产业——蚕桑业的探索与思考 [J]．北方蚕业，2008，29（2）：54—55．

[86] 禹雪莲，赫广林，赫福成等．泾源县退耕还林地实施林药间作及野生花卉繁育问题探讨 [J]．陕西农业科学，2013（1）：155—156．

[87] 罗洪，张小彬，涂胜根．退耕还林工程后续产业发展的探讨——以峡江县杨梅＋黄栀子模式为例 [J]．世界林业研究，2009（9）：242—244．

[88] 陈刚，黄文才，吴青松等．退耕还林工程后续产业发展的研究——以峡江县杨梅＋黄栀子模式为例 [J]．中国林业经济，2009（5）：46—48．

[89] 董宝明．建设沙棘基地，发展后续产业 [J]．中国林业，2008（8）：34．

[90] 陈胜远等．固原市发展退耕还林还草后续产业探讨 [J]．水土保持研究，2003（3）：312—313．

[91] 郑卫民，熊海军，张再良等．永州市退耕还林成效巩固及后续产业发展 [J]．湖南林业科技，2006，33（2）：90—92．

[92] 孙策，杨政河，冯永忠等．关于退耕还林后续产业经济效应的调查分析——以安塞县沿河湾镇为例 [J]．西北林学院学报，2007，22（3）：167—170．

[93] 赵丽娟，王立群．退耕还林后续产业对农户收入和就业的影响分

析——以河北省平泉县为例 [J]．北京林业大学学报（社会科学版），2011
（6）：76—81．

[94] 赵丽娟．河北省平泉县退耕还林后续产业发展的经济影响分析 [D]．北
京林业大学，2008．

[95] 陈珂，张丽娜，周荣伟．基于发展预期的农户退耕还林后续产业参与
行为影响因素分析——对辽宁省农户的实证研究 [J]．林业经济问题，2011，
（2）：6—9．

[96] 赵峰娟．洛南县核桃产业发展中农户经营性投入影响因素分析 [D]．西
北农林科技大学，2011．

[97] 穆倩．农户创新对农业后续产业发展的影响研究——以黄土高原退耕
区为例 [D]．西北农林科技大学，2012．

[98] 郭慧敏，乔颖丽．农户发展退耕还林后续产业意愿的影响因素实证分
析 [J]．农业经济，2012（8）：86—89．

[99] 闫平，刘某承等．生态系统价值评估的经济学思考 [J]．林业经济，
2001，（08）：70—74．

[100] 王新艳．北京市居民对京津风沙源治理工程环境价值的支付意愿研
究 [D]．中国农业大学，2005．

[101] 曾贤刚．环境影响经济评价 [M]．化学工业出版社，2003．

[102] 李磊．环境资源价值的价格策略 [D]．天津大学，2004．

[103] 北京市昌平区水务局．昌平区"十二五"水务发展规划
[R]，2011．

[104] 北京市昌平区水务局．昌平水土保持公报 [R]，2005—2010．

[105] 北京市昌平区统计局．北京市昌平区统计年鉴 [M]，（2002—
2011）．

[106] 北京市昌平区新闻中心．工程完成情况及成效 [N]．昌平周刊，
2012，49．

[107] 北京市水区局．北京市水土保持公报 [R]．2000—2010．

[108] 昌平区人民政府．昌平区创建国家环境保护模范城区规划
[R]，2011．

[109] 昌平区人民政府网 http://www.bjchp.gov.cn/publish/portal0/
tab93/．

[110] 毛永文．生态环境影响评价概论 [M]，北京：中国环境科学出版
社，2007．

[111] 祁燕，王秀兰，冯仲科等．基于 RS 与 GIS 的北京市植被覆盖度变化研究［J］．林业调查规划，2009（02）：1—4.

[112] 丁娅萍，张学霞，陈仲新．植被盖度与地表亮温关系的遥感监测分析——以北京市昌平区为例［J］．中国农业资源与区划，2011（05）.

[113] 陈丽华，王礼先．北京市生态用水分类及森林植被生态用水定额的确定［J］．水土保持研究 2001，8（04）161—164.

[114] 张东，贺康宁．寇中泰等北京市怀柔区生态用水计算研究［J］．水土保持研究，2010，17（01）：243—247.

[115] 杨志新，郑大玮，李永贵．北京市土壤侵蚀经济损失分析及价值估算［J］．水土保持学报，2004，18（03）：175—178.

[116] 胡俊．北京市京津风沙源治理工程生态与经济效益研究与评价［J］．北京农学院学报，2012，27（04）：38—42.

[117] 周文渊．湖南省慈利县退耕还林工程生态效益评价研究［D］．北京林业大学，2011.

[118] 李日龙，刘柏松．森林植被对水生态环境保护的作用［J］．黑龙江水利科技，2004（02）：97—98.

[119] 刘自学，陈光耀．城市草坪绿地与人类保健［J］．草业科学，2004（05）：80—81.

[120] 高阳，高甲荣．密云水库集水区水源涵养林生态价值算的一种新方法［J］．林业调查规划，2006，31（1）：63—66.

[121] 于新晓，谷建才，岳永杰等．林业生态工程效益评价［M］．科学出版社，2010.

[122] 张永洁．林业生态工程投资项目后评价研究［D］．西南林学院，2008.

[123] 当阳市林业局 http：//lyj．hbdy．gov．cn/art/2010/9/20/art_ 2286_34048．html.

[124] 环境保护部发展研究中心，昌平区环境保护局．昌平区国家生态示范区、国家生态区建设规划简本，2008.

[125] 李文华等．生态系统服务功能价值评估的理论、方法与应用［M］．中国人民大学出版社，2008.

[126] 刘艳琴．草地对保持水土和涵养水源的作用［J］．榆林科技，2007（06）：33—35.

[127] 刘俊昌，林和平．林业统计学［M］．中国林业出版社，1996.

[128] 中共北京市昌平区委党史办公室. 北京昌平年鉴 [M]. 中共党史出版社, 2005—2010.

[129] 李金海, 史亚军. 科学治沙的理论与实践——北京京津风沙源治理工程实例 [M]. 中国农业大学出版社, 2007.

[130] 任继周. 草地农业生态系统通 [M]. 安徽教育出版社, 2004.

[131] 百度百科. 紫花苜蓿 [EB/OL]. http://baike.baidu.com/view/157925.htm.

[132] 国家林业局. 中华人民共和国林业行业标准 LY/T 1721—2008, 2008.

[133] 高尚玉, 张春来等. 京津风沙源治理工程效益 [M]. 科学出版社, 2012.

[134] 刘拓. 京津风沙源治理工程十年建设成效分析 [M]. 中国林业出版社, 2010.

[135] 杜英, 杨改河, 刘志超. 黄土丘陵沟壑区退耕还林还草工程生态服务价值评估——以安塞县为例 [J]. 西北农林科技大学学报 (自然科学版), 2008, 06: 131—140.

[136] 欧阳志云, 王效科, 苗鸿. 中国陆地生态系统服务功能及其生态经济价值的初步研究 [J]. 生态学报, 1999, 05: 19—25.

[137] 欧阳志云, 王如松, 赵景柱. 生态系统服务功能及其生态经济价值评价 [J]. 应用生态学报, 1999, 05: 635—640.

[138] 谢高地, 鲁春霞, 冷允法, 郑度, 李双成. 青藏高原生态资产的价值评估 [J]. 自然资源学报, 2003, 02: 189—196.

[139] 孟祥江. 中国森林生态系统价值核算框架体系与标准化研究 [D]. 中国林业科学研究院, 2011.

[140] 李晶. 重点公益林生态系统服务功能价值评价 [D]. 山西大学, 2006.

[141] 李少宁. 江西省暨大岗山森林生态系统服务功能研究 [D]. 中国林业科学研究院, 2007.

[142] 陈望雄. 东洞庭湖区域森林生态系统健康评价与预警研究 [D]. 中南林业科技大学, 2012.

[143] 陈祥义. 浙江临安市太湖源小流域森林生态系统服务价值评估 [D]. 中国林业科学研究院, 2011.

[144] 王兵, 鲁绍伟, 尤文忠, 任晓旭, 邢兆凯, 王世明. 辽宁省森林生

态系统服务价值评估 [J]. 应用生态学报, 2010, 07: 1792—1798.

[145] 孙颖, 王得祥, 张浩, 李志刚, 魏耀锋, 胡天华. 宁夏森林生态系统服务功能的价值研究 [J]. 西北农林科技大学学报 (自然科学版), 2009, 12: 91—97.

[146] 邱扬, 张金屯, 柴宝峰, 郑凤英. 晋西油松人工林地上部分生物量与生产力的研究 [J]. 河南科学, 1999, S1: 79—83, 86.

[147] 李小芳, 李军, 王学春, 赵玉娟, 程积民, 邵明安. 半干旱黄土丘陵区柠条林水分生产力和土壤干燥化效应模拟研究 [J]. 干旱地区农业研究, 2007, 03: 113—119.

[148] 林清山. 柑橘林碳汇潜力和生态服务价值研究 [D]. 福建农林大学, 2010.

[149] 苏迅帆. 西藏林芝地区森林生态系统服务价值评估研究 [D]. 西北农林科技大学, 2008.

[150] 胡俊, 叶海英, 王冬梅, 袁定昌. 北京市京津风沙源治理工程生态与经济效益研究与评价 [J]. 北京农学院学报, 2012, 04: 38—42.

[151] 高文然, 宋利云, 崔亚非. 商都县生态环境开发建设思路 [J]. 现代农业, 2003, (12): 9.

[152] 刘黎明, 张凤荣, 赵英伟. 2000—2050 年中国草地资源综合生产能力预测分析 [J]. 草业学报, 2002, (01): 76—83.

[153] 康瑞斌. 大同县京津风沙源治理工程生态系统服务价值评估 [D]. 北京林业大学, 2014.

[154] 闫德仁, 张文军, 齐凯, 等. 内蒙古京津风沙源治理工程综合效益调查报告 [J]. 内蒙古林业科技, 2008, (04): 1—5.

[155] 中国生物多样性国情研究报告编写组. 间接价值经济评估, 中国生物多样性国情研究报告 [M]. 中国环境出版社, 1998: 197—208.

[156] 王兵, 任晓旭, 胡文. 中国森林生态系统服务功能的区域差异研究 [J]. 北京林业大学学报, 2011, (02): 43—47.

[157] 张金旺. 乌兰察布草原区两种人工林植被与土壤特征的研究 [D]. 内蒙古农业大学, 2010.

[158] 罗诗峰, 杨改河, 李奔等. 水约束下乌兰察布盟林草植被的需水量分析 [J]. 西北农林科技大学学报 (自然科学版), 2006, (08): 57—61.

[159] 乌艳红. 内蒙古赤峰市、锡林郭勒盟牧草产业发展现状调研报告 [EB/OL]. http://www.nmmucao.com/ccfbcky.asp? id=748.

[160] 杨红艳，史小燕，郑雪峰. 乌兰察布市节水灌溉发展现状及存在的问题 [J]. 内蒙古水利，2013，(05)：90—91.

[161] 国家林业局. 森林生态系统服务功能评估规范 [S]. 中国林业科学研究院森林生态环境与保护研究所，2008.

[162] 国家林业局. 2013 年退耕还林工程生态效益监测国家报告 [M]. 中国林业出版社，2014：32—34.

[163] 范晓慧. 不同水分胁迫下青贮玉米需水量及优化灌溉制度的分析研究 [D]. 内蒙古农业大学，2013.

[164] 闫培君. 乌兰察布市森林水土保持价值初探 [J]. 内蒙古科技与经济，2013，(04)：40.

[165] 赵同谦，欧阳志云，郑华等. 中国森林生态系统服务功能及其价值评价 [J]. 自然资源学报，2004，(04)：480—491.

[166] 王兵，任晓旭，胡文. 中国森林生态系统服务功能的区域差异研究 [J]. 北京林业大学学报，2011，(02)：43—47.

[167] 闫德仁，闫婷. 内蒙古森林碳储量估算及其变化特征 [J]. 林业资源管理，2010，(03)：31—33.

[168] 王昌海，温亚利，李强等. 秦岭自然保护区群生态效益计量研究 [J]. 中国人口·资源与环境，2011，(06)：125—134.

[169] 牛勇. 商都县西井子镇农田防护林小气候效应分析 [J]. 内蒙古林业科技，2013，(01)：33—36.

[170] 杨金凤，王玉宽. 生物多样性价值评估研究进展 [J]. 安徽农业科学，2008，(26)：11491—11493.

[171] 黄枝英. 北京山区典型人工林土壤水分动态研究 [J]. 干旱区资源与环境，2012，(11)：166—171.

[172] 周冰冰，李忠魁，张颖等. 北京市森林资源价值 [M]. 中国林业出版社，2000.

[173] 周晓峰等. 森林生态功能与经营途径，北京：中国林业出版社，1999.

[174] 李荣勋. 森林生态效益价值评估研究——以浙江省为例 [D]. 杭州：浙江大学，2004.

[175] Marc O. Ribaudo, Dana L. Hoag, Mark E. Smith, Ralph Heimlich. Environmental indices and the politics of the Conservation Reserve Program [J]. Ecological Indicators, 2001, 1 (1).

[176] Evan J. Ringquist et al, Evaluating the Environmental Effects ofAgricultural Policy: The Soil Bank, the CRP, and Airborne Particulate Concentrations, Policy Studies Journal, Vol 23, No. 3. 1995 (519—533).

[177] Christopher L. Lant, Potential of the Conservation Reserve Program toControl Agricultural Surface Water Pollution, Environmental Management Vol. 15, No. 4, 1991 pp. 507—518.

[178] Peter J. Parks and Ian W. Hardie. Least – CostForest Carbon Reserves: Cost – Effective Subsidies to Convert Marginal Agricultural Land to Forests, Land Economics, Vol. 71, No. 1 (Feb., 1995), pp. 122—136.

[179] Andrew J. Plantinga and JunJie Wu. Co – Benefits from Carbon Sequestration in Forests: Evaluating Reductions in Agricultural Externalities from an Afforestation Policy in Wisconsin, Land Economics, Vol. 79, No. 1 (Feb., 2003), pp. 74—85.

[180] Peter Feather, Daniel Hellerstein, and LeRoy Hansen. Economic Valuation of EnvironmentalBenefits and the Targetingof Conservation Programs: The Case of the CRP, Agricultural Economics Report No. 778. Economic Research Service/ USDA, 1999.

[181] Ronald A. Fleming. An Econometric Analysis of the Environmental Benefits provided by the Conservation Reserve Program, Journal of Agricultural and Applied Economics, 36, 2 (August, 2004): 399—413.

[182] LeRoy Hansen. Conservation Reserve Program: Environmental Benefits Update, Agricultural and Resource Economics Review 36/2 (October, 2007): 267—280.

[183] Roger Claassen, Andrea Cattaneo, Robert Johansson, Cost – effective design of agri – environmental paymentprograms: U. S. experience in theory and practice, Ecological Economics 65 (2008): 737—752.

[184] Tomislav Vukina, Xiaoyong Zheng, Michele Marra, Armando Levy. Do farmers value the environment? Evidence from a conservationreserve program auction, International Journal of Industrial Organization26 (2008): 1323—1332.

[185] Landell – Mills N, Bishop J, Porras I. Silver bullet or fool's gold – A global review of markets for forest environmental services and their impacts for the poor [EB/OL]. Instruments for Sustainable Private Sector Forestry Series. IIED, London, 2001. http://www.iied.org/enveco.

[186] Perrot – Maitre D, Davis P. Case studies: Developing markets for water services from forests [EB/OL]. Forest Trends, Washington DC, 2001. http: // www. forest – trends. org.

[187] Johnson N, White A, Perrot – Maitre D. Developing markets for water services from forests: issues and lessons for innovators [EB/OL]. Forest Trends, Washington DC, 2001. World Resources Institute, the Katoomba Group. http: // www. forest – trends. org.

[188] Gouyou Y. Rewarding the upload poor for environmental services: A review of initiatives from developed countries [DB/OL]. http: //www. worldagroforestrycentre. or g/sea. 2003.

[189] Reyes V, Segura O, et al. Valuation of hydrological services provided by forest in Costa Rica [J]. ETFRN News, 2002, (35): 42—44.

[190] Francisco H A. Environmental service payments: experience, constraints and potential in Philippines [EB/OL], http: //www. worldagroforestrycentre. org7sea. 2003.

[191] Suyanto S, Beria L. Review of the development of environmental services market in Indonesia [R]. Presented in the ITTO International Workshop on Environmental Economics of Tropical Forest and Green Policy. Beijing, China: ITTO International Workshop on Environmental Economics of Tropical Forest and Green Policy, 2004.

[192] Brian C Murray, Robert C Abt. Estimating price compensation requirements for eco – certified forestry [J]. Ecological Economics, 2001 (36): 149—163.

[193] Costanza R, et al. The value of the world's ecosystem services and natural capital [J]. Nature, 1997, 387: 253—260.

[194] Engel S, Pagiola S, Wunder S. Designing payments for environmental services in theory and practice: An overview of the issues [J]. Ecological Economics, 2008, 65 (4): 663—674.

[195] Pagiola S, Ramírez E, Gobbi J, et al. Paying for the environmental services of silvopastoral practices in Nicaragua [J]. Ecological Economics, 2007, 64 (2): 374—385.

[196] Zbinden S, Lee D R. Paying for environmental services: An analysis of participation in Costa Rica' s PSA Program [J]. World Development, 2005, 33 (2): 255—272.

[197] Wünscher T, Engel S, Wunder S. Spatial targeting of payment's for environmental services: A tool for boosting conservation benefits [J]. Ecological Economics, 2008, 65 (4): 822—833.

[198] Moran D, McVittie A, Allcroft D J, et al. Quantifying public preferences for agri - environmental policy in Scotland: A comparison of methods [J]. Ecological Economics, 2007, 63 (1): 42—53.

[199] Hoffman J. Watershed shift: collaboration and employers in the New York City catskill/delaware watershed from 1990—2003 [J]. Ecological Economics, 2008, 68 (1—2): 141—161.

[200] Bienabe E, Hearne R R. Public preferences for biodiversity conservation and scenic beauty with in a framework of environmental services payments [J]. Forest Policy and Economics, 2006 (9): 335—348.

[201] Karin Johst, Martin Drechslert. An ecological - economic modeling procedure to desicompensation payments for the efficient spatio - temporalallocation of species protection measures [J]. Ecological Economics, 2002, 41: 37—49.

[202] PlantingaJ, AligR, and ChengH. The supply of land for conservation uses: evidence from the conservation reserve program [J]. Resources, Conservation and Recycling, 2001 (31), 199—215.

[203] Cooper C, OsbornT. The effect of rental rate on the extension of conservation reserve program contracts [J]. American Journal of Agricultural, 1998, 80: 184—194.

[204] Dixon. J. A. Economic Analysis of Environment Impact. London: Earthscan Publications.

[205] Roodman, D. M. 1998. The Natural Wealth of Nations. Worldwatch Institute.

[206] De Groot, R. S., Wilson, M. A. and Boumans, R. M. J. (2002) A typology for the classification, description and valuation of ecosystem functions, goods and services. Ecological Economics, 41: 393—408.

[207] Constanza R, D'Arge R, De Groot R, et al. The value of theworld's ecosystem servicesandnatural capital [J]. Nature, 1997, 387: 253—260.

[208] Boyd, J., and S. Banzhaf. 2006. What are ecosystem services? The need for standardized environmental accounting units. RFF Disccution Papers. Watington, DC: Resources for the Future.

［209］ Treweek J. Ecological Impact Assessment ［J］. Taylor & Francis, 1995, 13 (3): 289—315.

［210］ Michael T. Bennett. China's sloping land conversion program: Institution-alinnovation or business as usual? Ecological Economics, 2008, 69 (2): 699—711.

［211］ Jo Treweek. Ecological Impact Assessment, EcIA ［M］. 北京: 中国环境科学出版社, 2006.

［212］ Canter, L. W. Environmental impact assessment (second edition) ［M］. McGraw – Hill. Inc, 1996.